U0396893

Impressions in Ink
Ancient Architecture in Guilin

灵川／阳朔／全州／兴安／永福／灌阳／龙胜／资源／
平乐／恭城／荔浦

手绘桂林古建筑

周开保　编／绘

广西师范大学出版社
·桂林·

图书在版编目（CIP）数据

手绘桂林古建筑／周开保编、绘．—桂林：广西师范大学出版社，2024.9
ISBN 978-7-5598-7017-9

Ⅰ．①手… Ⅱ．①周… Ⅲ．①古建筑－建筑艺术－桂林－图集 Ⅳ．① TU-092.2

中国国家版本馆 CIP 数据核字（2024）第 105988 号

手绘桂林古建筑

SHOUHUI GUILIN GUJIANZHU

出 品 人：刘广汉

责任编辑：冯晓旭

特约编辑：庞铁坚

装帧设计：马韵蕾

广西师范大学出版社出版发行

（ 广西桂林市五里店路 9 号　　邮政编码：541004 ）
（ 网址：http://www.bbtpress.com ）

出版人：黄轩庄

全国新华书店经销

销售热线：021-65200318　021-31260822-898

山东临沂新华印刷物流集团有限责任公司印刷

（临沂高新技术产业开发区新华路 1 号 邮政编码：276017）

开本：850 mm × 1 092 mm　　1/12

印张：$52\frac{1}{3}$　　　　　字数：475 千

2024 年 9 月第 1 版　　2024 年 9 月第 1 次印刷

定价：198.00 元

如发现印装质量问题，影响阅读，请与出版社发行部门联系调换。

自 序

源于对中国古建筑的热爱，我已迷上桂林古建筑四十余载。四十余年寒来暑往，我不停地在桂林的山野中行走，寻找曾被世人遗忘的桂林古建筑，终于在近年连续完成了《桂林古建筑研究》《手绘桂林古桥》等专著。

冥冥之中，我似乎总有什么未尽的梦想，纵观自己的人生，除了热爱古建筑之外，有着一定美术功底的我，还可以画古建筑。如果将两者结合，就可以创造出既有技术含量又有艺术价值的手绘古建筑。于是退休以后，我萌发了要实测手绘桂林 100 座古桥的愿望。我历时五年，深入各个县、乡、村去调查测量，然后画出古桥的平面、立面，并全部按比例进行了清绘。除了画好平面、立面外，还要用建筑画的技术语言把古桥的周边环境一一呈现在画面中，就这样，我完成了《手绘桂林古桥》一书。《手绘桂林古桥》一经广西科技出版社出版，就获得了西南地区科技图书二等奖。《手绘桂林古桥》的成功，极大地激发了我的创作欲望。我尝试画一本《手绘桂林古建筑》，并开始琢磨用什么手法、用什么技巧来画。

我的人生中经历过诸多的挑战。首先，是从学美术转行到了学考古，经历了人生中的第一次跨界挑战；其次，是从做考古工作转向做桂林地区古建筑专题调查研究，这是第二次挑战，也更加艰难。每逢节假日都要深入桂林周边的各个县、乡、村去寻访古建筑，进行实地测量、拍照，回到家里，再按比例把古建筑的平面、立面、剖面一一清绘出来。很多人都知道，手绘古建筑绝非一朝一夕的事情，首先要对建筑制图有比较扎实的基本功底；其次要掌握好古建筑的坡度、起翘等。这些都是对一个古建筑研究者专业素养的考验。

我手绘古建筑的方式是到古建筑所在地去撷取透视感强的视角，回到家里，先打出底稿，再用白描画的手法画出古建筑的外立面及梁架、斗拱，用建筑画的表现手法画出树木、山石等环境衬景。古建筑结构复杂，梁架、翘角形态不一。为了解析一座古建筑，只能用白描的绘画技巧，局部稍加阴影，使画面更有层次。因此求精、求准是我画古建筑的一贯原则。

求精：力求画面精美，下笔线条精准。

求准：力求透视准确，结构表达准确。

手绘古建筑如同礼佛，要心静，每次画画之前一定要把图纸细心地绷紧，动笔之前要用洗手液把手上的油污洗净，如果手上的油污沾到纸面上，在画线条的过程中，墨水就不容易附着在纸上，极易出现沙笔、断笔的线条。每次绘画的时候一定要理解古建筑的结构，因为有透视关系，当画梁架结构复杂的建筑时，线条会交错在一起，所以在画的过程中，要分清楚梁柱之间的前后关系和上下关系。每座古建筑所处的环境不同，处理手法也不一样，例如，有的古建筑地处峡谷，必须要表现出周边的山体峡谷与溪流和树木之间的关系，在一幅水平的画面上要表现出它们的层次和远近大小，不能简单地理解为照片式的画面处理办法。有的古建筑周边是河流、湖塘之类的环境，水波纹和堤岸的处理就成了关键。每一幅画在这些表达上都不能雷同。如果古建筑周边有树木、植被，一定要按照建筑周边真实的环境，用建筑画的手法把它们表达出来，这就需要在画古建筑的过程中认真思考，确定表现手法。

画一座古建筑，最难的是确定角度，选取什么角度才能够更好地表现古建筑的魅力，是画古建筑的智慧所在。因此，每一幅古建筑画的构图都需要经过深思熟虑。在决定好手绘图的视角以后，如何下手才能把古建筑画得更加精准？这又是一个非常具有挑战性的工作。如果没有确定好下笔的先后次序，画图时常常会出现前后笔画交错的情况，造成画面失败。因此，当图纸铺好以后，我首先要考虑的是从哪一笔画起，才能确保不会因线条重叠交错而出现笔误。由于针管笔画出的线条不一致，如果急于求成很容易把画面弄糊，很多时候，甚至已画了三分之一，也不得不撕毁重画。一座古建筑少说几千笔才能画成，场面大的、结构复杂的，有时甚至要过万笔才能画成。一幅古建筑钢笔画，在我全身心投入绘画的情况下，一般需要两个工作日，大约 16 小时才能完成。最复杂的一幅画，我大概画了三到四个工作日。

我经常问自己，能坚持这样画下去吗？有意义吗？每次摊开图纸准备着手画一幅新的古建筑画的时候，总为古建筑复杂的结构、纹饰而眉头紧蹙，在遇到一些大场景的画面时，也曾多次想要放弃这项创作。

每当信心动摇时，是一种要挑战自己、超越自己的念想战胜了自己的心魔。我希望把桂林最美的古建筑一笔一笔地画下来，把最美的古建筑呈现给读者。

不忘初心，方得始终。回望五年来将近两千天的时间，我唯一庆幸的是自己的坚持，只有坚持才能成就人生中的理想。如今的桂林，古建筑作为一种艺术被人们广泛关注，我期待《手绘桂林古建筑》这本书同样受到大家的喜爱。

周开保

2023 年写于象山水月斋

目　录

CONTENTS

目　录

CONTENTS

目　录

* 本书中古建筑文物保护等级相关数据来自广西壮族自治区文化和旅游厅网站、广西桂林市文化广电和旅游局网站，以及广西桂林各县、区政府网站。文物保护单位列表每年都有调整，如有信息出入，欢迎来电、来函更正、补充信息。

桂林市区古建筑

地理位置

花桥位于桂林市七星公园西大门内侧，是桂林著名的古建筑之一。

历史沿革

花桥原名嘉熙桥，据宋代《静江府城图》摩崖石刻记载，宋代已建有此桥，当时为五孔桥，样式与现在的水桥部分大致相同，元末明初桥身被洪水冲毁。《临桂县志》与《桂林市志》记载，明景泰七年（1456年），桂林知府何永全在原来的桥基上架木为桥。嘉靖十九年（1540年），明代靖江安肃王妃徐氏出资重修为现存的石桥，同时增加旱桥七孔，既提高了花桥的排洪能力，又减缓了桥面坡度，这是古代劳动人民总结历次被洪水冲垮的原因之后，对花桥进行的一次科学改建。这次修建成功之后易名为花桥，桥面架木为廊，覆瓦为顶，更使花桥造型平添几分妩媚。清康熙年间曾将木护栏改为料石栏板，光绪年间重修桥廊。

因年久失修，桥身下陷，栏杆崩塌，1949年以后，政府拨款对花桥进行了全面维修，桥廊上覆绿色琉璃瓦顶，桥廊架由木结构改为钢筋混凝土结构，桥面木板改为大青石板，桥两端修筑了整齐的料石驳岸。重修后的花桥更显得妩媚多姿，每当春夏之际，溪水清澈，波光微澜，花桥与山光水色融为一体，轻筏漂荡在水面上，鱼鹰在河面上下穿梭，构成了一幅充满诗情画意的画卷。

花桥正立面

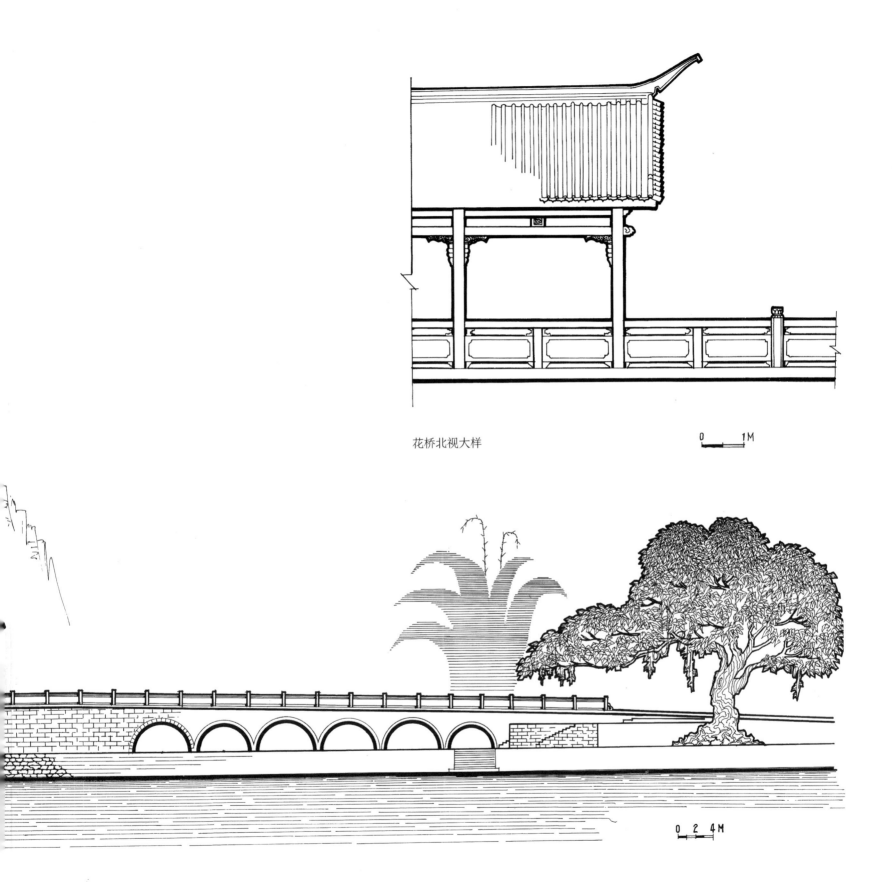

花桥北视大样

0　　1M

0 2 4M

规划布局

该桥建在小东江与灵剑溪汇流处，桥东有天柱石，桥两岸树木葱郁，景色宜人，每当天气晴朗时，花桥和天柱石倒映江中，相映成趣。

建筑特色

现在的花桥为1965年在原址上按原貌重修后的建筑，全桥分东西两段，该桥为多孔石拱桥身的长廊式风雨桥，桥东段为水桥，桥西段为旱桥，水桥长60米，旱桥长65.2米，桥面宽6.3米。水桥桥身高大，各孔相等。旱桥七孔，自东往西逐次缩小（由于差距较小，手绘图上并未体现），桥面呈斜坡下降，平时两股江水汇合，从水桥下缓缓南流而去，汛期洪水则可从旱桥排泄。20世纪70年代，七星公园对外开放，扩建桥西休闲平台，覆盖了桥西的第一孔旱桥，故今仅见六孔旱桥。整座桥比例匀称，造型优美，是一座具有极高历史价值和艺术价值的建筑。

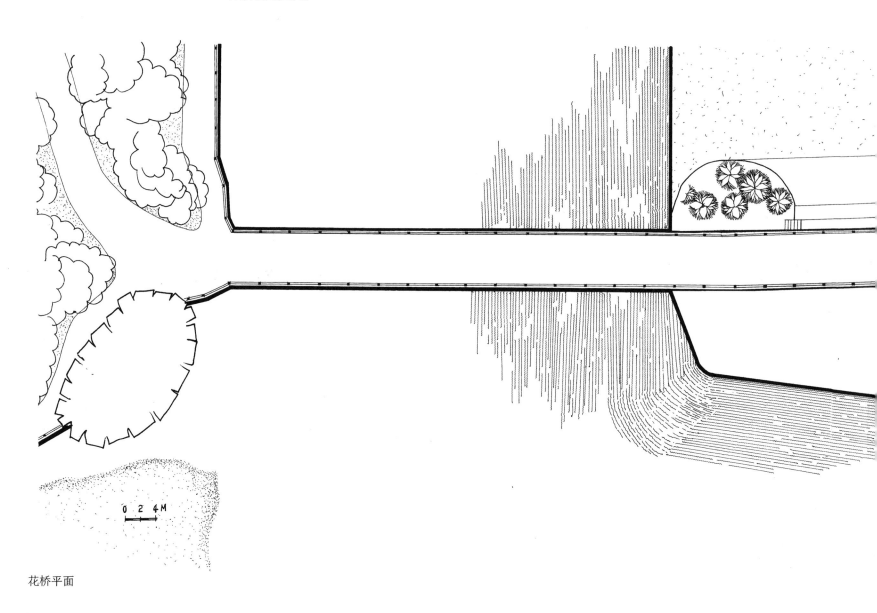

0 2 4M

花桥平面

在花桥东岸的芙蓉石崖壁上，至今仍保存有宋崇宁五年（1106年）和清光绪十八年（1892年）的洪水标记石刻，标记位置高出现在的桥面2米多，是研究漓江古代水文的珍贵资料。1990年，在新建七星公园花桥大门的基础施工过程中，还发现了一段宋代青砖墁铺的小道，在如今地表以下2米多深，呈东西向延伸至河边，由此推测，当时宋代建造的桥低矮简易，难怪它不堪洪水的侵扰。历史在前进，人类也不断地在增长自己的聪明才智，花桥就是最好的佐证。

保护价值

鉴于花桥具有的重要历史价值和建筑艺术价值，广西壮族自治区人民政府1963年将其列为自治区级文物保护单位。

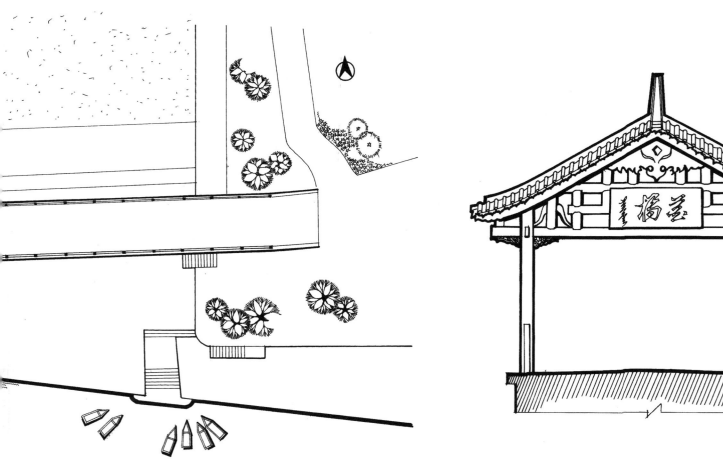

花桥侧立面

花桥远眺

这是以一个平常人的视角看花桥，一桥飞跨在小东江上，桥拱倒映在水中，形成了一轮明月。整个画面刻画细腻精准，景物虚实处理得当。

花桥近景

站在桥西北侧看花桥，仰视桥廊，可见柱列有序，与廊内交错的梁架共同构成一幅巧构佳筑的画面。由近及远的四个大券拱气贯长虹，远处的芙蓉石及周边的植被采用了虚实对比的手法。

花桥廊内梁架

画面视角稍稍偏向南侧，透过廊柱之间的空隙可以看见月牙山的山峰及小东江东岸景观。排列有序的廊柱和梁架结构，能更好地让人理解廊桥的空间架构。

普贤塔

地理位置

普贤塔，位于桂林市市区象鼻山顶，是一座喇嘛式实心砖塔。

历史沿革

该塔始建于明朝初年。普贤是中国佛教四大菩萨之一，相传其显灵说法的道场在四川峨眉山。今峨眉山的万年寺内建有普贤殿（即无梁砖殿），殿内有骑白象的普贤铜像，位于象鼻山顶的普贤塔极其形象地反映了佛教中有关普贤菩萨骑乘大象之说。同时，普贤塔还承载着桂林山水神话传说中的一段动人故事。相传象鼻山原是天上的神象，因不堪忍受天上的寂寞，偷偷离开仙界来到人间，一边走一边逛，不知不觉间来到了桂林，一下子就被桂林的青山秀水所吸引，玉皇大帝闻讯后，命托塔天王李靖对其进行惩罚。李靖奉旨来到桂林，只见神象仍忘情地在吸吮漓江之水。李靖用利剑直刺象背，神象从此屹立于漓江之滨，变成了世界上最大的一座巨石象。普贤塔因此又被称为"剑柄塔"。同时，它还寓有"宝象太平"之意，建造该塔还是为了歌颂明王朝的太平盛世。

1852 年，太平军在北上途中，在围攻桂林城时，曾在普贤塔两侧架铁炮，轰击府衙和清军，更加给这座塔增添了传奇色彩。

规划布局

普贤塔耸立于象鼻山之顶，俯临漓江，得山光水色之灵秀，十分协调美观，为桂林市一绝景。

建筑特色

整个建筑由塔基、塔身、伞盖和塔顶组成，通高13.6 米。塔基为双层八角形须弥座，每面宽 3 米，塔身为圆形宝瓶状，北壁嵌有青石线刻"南无普贤菩萨"造像，因此得名"普贤塔"。塔身之上覆圆形伞盖，整体造型粗壮质朴，顶冠两层圆形相轮托珠。

保护价值

鉴于普贤塔具有较高的历史价值和建筑艺术水平，桂林市人民政府于 1966 年将其列为市级文物保护单位。2000 年，广西壮族自治区人民政府将其列为自治区级文物保护单位。

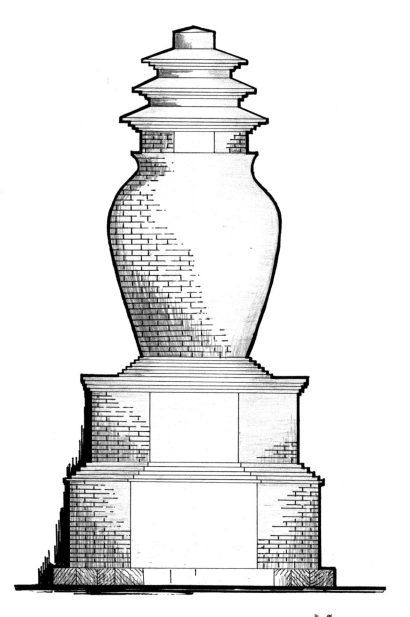

普贤塔立面

北侧

普贤塔近景

普贤塔远眺

此图撷取了站在漓江西岸看象鼻山的角度，对象鼻山的山体植被和肌理进行了细致的刻画，真实再现了普贤塔所在的环境，河东岸的树丛与象鼻山的倒影构成了绝佳的景色。该图采用了钢笔画搭配建筑画技法，有虚实对比、形神兼具之意境。

普贤塔全景

普贤塔雄踞桂林象鼻山之巅，由于山顶古树繁茂，人们通常只能隐隐约约地看见它的上半部。本图通过手绘，撇开周边茂密的古树，将普贤塔呈现在山巅的石矶之上。寥寥数笔，勾勒出石矶与步级，反衬出普贤塔的挺拔。近景中的古树和石矶中横斜的树枝使画面顿生明清古画的意境。

地理位置

木龙洞石塔为喇嘛式宝瓶形石塔，坐落在漓江西岸、叠彩山东麓木龙古渡的一块蛤蟆石上，通高 4.34 米。

历史沿革

该塔无塔文记载，宋人谭舜臣曾在临江崖壁的题名石刻中写道："嘉祐癸卯，寒食旬休，谭舜臣携家登石门，下临江岩，参唐代佛塔，览风帆沙鸟。江山之胜，此为最焉，遂舟过虞山。"由此可证此塔当为唐代所建。

规划布局

木龙洞石塔背倚叠彩山东麓，东濒漓江。从木龙洞通往虞山公园的一条石板道从塔的东侧蜿蜒而过。

建筑特色

整个建筑由塔基、塔身、塔盖、塔顶四部分组成。塔基为三个鼓形石相叠于方台之上，底径 1.4 米，表面刻有仰覆莲花纹。塔身形同宝瓶，四面开龛，龛内各凿造像一尊，塔身上部有十二层逐级缩小的相轮。塔盖为伞状六角形，翼角微翘，六边各有一孔，用以悬挂铜铃，微风轻摇，叮当作响，声音悠扬清悦。塔顶冠以葫芦形宝顶，更显得绰约多姿。

保护价值

木龙洞石塔属喇嘛式石塔，为广西境内所仅见，且与山水融为一体，具有较高的历史、艺术价值，为研究中国古塔建筑提供了不可多得的实物资料。广西壮族自治区人民政府于 1963 年将其列为自治区级文物保护单位。

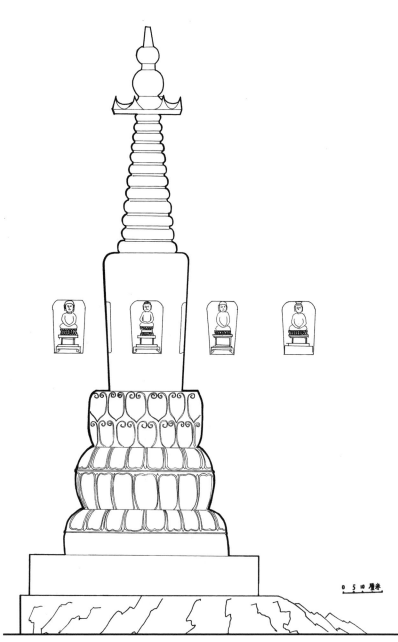

木龙洞石塔立面

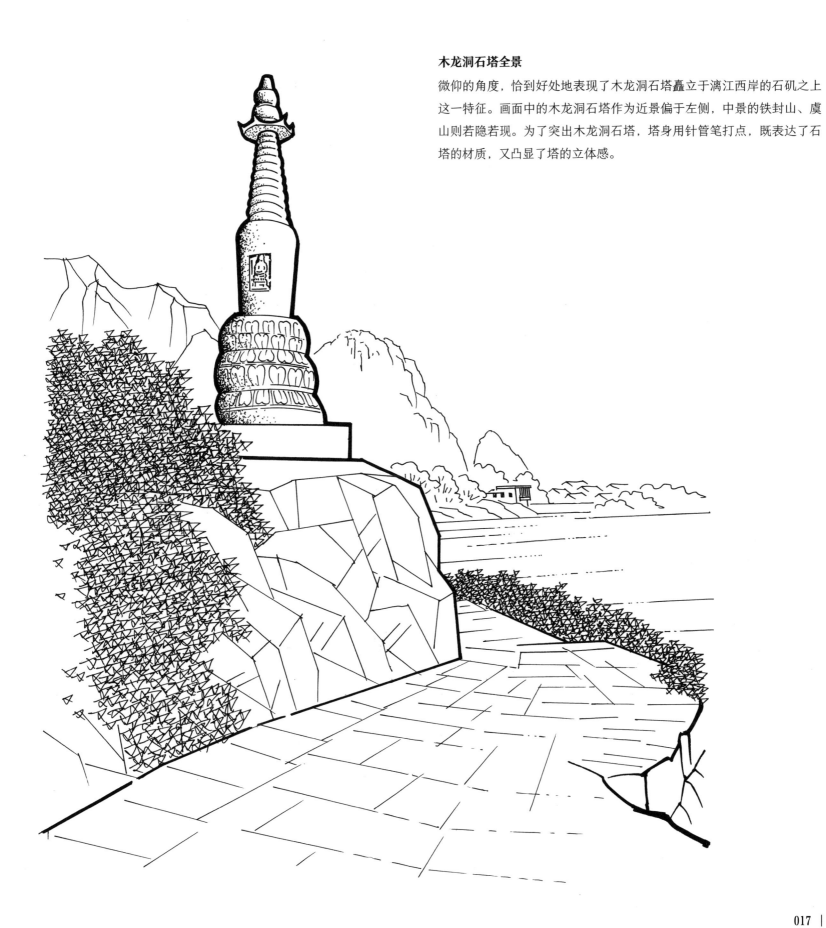

木龙洞石塔全景

微仰的角度，恰到好处地表现了木龙洞石塔矗立于漓江西岸的石矶之上这一特征。画面中的木龙洞石塔作为近景偏于左侧，中景的铁封山、虞山则若隐若现。为了突出木龙洞石塔，塔身用针管笔打点，既表达了石塔的材质，又凸显了塔的立体感。

寿佛塔

自治区级文物保护单位

地理位置

寿佛塔位于小东江西岸的塔山之巅。它东傍穿山，西望象鼻山，是一处独具特色的人文景观。

历史沿革

寿佛塔始建年代无确切记载，考古部门根据寿佛塔的建筑材料及施工工艺，认定其属于明代建筑风格。

规划布局

寿佛塔建于陡峭的孤山之上，雄健挺拔，远观近览皆十分壮观，建筑与山色融为一体，是游人登山览胜的极佳去处。建在峭岩孤峰之上的寿佛塔，倒映于小东江和漓江之中，在蓝天白云的衬托下显得格外迷人，因此，塔山清影被桂林市列为新二十四景之一。

建筑特色

该塔为一座六角形七级实心楼阁式砖塔，通高 13.3 米，底层每面宽 3 米，每层层高递减并逐级收缩。塔顶为锥形，冠以葫芦形塔刹。在该塔的第二级北壁，镶有一块青石线刻的"南无无量寿佛"造像一尊，塔因此得名。

保护价值

鉴于寿佛塔具有较高的历史价值和建筑艺术价值，桂林市人民政府于 1984 年将其列为市级文物保护单位。广西壮族自治区人民政府于 2017 年将其列为自治区级文物保护单位。

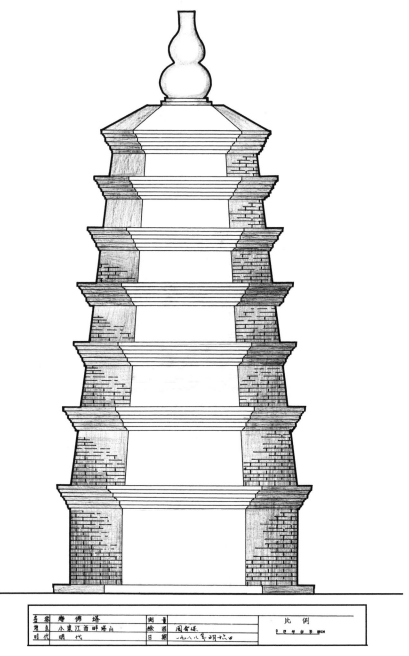

寿佛塔立面

寿佛塔远眺

画面撷取了塔山上半部分，将寿佛塔置于山巅，山体和塔身用写实手法，山下做虚化处理，天空用线条表示积云，使佛塔有高耸入云之势。山体偏于左侧，有空灵仙境之感。该图采用针管笔速写手法，线条跳跃灵动，手法娴熟，画面生动。

寿佛塔平视

本图撷取寿佛塔耸立于塔山之巅的现状，以平视的角度眺望该塔，使寿佛塔雄伟大气的身姿跃然纸上。近处的古松和寥寥数笔勾画出的远山真实还原了寿佛塔的周边环境，画面极具古雅之意韵。

明代靖江王府

全国重点文物保护单位

地理位置

明代靖江王府位于桂林城中心的独秀峰下，东濒漓江西岸的中华路，西临中山北路，南接正阳路，北达后贡巷。这一带自南朝开始，就是城市的中心，是当时达官贵人的府邸和重要官署所在地。

历史沿革

南朝宋始安太守颜延之就曾居住在独秀峰下。唐武德年间，李靖筑子城，亦在独秀峰的南隅。此后，子城一直是唐代州、都、路等重要官署的所在地。唐光启中，筑夹城，"独秀峰及桂岭皆在城中"，此时的夹城已是闹市区，衙署林立，孔庙、庠校云集，其情形"殿若长城，南北行旅，皆集于此"。宋代时，这里建有铁牛寺，后称大圆寺。元至顺二年（1331 年），妥懽帖睦尔登基前，曾徙居于此，将大圆寺辟为潜宫。他即位称帝之后，改大圆寺为万寿殿。明朝建立后，朱元璋于洪武三年（1370 年）册封其侄孙朱守谦为靖江王，就藩桂林。明代靖江王从洪武五年（1372 年）起在此修建府第，到二十六年（1393 年）筑成，历经 20 余年。

靖江王府内先后袭有 14 代靖江王。城内王府，悉依王制。靖江王府城池皆用方料石错缝叠砌，中间填筑杂土砾石。

明嘉靖五年（1526 年）间，恭惠王朱邦苧在王府西侧建懋德堂，万历年间又建宝善堂、尊乐堂、拱新亭、山月亭、绿竹轩。独秀峰上有玄武阁、观音堂，月牙池畔有乐山、探奇、瞻云诸景以备清眺。王府建成后为桂林增色不少。明代邝露在《赤雅》一书中说："今入靖江王邸。飞楼舞阁，隐出树杪，金碧华虫，绚烂极矣。对之如一幅《小李山水图》，丽而不俗。"可惜这样的地方只能供王公贵族们享受，张鸣凤在《桂胜》中说："靖江宫殿朱邸四达，周垣重绕，苍翠所及，皆禁御间地，以故彤亭画观，上出云表，下渐清池，最为诸山丽观焉，外人鲜得至者。"

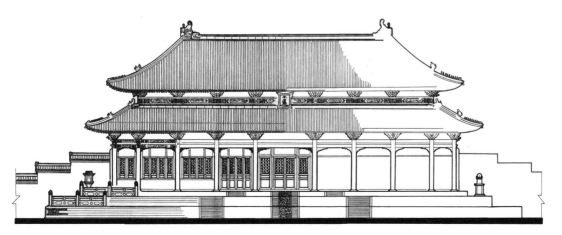

靖江王府承运殿复原立面

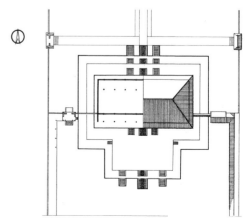

靖江王府承运殿复原平面

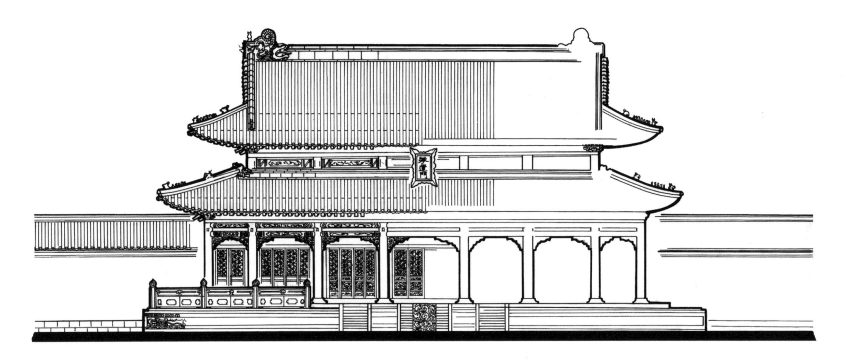

靖江王府承运门复原立面

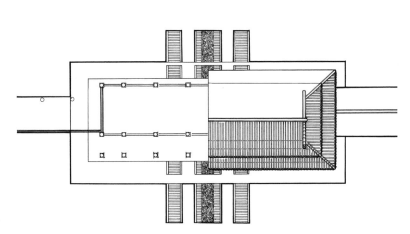

靖江王府承运门复原平面

清顺治七年（1650年）定南王孔有德平定广西并据此为定南王府；顺治九年（1652年）农民军李定国攻占桂林，孔有德放火自焚，王府变成一片瓦砾；顺治十四年（1657年）在定南王府遗址上修建贡院。康熙五年（1666年）录定南王功，遣其子婿孙廷龄为将军，改贡院为镇守将军驻节处。康熙十三年（1674年）孙廷龄叛变，十八年（1679年）讨平，二十年（1681年）又改驻节处为贡院，端礼门的三券拱门改为单券拱，左右二门被封堵，其后重建门楼，初名南楼，后改称景福楼。宣统三年（1911年）在城内东南角增建广西图书馆。1921年，孙中山北伐督师桂林，设总统行辕于此，并于月牙池砌筑水榭。1936年，当时的广西省政府自南宁迁于此，现存的大门门楼、办公楼、大礼堂，以及中轴线两侧的教学楼均为这一时期的建筑。

靖江王府的城墙及城门目前保存基本完好，承运门、承运殿及寝宫的石台基、雕栏保存较完整，月牙池、太平岩胜迹尚在，独秀峰壁还刻有靖江诸王及其宗室诗文数十篇，地下遗址保存也基本完好。20世纪90年代，在对月牙池东侧的旧房改造过程中还发现了一批清朝贡院碑碣。

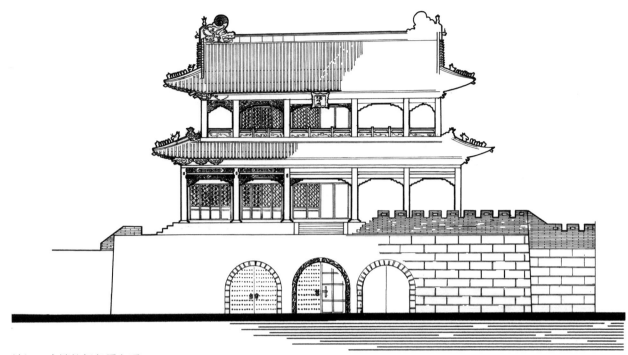

靖江王府端礼门复原立面

规划布局

王城城垣总长1 784米，内外砌以方石，共辟有四门，南曰端礼（正阳门），北曰广智（后贡门），东曰体仁（东华门），西曰遵义（西华门），坚城深门，气势森严。广智门于1944年桂林沦陷时被炸塌，修复时改成了民国风格的建筑。

建筑特色

（一）明代靖江王府的建筑遗存

明代靖江王府的建筑遗存有王城、承运门台基、承运殿台基、寝宫门残基、寝宫残基、月牙池、太平岩，以及独秀峰石刻。

1. 王城。城垣全部采用巨型方整的料石砌成，规制严谨。王城除城垛及城楼不存、广智门部分遭到破坏外，大部分保存完好。王城南北深556.5米，东西广335.5米，周长1 784米，占地面积达18.67万平方米；城墙高5.1米，下阔5.5米，顶阔5.06米（今城墙周围地面较以前高，尚有部分墙体被埋在地下）。其中，端礼门墙东西长37米，南北厚22.4米，高6.9米；券门三个，中券门宽5.5米，高4米，

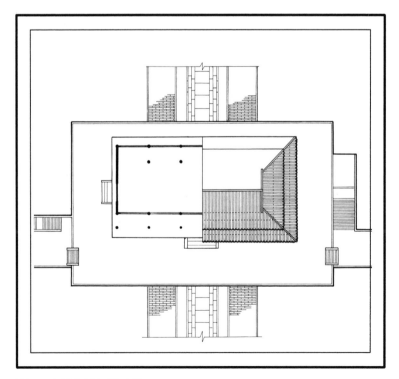

靖江王府端礼门复原平面

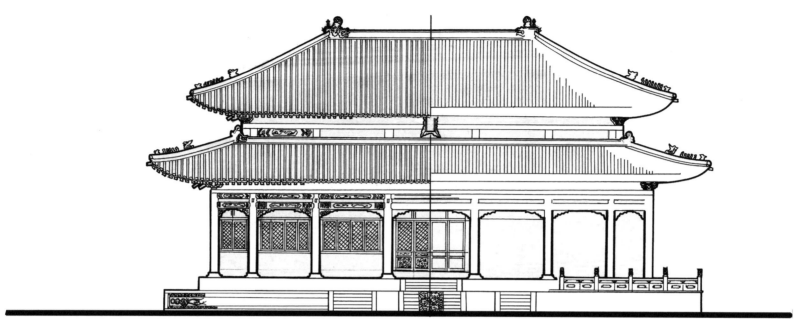

靖江王府寝宫复原立面

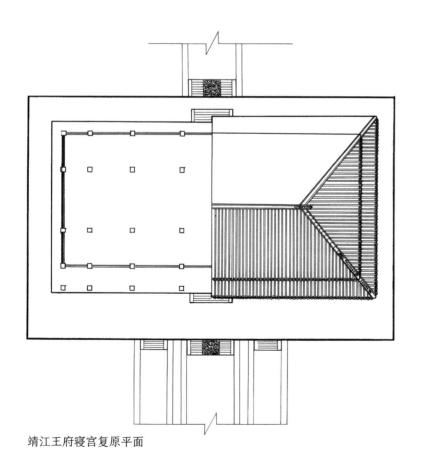

靖江王府寝宫复原平面

左右两券门被封堵。体仁门墙南北长33米，东西厚21.5米，高6.1米；单券门，门宽4.3米，高6.3米。遵义门同。广智门墙长、厚、高同体仁门，门洞已毁。

2. 承运门台基。台基呈"十"字形，东西长28米，宽11米；南北长16.4米，宽11米，高1.2米。南、北两面有云阶：南阶斜长9米，中置云龙石陛，长9米，宽1.4米；北阶斜长3.9米，中置云龙石陛，长3.9米，宽1.5米。

3. 承运殿台基。承运殿台基由月台殿基组成，台基总高3.25米。月台呈倒凸形，分两层，总高2.65米，其中上层高1.35米，东西广62米，南北深55米；下层高1.3米，东西广53米，南北深46米。南北各有三道斜长8.3米的云阶，中道宽3.6米，中置云龙纹石陛，长8.1米，宽1.7米。月台之中为长方形殿基，高0.6米，东西广44米，南北深19米。

4. 寝宫门残基。高1.1米，长宽不明，南面有阶，斜长2.6米，宽21.8米。

5. 寝宫残基。比寝宫门基高0.5米，东西广28米，南北深不明。

6. 月牙池。在独秀峰北麓，乃建靖江王府时取土而成，面积约 2 700 平方米。

7. 太平岩。在独秀峰西麓，其上所刻《游独秀岩记》为明代正统初年庄简王朱佐敬所作。

8. 独秀峰石刻。独秀峰崖壁刻有靖江诸王及其宗室人员诗文数十方。

（二）清代广西贡院的建筑遗存

1. 乾隆皇帝御书石刻。乾隆皇帝御书《幸翰林院赐大学士及翰林等宴因便阅贡院乃知云路鹏诚不易易也得诗四首》石刻，现嵌于广西师范大学礼堂后墙外壁。共有四方，各高 2 米，第一、四石宽 0.67 米，第二、三石宽 1 米，行书，字径 11.6 厘米。

2. "三元及第"石坊。在端礼门内侧券拱上方。嘉庆年间两广总督阮元为陈继昌所立。

3. "状元及第"石坊。在体仁门内侧券拱上方，光绪年间为龙启瑞、张建勋、刘福姚立。

4. "榜眼及第"石坊。在遵义门内侧券拱上方。同治年间为于建章立。

保护价值

靖江王府是我国目前保存最完好的明代藩王府。目前，全国明朝宗藩王府遗存已不多见，迄今已知的仅有广西桂林的靖江王府、四川成都的蜀王府、河南新乡的潞王府、湖北武汉的楚王府、山东兖州的鲁王府等处。其他王府地面建筑多已不存，或只残留部分城墙及地下遗址。鉴于其较高的历史价值和艺术价值，靖江王府于 1963 年被广西壮族自治区人民政府列为自治区级文物保护单位，1996 年与靖江王陵合并列为全国重点文物保护单位。1984 年，经中华人民共和国国务院批准，确定靖江王府为历史文化公园。

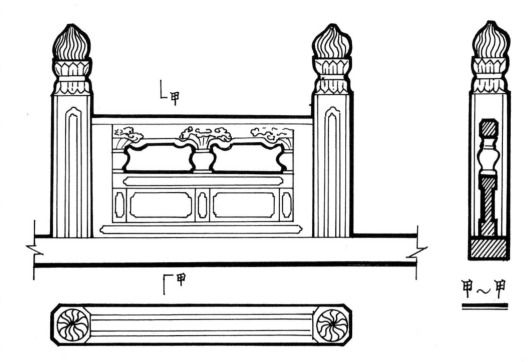

靖江王府栏杆之一

靖江王府栏杆之二

寝宫

靖江王府轴线立面

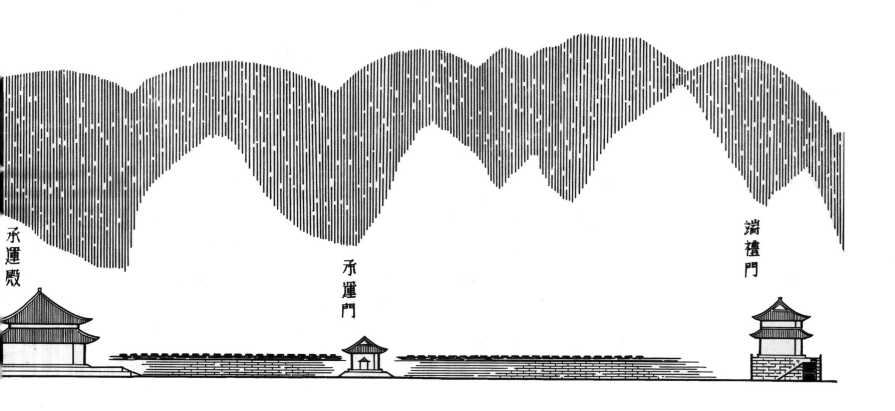

承運殿　　承運門　　端禮門

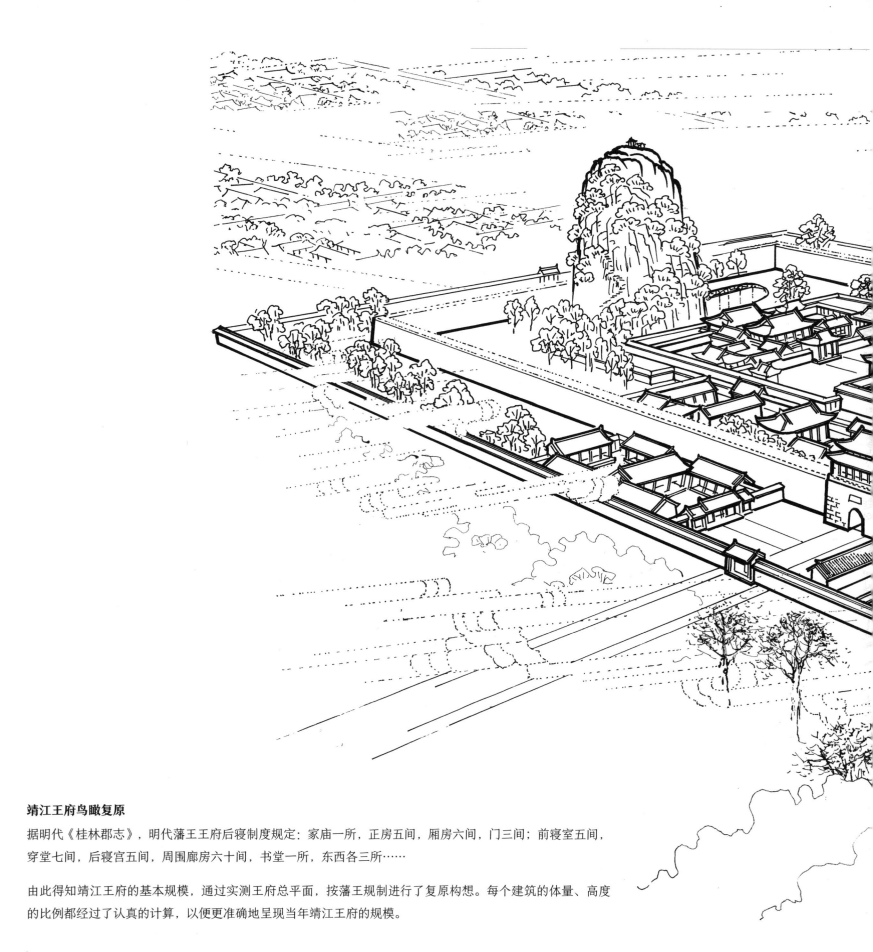

靖江王府鸟瞰复原

据明代《桂林郡志》，明代藩王王府后寝制度规定：家庙一所，正房五间，厢房六间，门三间；前寝室五间，穿堂七间，后寝宫五间，周围廊房六十间，书堂一所，东西各三所……

由此得知靖江王府的基本规模，通过实测王府总平面，按藩王规制进行了复原构想。每个建筑的体量、高度的比例都经过了认真的计算，以便更准确地呈现当年靖江王府的规模。

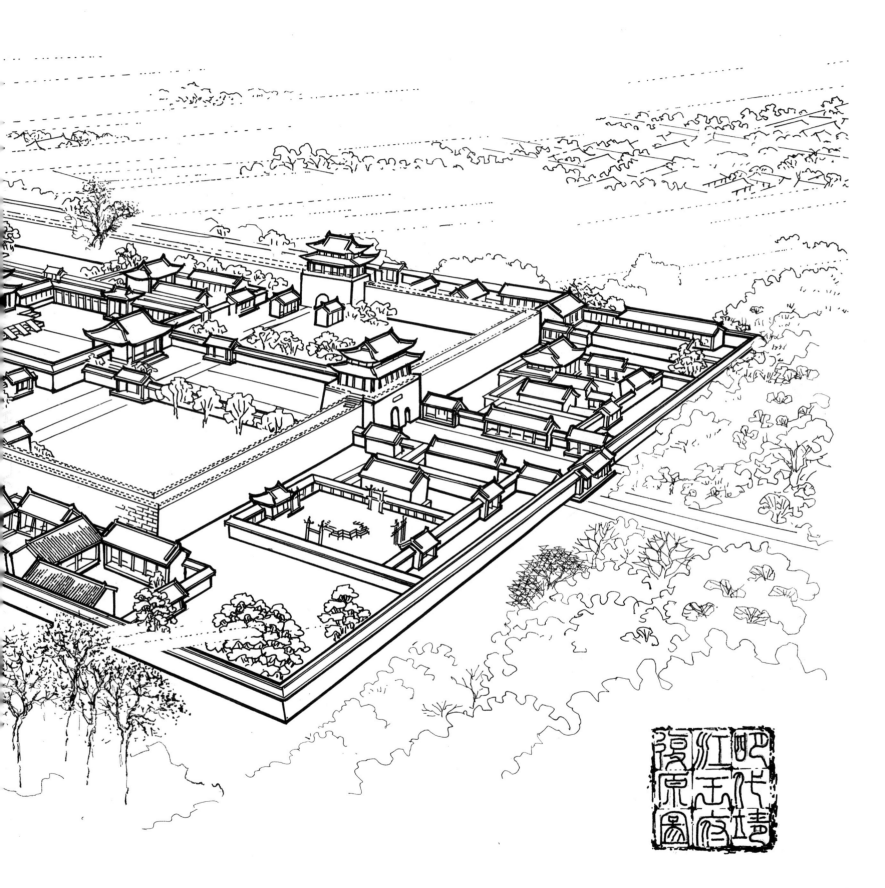

靖江王府中轴线鸟瞰复原

本图采用中轴线鸟瞰图的形式，根据明代《桂林郡志》中的靖江王府复原图结合实测平面绘制了复原图。为了更清晰地表现王府的规划布局，图中没有配置树木，仅上下两处绘装饰祥云，以增加画面的古韵。

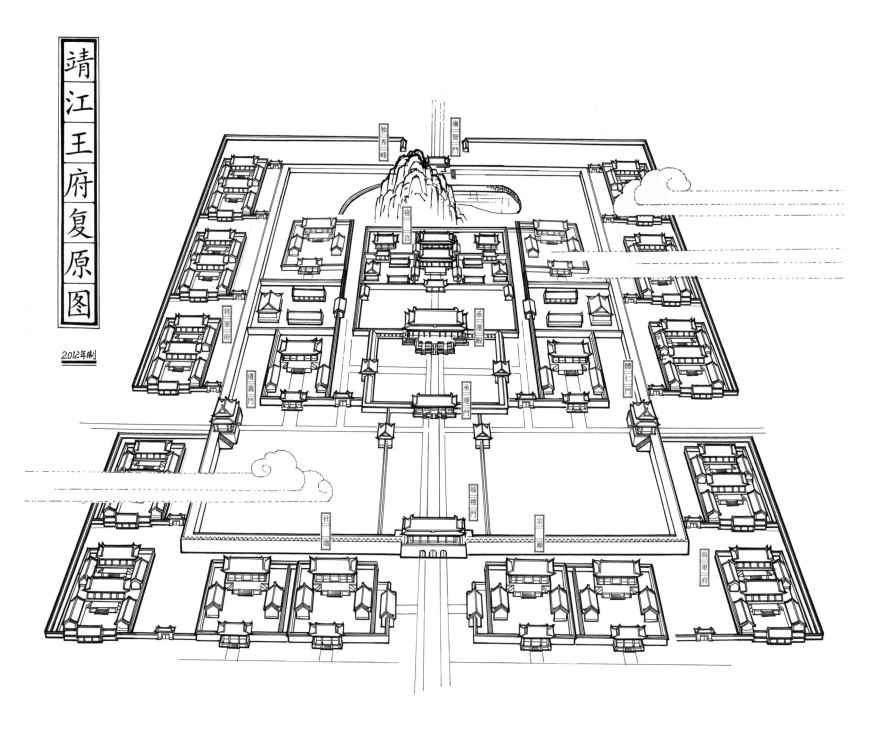

靖江王府复原图

2012年制

靖江王府承运殿云阶玉陛

承运殿的云阶玉陛历经600多年，
依然保存完好。此图以正视角度
构图，由于云阶有坡度而产生了
透视感。

云阶的雕刻呈云芝如意纹，图案
的组合自然和谐，两侧的石栏杆
雕饰精美，这些细节都需要精心
刻画。上方的桂花树作为画面的
中景，与远景的民国时期广西省
政府办公楼形成了远、中、近三
个景深层次，并重点突出了近景
中的云阶玉陛。

靖江王府承运殿台基

本图利用对角微仰视的角度，把承运殿的台基结构和纹饰完美地表现了出来，通过此图可以了解明代工匠高超的石雕工艺水平及台基的装饰特征。

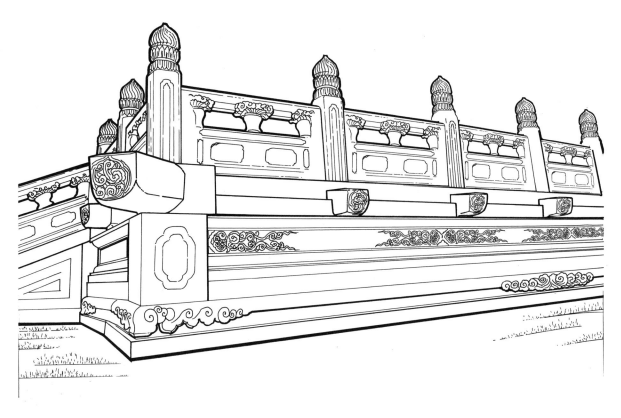

靖江王府承运殿台基侧视

这是靖江王府承运殿北侧的上层台基，通过此图可知明代王宫台基及栏杆的制作样式。

靖江王府东华门"状元及第"石坊

东华门原名"体仁门",是明代靖江王府的东门。城门上的"状元及第"石坊是清代光绪年间为桂林状元龙启瑞、张建勋、刘福姚而立。

站在王城内向东华路方向看,石坊高耸于城门之上,"状元及第"四个字遒劲有力,画面右侧的百年古榕枝繁叶茂。整个画面主次分明,表现手法简洁、清朗。

靖江王府正阳门"三元及第"石坊

正阳门在建成之初名为"端礼门",是当年靖江王府的正门。城门上方现存清代嘉庆年间两广总督阮元为陈继昌立的石坊。

本图是站在城门内的中线撷取构图,使城门呈仰视角度,这样既能使城门显得更高大,又能看清券拱内的结构。石坊、城门用粗线勾边,百年古榕用细线,这样能使画面主次分明。

民国广西省政府

地理位置

民国广西省政府，位于广西师范大学王城校区内，即明代靖江王府的王城内。

历史沿革

1936 年 10 月，民国广西省政府偕同省会复由南宁迁回桂林。1937 年，省政府机关设在王城的西部，国民革命军第四集团军总司令部设在王城的东部。桂林沦陷时全毁，仅存原王府的台基及云阶玉陛。光复后，广西救济总署拨出专款重建，施工逾两年，1947 年 10 月落成，稍后当时的省政府由万寿巷迁至此办公，成为省府机关。省府下设民政、财政、教育、建设四厅，秘书、社会、会计三处，以及设计考核委员会与统计室。

规划布局

民国广西省政府大门位于靖江王府中轴线上，是在承运门台基上建成的，省政府办公楼位于承运殿台基上，省政府礼堂位于王府寝宫范围内，而各省属厅（局）级办公楼则位于王府中轴线两侧。

建筑特色

民国广西省政府的建筑共 20 座，均为 1947 年所建，主要坐落在靖江王府中轴线及其两侧，多为歇山顶式砖木结构建筑。除广智门、承运门和寝宫旧基上的建筑为单层外，其余均为二层楼房。这些建筑是当时的广西省政府聘用毕业于燕京大学的著名建筑师钱乃仁规划设计的，具有典型的民国建筑特色，至今保存较为完好。端礼门城楼上的建筑于 2000 年 12 月 6 日毁于火灾。

保护价值

现存的民国广西省政府建筑，已经建成有七十余年，建筑的外立面具有鲜明的时代特征，实属珍贵的实物资料，应加强保护。

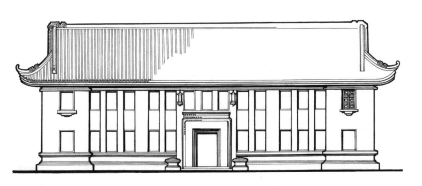

民国广西省政府办公楼立面

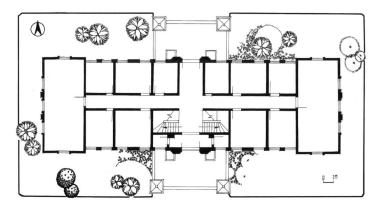

民国广西省政府办公楼平面

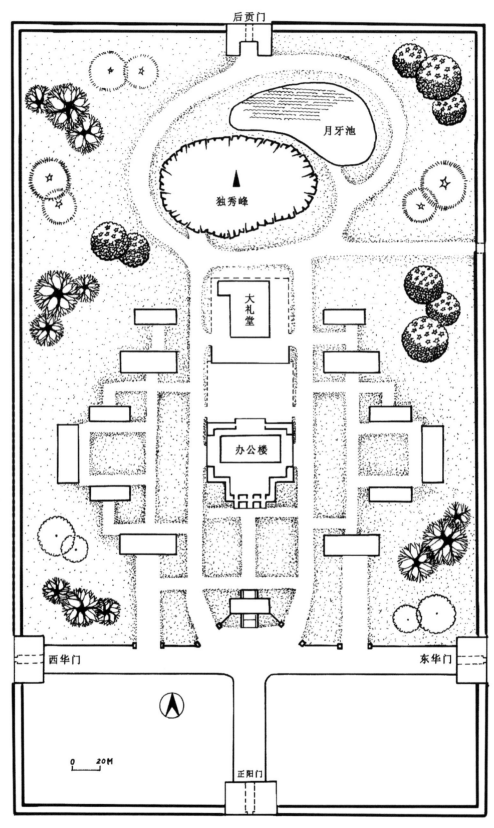

后贡门

月牙池

独秀峰

大礼堂

办公楼

西华门

东华门

0　20M

正阳门

民国广西省政府总平面

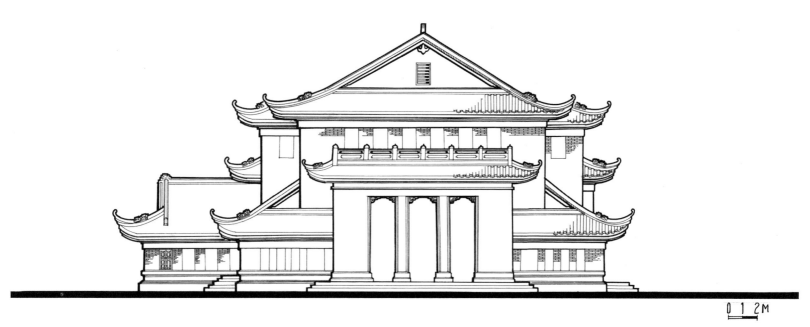

民国广西省政府礼堂正立面

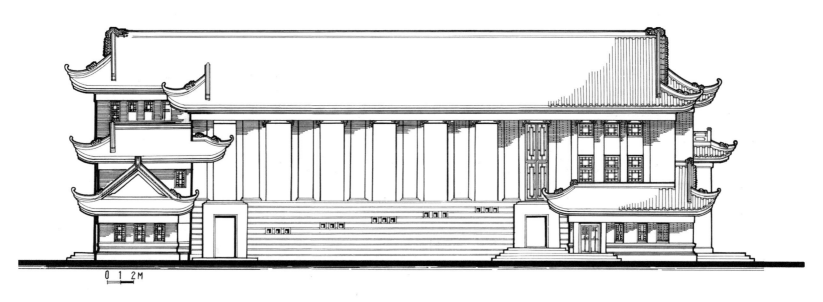

民国广西省政府礼堂南立面

民国广西省政府办公楼侧立面

民国广西省政府办公楼灯具

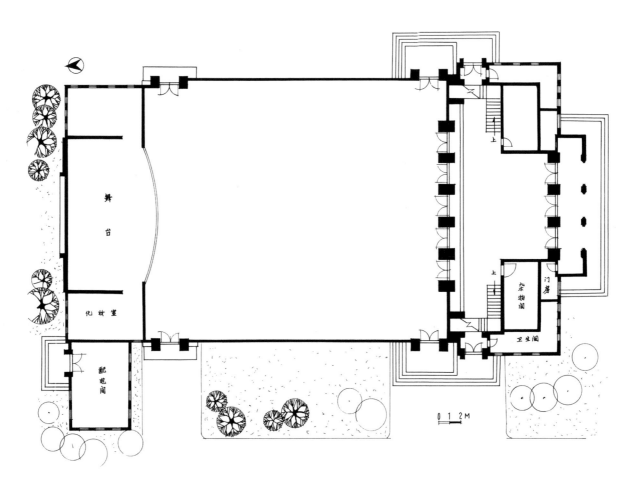

民国广西省政府礼堂平面

民国广西省政府大门外立面

民国广西省政府大门具有典型的民国特征，高大的门楼单券拱门洞，一大两小组合的歇山顶造型，既承袭了
古代官式建筑的大气威仪，又兼有西方建筑的元素。

手绘图的正立面呈微仰视角，能更好地体现出政府机关的庄严气势。

古南门

地理位置

古南门，位于桂林市区榕湖北岸、榕荫路南端，又名榕树门。

历史沿革

结合考古印证，得知古南门是在唐代古城城墙上用料石修筑而成的，因为唐代古城墙为素土夯筑，年久荒圮，故无确切记载，仅口口相传。但据确切的史料考证，现存的古南门始建于宋。观摩宋代咸淳八年（1272 年）摹刻于桂林城北鹦鹉山南麓的《静江府城池图》，可以发现此门为当时桂林城的威德门。元代杨子春《修城碑阴记》称其为"小南门"。明洪武八年（1375 年）桂林城池向南拓展至象山、阳江一线，榕杉湖一带旧墙被拆毁，唯独保存此门；明嘉靖三十四年（1555 年）广西镇守副将军周于德重通榕树门；万历二十八年（1600 年）在城门南面增筑登道部分。1935 年，因修汽车道路，拆除了城门东面台阶墙垣。现北端宋门、南拓明门尚保存完好。

元代在城门上建有木楼三楹，用于祭祀汉寿亭侯关羽，称为关羽祠。明代初年仍然用作关羽祠，正德年间御史张钺题名为应奎楼，嘉靖初年，御史谢汝仪改题为仰高楼，明末始俗称榕树楼。以后城楼屡有兴废。1944 年，日本侵略军侵占桂时，城楼被毁于战火。现存城楼为 1949 年重建。

规划布局

古南门南与清末唐景崧的五美堂旧址相望，东距阳桥约 600 米，西通桂林榕湖国宾馆，北通榕荫路。古南门的门前有一株千年古榕树，相传为宋代人黄庭坚到桂林市的系舟处。

建筑特色

城门以砖石砌筑，全高 5.3 米，东西长 39.4 米，南北厚 19.4 米，其北端宋门以砖券拱，拱高 3.5 米，宽 2.9 米，南端明门为方料石券拱，拱券内壁尚存有明崇祯年间陈于明石刻一件。城楼为砖木结构、单檐歇山顶，建筑面积 130 平方米。

保护价值

古南门是桂林保存比较完整的一座古城门，它为研究桂林城池的发展沿革、宋代筑城技术提供了宝贵的实物例证。中国当代杰出的社会活动家和学者郭沫若于 1963 年 3 月抵桂，曾书"古南门"三个大字榜书作为匾额镶嵌于城门上方。古南门于 1966 年被桂林市人民政府列为市级文物保护单位，2000 年被广西壮族自治区人民政府列为自治区级文物保护单位，2019 年经中华人民共和国国务院核定被列为全国重点文物保护单位。

古南门立面

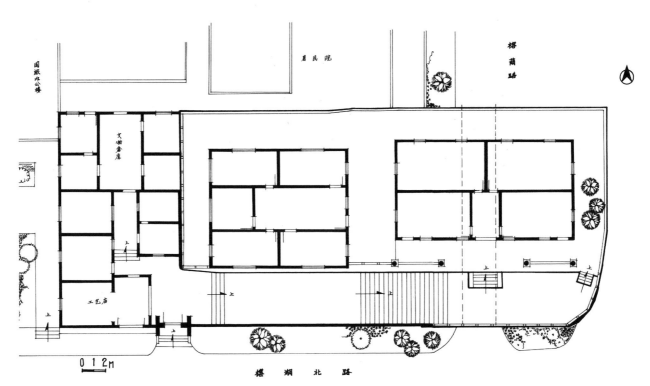

古南门平面

古南门正立面

此图选取站在古南门正前方的适当位置，采用微仰视的角度，既可看见整个城楼的南立面，又可看见城楼上民国时期所建城楼的歇山顶造型。手绘图对古南门的整体造型做了细心刻画，仅在右下角地面画出投影，其余地方留白，重点突出了古南门雄浑厚重的特征。

古南门侧立面

这是一幅站在古南门前方东南角的位置仰视古南门的画面。通过透视，可见画面左侧浓荫如盖的古榕树，把古南门的别名"榕树楼"的境界带了出来。本图重点刻画了方料石的城墙肌理，对城墙上的栏杆细节也有详细交代。城楼为民国时代建筑，做了弱化处理。整个画面一气呵成，光影效果和明暗对比极为强烈。

李宗仁官邸

地理位置

李宗仁官邸，位于桂林市象山区文明路，著名景区杉湖的南岸。

历史沿革

李宗仁官邸是在 1948 年其担任中华民国副总统后，由当局所建，是他于 1948 年下半年至 1949 年 10 月在桂林期间居住和办公的地方。

建筑特色

主楼建筑坐西朝东，建筑面积约 818 平方米，砖木结构，具有民国年间大式中西结合建筑风格。主楼一层原布局有秘书室、客厅、警卫室，二楼原布局有会议室、李的卧室、书房（有壁炉）等。

保护价值

因李宗仁官邸具有较高的历史价值和艺术价值，经中华人民共和国国务院批准，于 1996 年与李宗仁故居合并列为全国重点文物保护单位。

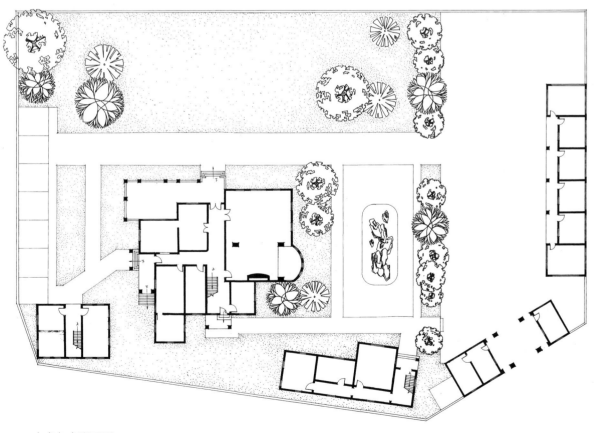

李宗仁官邸平面

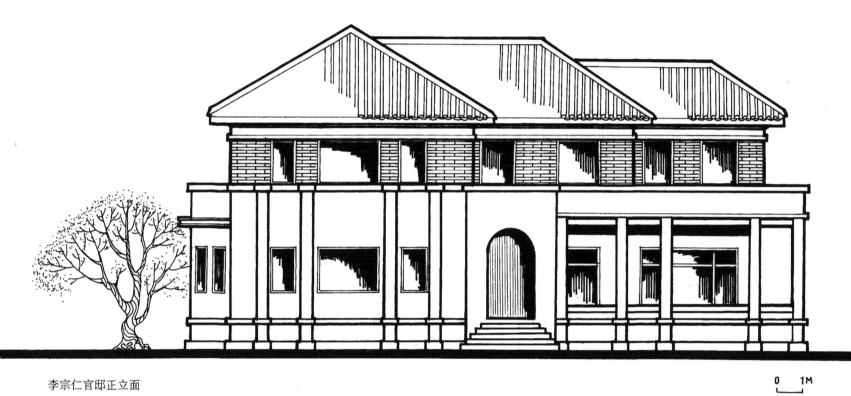

李宗仁官邸正立面

0 1M

李宗仁官邸主楼南视

本图把官邸主楼置于画面中心，微仰的角度，彰显出主楼的不凡气势。周边的副官楼和植物按远近分别弱化，

使画面产生了远近虚实的效果，更好地突出了主楼。

李宗仁官邸主楼大门

本图以主楼正门作为视点，采用了近距离仰视的视角，除了强化结构，更注重室内空间的层次。几条天空中的线条表达了建筑当年的主人曾是叱咤中国政坛的风云人物。

地理位置

两江李宗仁故居，位于临桂区两江镇浪头村，坐西北朝东南，背依天马山。天马山拔地而起，近看似战骑昂首长啸，远望如行空天马，山麓清溪横流，山上林木葱茏。宅第正面视野开阔，远山连绵，势若游龙，左有古定山形似战鼓，右有肖家山状如帅令旗，形势天成。

历史沿革

李宗仁故居与其祖居相邻，按照扩建的顺序，首先建成的是安乐第，其次为将军第、学馆和三进五开间客厅。祖居早在清末就已破旧不堪，后不慎毁于大火。所以，在李宗仁父亲李培英的主持下，西移择址新建了左邻的安乐第。

安乐第为两进三开间，分上屋、下屋。1911年，就读于广西陆军小学堂的李宗仁，回乡与李秀文结婚时的新房，就是安乐第上屋厅堂左面的厢房。当时，李宗仁家境还不太好，除祖居外，新建的宅第仅此一处，前面还是田园。安乐第在1923年有过大修大建。将军第建成后，主人搬进了新建的宅第，安乐第就成了工佣的住所。

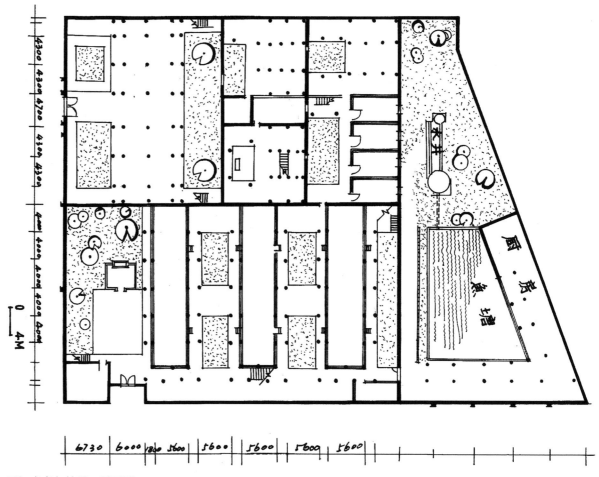

两江李宗仁故居一层平面

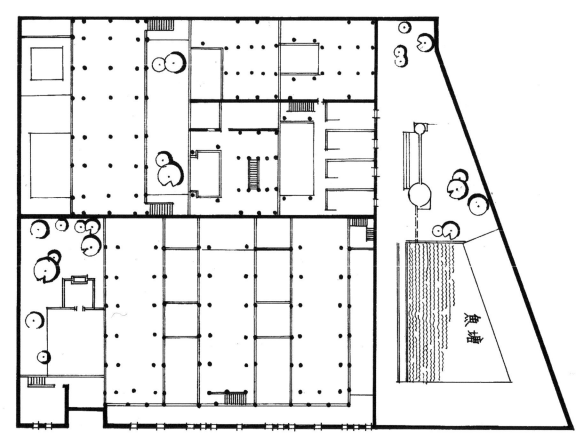

两江李宗仁故居二层平面

将军第建于 1921 年，是第二期的扩建工程，那是李宗仁自立为"广西自治军第二路军总司令"不久后，也是由前后两进（前为下屋，后为上屋）组合。将军第第二进是李宅常用的厅堂，一直是议事、待客的中心。前后两进房屋，亦一直是李宗仁家人常住之室，李宗仁母亲、原配妻子、兄弟及侄辈等分住在楼上、楼下。以后的三进客厅扩建完成后，他们亦没有再移足。

规划布局

两江李宗仁故居，占地 5 060 平方米，建筑面积 4 309 平方米，主体建筑为穿斗式木结构二层楼，由安乐第、将军第、学馆，以及三进五开间带天井的客厅组成。整个建筑群前后共有 7 个院落，分别用垣墙分割而成，另有 13 个天井，共有厅室 113 间。各院落都在同一道高墙之内，完全由大天井采光，各院落楼轩相接，廊庑回环，庭院毗连，都以月门贯通。

在这个深宅大院之中，从住宅、学馆、粮油仓、作坊、客房、厨室、庭院、防御体系、花圃、果园到猪圈、牛栏、鱼塘、水井一应俱全，形成了典型的封建社会自给自足的庄园生活。

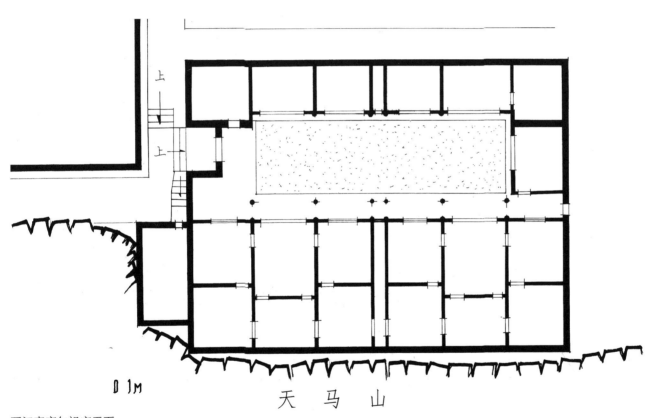

天 马 山

0 1m

两江李宗仁祖宅平面

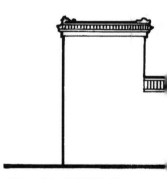

两江李宗仁故居立面

两江李宗仁故居侧立面

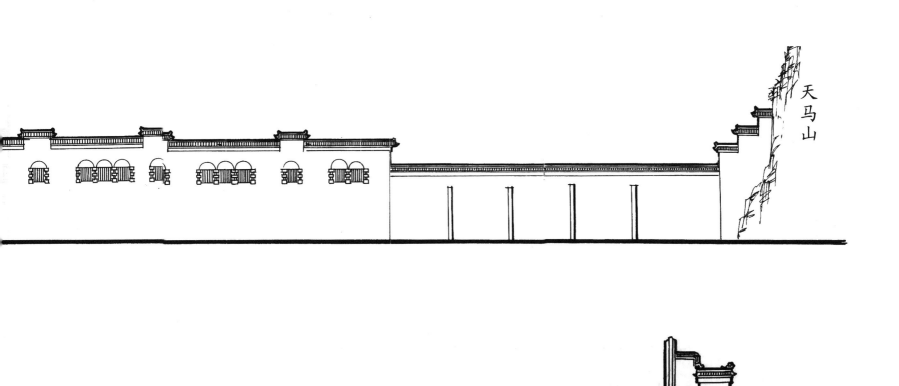

天马山

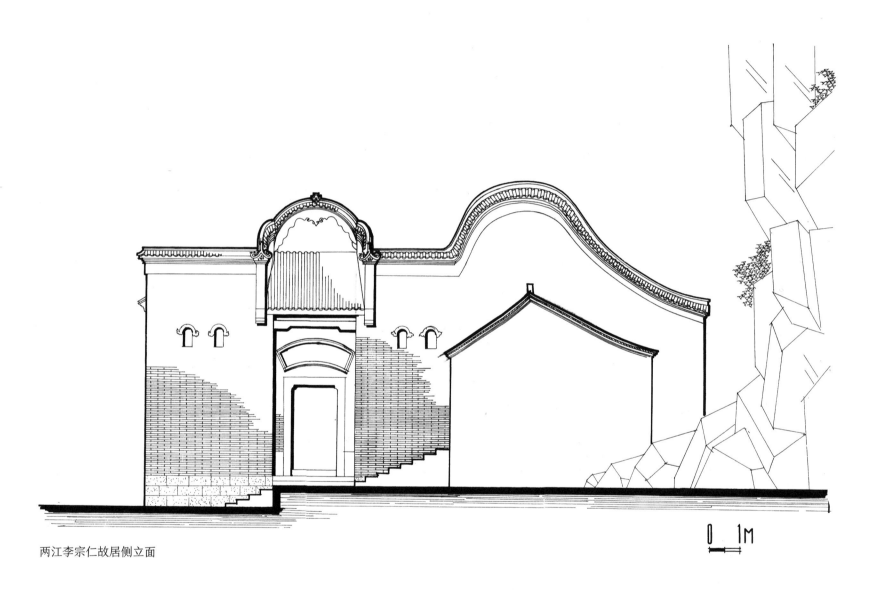

两江李宗仁故居侧立面

0 1M

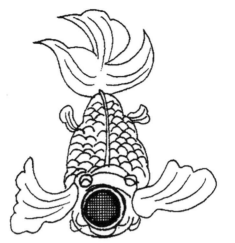

两江李宗仁故居侧滴水

两江李宗仁故居圆拱窗

建筑特色

早期建成的安乐第、将军第为典型的桂北民居风格：一个天井两进三开间，正中为堂屋，中堂上方为香火台，香火台上的神龛内供奉着天地君亲师位。披厦连廊沟通两进。特别宽敞的五开间学馆与五开间三进深的客厅，是第三期一气呵成建造的。极具规模的学馆，采用大开间构架，大天井采光，弥补了安乐第和将军第的面阔的空间。

李宗仁故居的客厅完工后，还在整个房宅的外围修建了高大的砖砌围墙，在围墙的对角处设置了两处炮楼，并建造了庞大的"趟栊式"门楼。院墙高 8.4 米，厚 0.45 米，用青砖包泥砖砌筑，俗称"金包铁"。整个围墙的高度一致，比建筑的屋脊高出约 30 厘米，两座炮楼高高地耸立在围墙的对角线上。这种状若平桶、墙檐平脊的建筑形式，为典型的民国时期桂林民居的建筑风格。在靠公路一侧的墙体上，开设的一列造型别致的圆弧浮雕砖窗，让原本肃穆的大墙显得十分高雅，在窗与窗的适当间距中浮塑一鲤鱼嘴出水口，使单调的大幅墙面于恢宏之中蕴含着一股艺术的吸引力。

后院水井沿着宅后天马山山麓的泉源，引凿了一眼四季不涸的饮水井，井水溢出后流入紧临的洗菜池，洗菜的沉清水再流入洗衣池，最后汇入养鱼塘。若遇山洪暴发，拉开厨房下面的水闸，多余的水可流入墙外的小溪之中，一水多用，可谓科学用水的典范。前庭园点缀着百年古杨、沙梨、枇杷、桂花、山茶、棕竹、苏铁、樟等，整个院落虽简洁古雅，却又不失生气。

保护价值

两江李宗仁故居规模壮观，风格朴实，立面造型意境深远，堪称"物与境谐"的典范。因故居具有较高的历史价值和艺术价值，经中华人民共和国国务院批准，于 1996 年与李宗仁官邸合并列为全国重点文物保护单位，已由文物部门进行全面管理及经营。

两江李宗仁故居俯视

当街的立面长约 100 米，高约 10 米，一株古树如伞如盖，可见故居建筑气势不凡。手绘图对主体建筑做了细致的刻画，并采用了近实远虚的表现手法，使画面的整体效果更富立体感，视觉效果更佳。

两江李宗仁故居大门

气势雄壮的大门具有典型的民国
风格。高墙深院间夹峙一座庄重
大气的门楼，最难画的是虾背形
马头墙和墙上西洋窗的弧线。仰
视故居大门，令人顿感庄重。

两江李宗仁故居内院俯视

站在李宗仁故居首进的二楼，俯视第一进与第二进的内院，主视点为第二进的一、二楼和中庭通廊。整幅画面线条表达准确，画面纯净而唯美。

两江李宗仁故居第二进中庭俯视

这是李宗仁故居第一进与第二进之间的天井，视点为从第一进的廊下朝第二进方向看，通过仰视可以看见第二进的二楼及中庭通廊的结构。画面极具透视感，尤其对梁架结构和门窗的格花进行了精细描摹。院内的两株铁树，虽然笔触纤细，却显得十分生动，使主体建筑与衬景中的植物达到了完美融合。

两江李宗仁故居二楼透视

这是李宗仁故居第二进二楼的透视图，通过二楼的栏杆可见第一进房屋的内廊空间。二楼跑马廊的强烈透视感能给观者留下深刻的印象。

两江李宗仁故居后院厨房

此图选择了站在故居最后一栋建筑的后檐墙下远眺后院厨房的视角。这是一个夹角处为厨房的视角，左侧敞廊为主人餐厅，右侧敞廊为家眷餐厅的建筑布局。手绘图在认真刻画建筑的基础上，天空留白，水面倒影用细线条表达，以便更好地突出主题，左上方横斜而出的大片枇杷树枝叶有效地增添了画面的活力。

白崇禧旧居

自治区级文物保护单位

地理位置

白崇禧旧居，位于桂林市榕湖北路西端榕湖饭店内，为了区别于其在重庆、南京、汉口的住宅，也称"桂庐"。

历史沿革

旧居于 1945 年底至 1946 年初建成。白崇禧在 1945 年至 1949 年多次回到桂林，均住在此处。会客厅是白崇禧的重要活动场所，尤其是 1949 年下半年，白崇禧在此举行过多次会议。后来旧居一度作为桂林国宾馆榕湖饭店的总服务台。旧居原貌现基本保存完好，门前一株古树犹是当年遗留下来的。

规划布局

旧居坐南朝北，面向榕湖，门前古银桦树挺拔婆娑，环境优美，风景如画，深受白崇禧喜爱。

建筑特色

旧居原本是占地面积为 1 000 多平方米的大院，主楼是一幢中西合璧的砖木结构二层楼房，总建筑面积约为 872 平方米。一楼有房七间，西侧有壁炉的大间为会议室，侍从副官及侍卫、机要人员等的居室也在一楼；二楼八间，皆为白崇禧家人及其眷属的卧室。

保护价值

白崇禧旧居于 1987 年被桂林市人民政府列为市级文物保护单位；2017 年被广西壮族自治区人民政府列为自治区级文物保护单位。

白崇禧旧居立面

0　1M

白崇禧旧居俯视

这是一个常人很难见到的角度，通过这一视点，可见旧居的内院空间宽阔且树木丰茂。图中把主楼置于左上方，使画面呈对角线构图，主楼与周边的树木做写实处理，周边植物和背景虚化，使主楼视觉效果更突出。

地理位置

会仙白崇禧故居，位于桂林市临桂区会仙乡山尾村，这里奇峰列巘，清溪绕村，肥田沃土，是一处风景秀美、物产丰盛的回族聚居地。村北300米处即为著名的唐代古桂柳运河以及架于运河之上的石拱桥，因此，这里又是有着悠久历史的文化渊源地。

历史沿革

白崇禧的祖屋位于村后的矮子山前麓，是家族中老者及白崇禧的祖父白榕华置下的产业。该宅为一座三进深两侧带厢房、青砖小瓦、木柱石础的中式传统民居。民国时期，白崇禧看到桂系的其他政要都在家乡新建宅邸，他也择址兴建了一座四面平脊、清水砖磨砖对缝的封火墙大宅院。这座新宅托付其弟白崇祐代管，而祖屋因年久失修已拆毁。

规划布局

民国时期所建新宅建筑面积达355平方米，正门朝东，背倚矮子山，为一进深两层楼带前后院落的民国风格民居建筑，前院回廊采用跑马楼式结构。

建筑特色

建筑每层一厅六房，整体施工十分考究，墙四周平地面以上至1.2米高处均用凿刻方整的石灰岩大料石砌筑，其上磨砖对缝的清水墙延伸至屋顶，屋檐下方的出水口浮塑鲤鱼戏水，天井地面墁铺凿刻方整的石灰岩料石。室内陈设高档，木质楼梯、栏杆、门窗全都用油漆刷成天蓝色。

保护价值

白崇禧是中国近现代史上显赫一时的风云人物，其故居作为广西地区民国时期的代表性建筑之一，反映了当时的建筑风格，承载了丰富的历史、文化信息，因此白崇禧故居于2017年被广西壮族自治区人民政府列为自治区级文物保护单位。

0 1 2M

会仙白崇禧故居平面

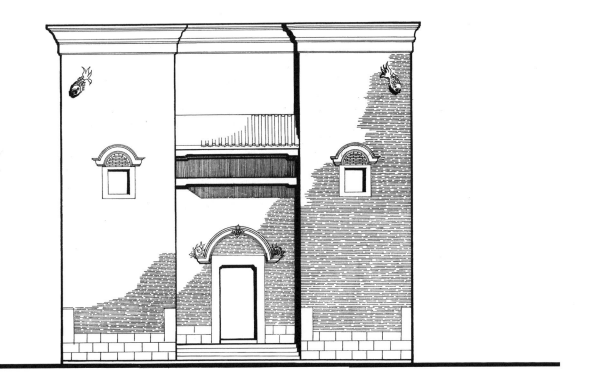

会仙白崇禧故居正立面

0   1 M

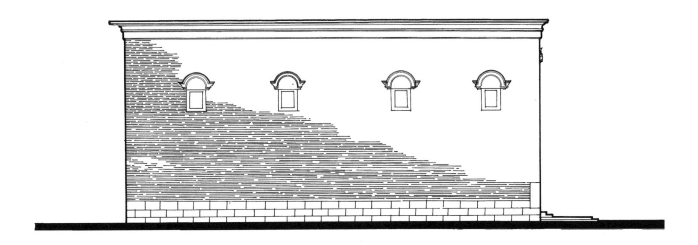

会仙白崇禧故居侧立面

0 1 2 M

会仙白崇禧故居外貌

会仙白崇禧故居高大的清水砖封火墙，具有典型的民国建筑特征，再加上三开间两层楼两进深的建筑格局、正中间内凹的正大门、粗厚的石门框、木制的趟栊门，这一切都表明了这座宅院具有极强的防御功能。磨砖对缝的青砖、凿刻工整的方料石，说明了当年这座宅院用工投料十分考究，也从一个侧面印证了当年主人的非凡身份。

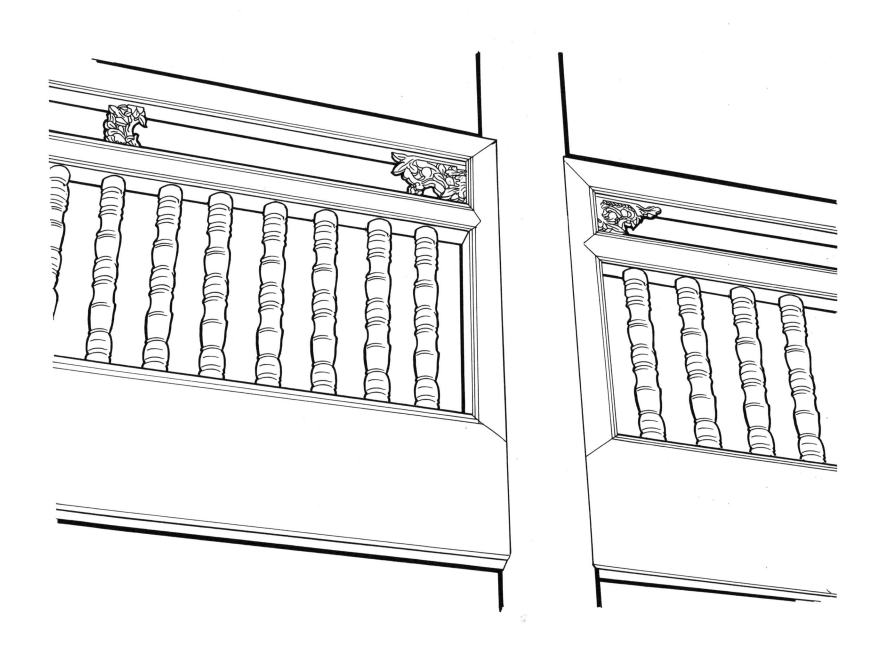

会仙白崇禧故居栏杆细部

会仙白崇禧故居的栏杆很有特色——车花的圆形瓶状栏杆表明了工业化的进步，而卷草花卉纹饰的小雕件则
是典型的中国传统工艺——与建筑中西合璧的风格相得益彰。

会仙白崇禧故居内院

此图为站在首进内廊看内院天井及第二进与跑马楼之间的结构。纵横交错的梁架结构，民国特征的花池、拱窗，这些都是图中刻画的重点。由此图可以看出当年住宅的主人受西方文化影响，把住宅建成了中西合璧的居住空间。

黄旭初旧居

自治区级文物保护单位

地理位置

黄旭初旧居，位于桂林市叠彩区龙珠路，东濒漓江，北临叠彩山。

历史沿革

1933 年至 1949 年，黄旭初曾居住在这里，解放后收归国有，作为桂林地区行署职员宿舍。

规划布局

黄旭初旧居坐北朝南，北依叠彩山南麓，东濒漓江西岸，前眺伏波佳胜，环境清雅，私密性极强。

建筑特色

黄旭初旧居院内面积 1 500 平方米，建筑面积 235 平方米，院门向西。主楼为朝南的两层砖木结构的中西结合式建筑，每层各有房六间，主楼前设有门楼，进入门楼后为门厅。门厅左侧墙壁设有衣帽橱，一条过道把建筑一分为二，每边有三间房间。门厅右侧为客厅，正对门厅的是木楼梯，由此可以直上二楼。二楼的开间布局与一楼相同。院后的叠彩山崖隙间设有防空洞。

保护价值

鉴于其较高的历史价值，黄旭初旧居于 1987 年被桂林市人民政府列为市级文物保护单位，2017 年被广西壮族自治区人民政府列为自治区级文物保护单位。

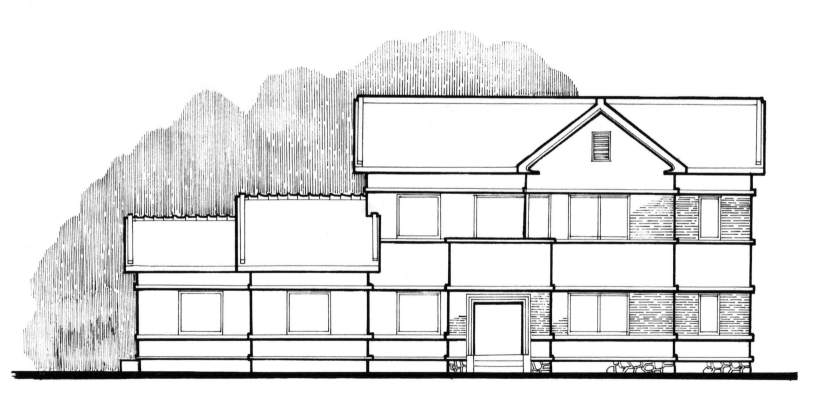

黄旭初旧居立面

0 1M

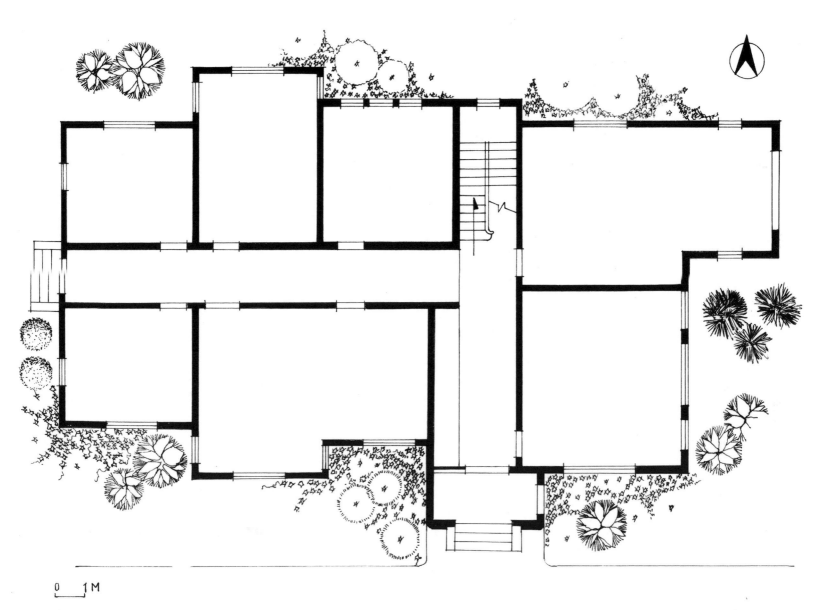

0 1M

黄旭初旧居平面

黄旭初旧居东立面透视

此图选择了东南角的视点，主要是由于东立面建筑造型细节丰富。这是桂林民国时期建筑中设计较为简洁的一座民宅，一旦要入画时，线条的表达是关键，为了表现建筑的外貌，地面杂乱的花盆、杂草一律予以摒弃。

地理位置

狮子山河伯石塔，位于桂林市西北郊甲山乡庭江洞狮子山西麓山径的悬崖上，东临桃花江。这里属桃花江上游，桃花江从庙头经桂林长海机器厂以西，由南至北到达狮子山后，在此形成一处深潭。这里水清如碧，群峰夹岸，林木荫翳，自古以来常有货船在桃花江上往来。

历史沿革

相传在庭江洞一带常有舟船被漩涡吞没，清朝末年，民间为镇水妖而特地建造此塔。

建筑特色

石塔为石幢式建筑，通高3.35米，共6层。塔基及第3层为圆鼓形；第2层为四边方柱；第4层亦为四边方柱，但四角倒边，西面阴刻河伯造像，东面铭文"道光元年十二月初一立"十字，南北两面分别镌刻镇邪符箓；第5层系四面坡屋檐形；第6层为两圈相轮，顶承宝珠。

保护价值

道教辟邪塔在桂林区域范围内尚不多见，是研究道教文化难得的实物资料。鉴于狮子山河伯石塔具有较高的历史研究价值和建筑艺术价值，桂林市人民政府于1984年将其列为市级文物保护单位。

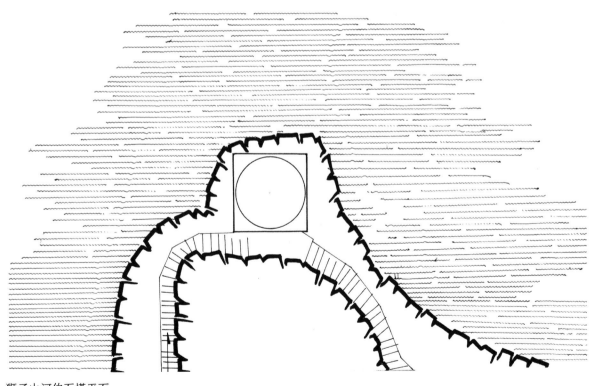

狮子山河伯石塔平面

狮子山河伯石塔立面

狮子山河伯石塔辟邪造像

在石塔临河方向的塔身上部，有以浅浮雕的形式镌刻的镇妖河伯神像。只见河伯右手举剑，左手持护法神器于胸前，腰扎虎头鱼鳞纹护裆，赤足踏祥云。手绘图真实还原了河伯的整体造型，达到了神形兼具的效果。

狮子山河伯石塔外貌

石塔建于半山的坳子口上，塔之左侧有古道陡崖，塔之右下方为悬崖深潭。此图以仰视的角度呈现了石塔挺拔的气势，再通过近山树远的映衬凸显出石塔简约、古朴的造型。

二塘常家令公祠

地理位置

该令公祠，位于桂林市象山区二塘乡常家村。

历史沿革

令公祠由当地百姓于清嘉庆十一年（1806年）捐资兴建，以后各时代均有维修。

规划布局

建筑坐西向东，为硬山式砖木结构，面宽9.8米，进深19米，面积186平方米。

建筑特色

令公祠为两进三开间。第一进是正门，前檐为砖叠涩硬檐，马头墙正面浮塑人物故事。进入大门后的上方为戏台，戏台背向祠门，坐东向西，观众从祠门入，再从台下过。台面采用全木楼板，距地面2米，台口横列4根粗圆木柱，4柱之翼角雕有花板，中间两柱顶端对应雕刻吊挂狮子，外侧两柱各立一只奔鹿。台后顶挂"降尔遐福"四字木匾，系清光绪三十四年（1908年）临桂县马面圩秦村所送。台中顶端为八角拱顶藻井，台沿镶嵌《空城计》等七件传统剧目木雕。屋脊正中立琉璃宝顶。第二进是观众席，后墙前供奉李令公夫妇木刻像，令公是三头六臂，红白黑三色面目，侧身坐在虎背上，上书"敕封天门金殿李令公神位"。屋脊中央竖立宝塔。两进之间为天井，村民在天井上空加盖木构架小青瓦雨篷。

祠内保存清代石刻2碑3石及光绪年间石雕香炉2件。村中还珍藏令公等36具傩舞面相。（傩舞在桂北历史悠久，是当地村民跳神还愿的一种活动，作为一种民间艺术，今已濒临失传。）

保护价值

二塘常家令公祠的戏台保存基本完整，是广西境内保存较好的民间傩舞跳神戏台。应加强对该建筑的修缮与保护。

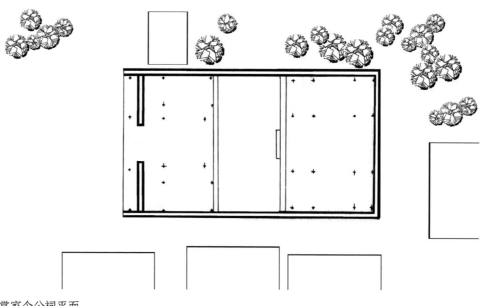

常家令公祠平面

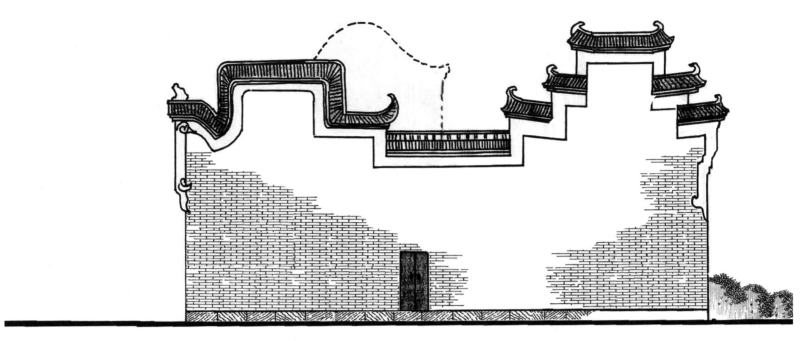

常家令公祠侧立面

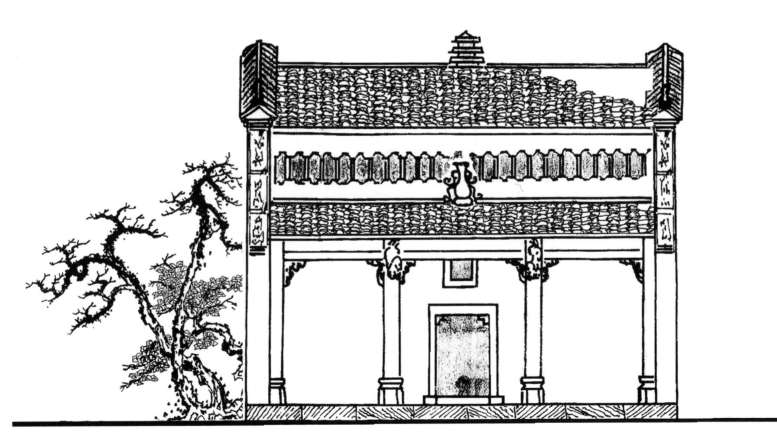

常家令公祠正立面

常家令公祠外貌

此图中为令公祠首进大门，三开间带檐柱，梁上雕有缠枝花，封檐板线刻有檐帘图案。此图手绘难度在于令公祠两侧的镬耳形马头墙，多变的曲线非常难控制。画面恰到好处地表现了令公祠的古拙之美。

常家令公祠马头墙浮塑

令公祠的马头墙浮塑很有特点，镬耳形马头墙造型具有岭南特征，墀头分三级，浮塑戏曲人物及花鸟，翘头不是卷草，而是一尊灵动憨态的企狮。整个马头墙给人以耳目一新的感受。

常家令公祠戏台仰视

这是站在戏台前近处的侧视图。通过合理的透视，展现戏台上方的梁架纵横交错。戏台上方的古匾和戏台沿口的木雕人物花板是整幅画的亮点。村民舞狮的两个狮头仍然陈放在戏台的八仙桌上，这一细节表现了当地民俗文化的特征。

常家令公祠戏台

令公祠戏台建在进大门之后首进的架空层上方。此图是站在令公祠正间看戏台，微仰的视角将戏台的梁架结构完美呈现出来。正间三根粗大的木柱位于画面左侧，与戏台沿口的木雕花板形成了粗犷与细腻的强烈对比。

柘木李氏宗祠

地理位置

李氏宗祠，位于雁山区柘木镇李家村之西，建筑坐东朝西，前临一片稻田，祠堂北面、南面和东面均为古民宅。李家村地形走向呈东高西低，背倚奇峰镇群峰。

历史沿革

李家村的李氏家族于明代迁居于此，村中现有近百户人家，村内的古代民居均为青砖小瓦的低矮民宅，间杂有泥砖瓦屋。李氏宗祠始建于清代道光年间，至今已有 200 多年。该祠堂曾经历过两次修缮，分别是 2001 年和 2007 年。在最后一次修缮时，把戏台的山墙拆除重砌并重新做了灰批，改变了原有的青砖外貌。

规划布局

李氏宗祠坐东朝西，依原有的地形现状逐级抬升。该祠堂为两进三开间，首进为门楼兼戏台，后进为祠堂，当中为大天井，天井两侧有两层木结构的跑马楼。

建筑特色

李氏宗祠采用磨砖对缝的硬山式马头墙，大门朝西，进入大门后的上方为戏台，穿过戏台即可到达天井，站在天井回望戏台，可见戏台为小青瓦歇山顶，封檐板刻成帘檐状，檐下有卷棚，台上方有八角形藻井，中堂壁上有枣红色的团寿纹饰。台口檐板有雕花板，戏台与地面之间有 2.13 米的高差，方便进入。

天井两侧为跑马楼，是观看演出的雅座。跑马楼的外侧有雕花护栏，板面线刻雕花图案。与戏台遥相对应的是祠堂，三面外墙围合，杉木梁架，均无板壁间隔，朝天井方向的檐柱间亦无门窗，估计是为了使李氏族人聚会时有足够的活动空间。

整个祠堂面宽 13.54 米，东西长 28.86 米。其中戏台通高 8.68 米，进深 9.89 米，地面至台口高 2.13 米。戏台基本保持原样。近几年的两次修缮，重点修缮了大门外墙，祠堂和戏台基本保持原貌。

保护价值

在桂林市范围内，能保存有两层跑马楼并具有一定规模的戏台还是少见的，因此，柘木李氏宗祠具有一定的保护和研究价值。

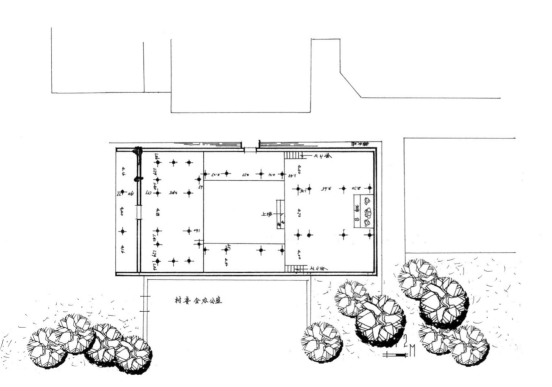

李氏宗祠平面

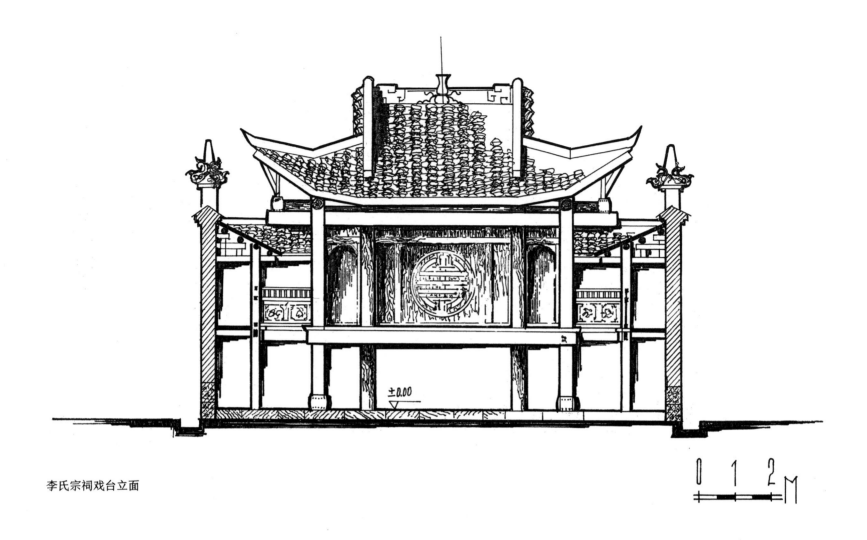

李氏宗祠戏台立面

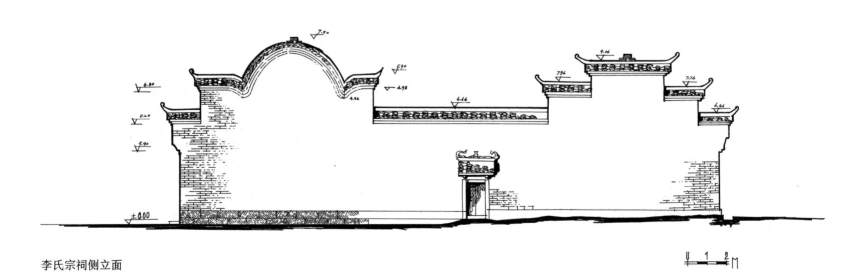

李氏宗祠侧立面

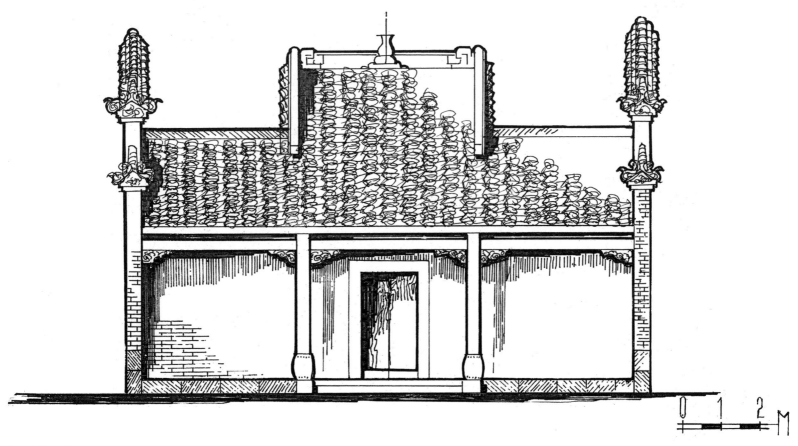

李氏宗祠正立面

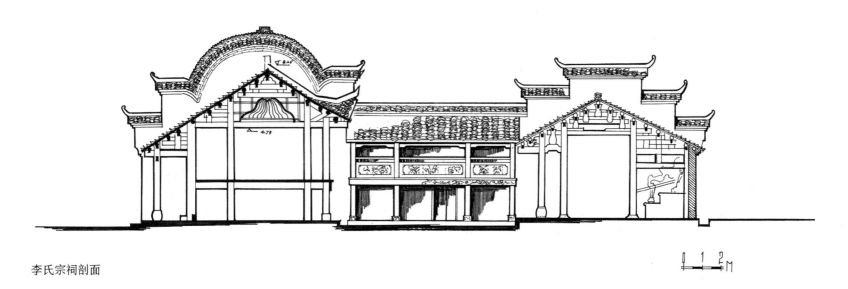

李氏宗祠剖面

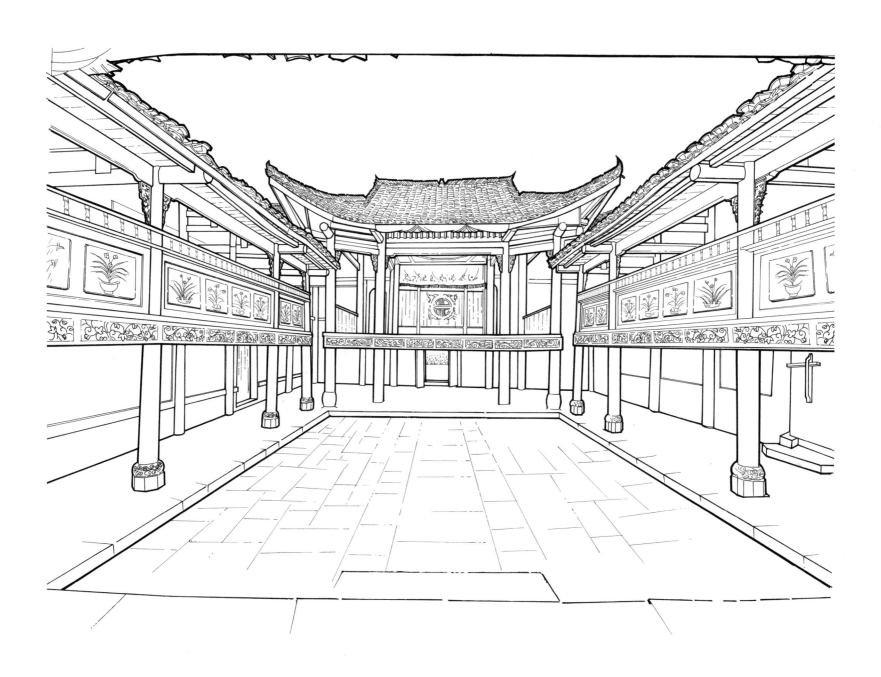

李氏宗祠戏台

此图是站在祠堂檐下的台阶上看对面的戏台，天井两侧的跑马楼尽头为戏台。透视感极强的跑马楼与翼角飞檐的戏台屋顶形成了极具张力的画面。

李氏宗祠内院及跑马楼

此图是站在李氏宗祠正间看内院左侧的跑马楼及戏台局部。

两层的木结构跑马楼，一楼架空，二楼临内院一侧有雕花栏板。此图利用微仰视的构图，强化了跑马楼的视觉效果。跑马楼与戏台转角连接处纵横交错的梁柱结构以及建筑细节都——交代清楚，达到了繁而不乱的效果。

雁山别墅

地理位置

雁山别墅，又名雁山园、西林公园、雁山公园，位于广西桂林城南 20 多千米的雁山镇东侧。园内具有典型的岩溶地貌、天然溶洞峰林、自然的河流泉池，与园中繁茂的林木、错落有致的园林建筑融为一体，形成了一座规模宏大而又具有典型岭南特色的清代私家园林。

历史沿革

雁山别墅始建于清同治八年（1869 年），同治十一年（1872 年）竣工。清代士绅唐岳 40 多岁时选中了雁山镇良丰下村旁的一块依山傍水的荒地，在反复研读了《红楼梦》，参考大观园和上海豫园的基础上，聘请了著名的造园家、画家、建筑师为之精心设计，并征集临桂、灵川诸县能工巧匠精心施工，前后花费四年之久建成雁山别墅，作为自己的私家园林。

雁山园是广西近代文化的发源地之一，广西师范大学、广西大学、雁山中学、广西农学院等学校均曾在此办学。

规划布局

雁山别墅占地南北长 500 多米，东西宽 330 多米，面积达 15 公顷，为岭南甚至全国所少见。园内有乳钟山、方竹山、桃源洞（又名相思洞、雁山洞）、碧云湖、清罗溪、涵通楼、澄砚阁、碧云湖舫等。理水掇石，亭台楼榭，人工与天然浑然一体。其占地规模和建筑规模之大、耗资之巨，都是明清以来华南私家园林中名列前茅的。

雁山别墅的突出特点之一便是计成在《园冶》中所说的"巧于因借"。雁山别墅一借"雁山春红"之植物景观，利用其西侧高大起伏的土岭山上的各种野生杜鹃，将每年三四月间满山遍野万紫千红、蝶舞鸟鸣的美景借入园内；二借"雁落坪沙"之奇特山水景观，通过南北叠位、高低错落，使土岭山形似"大雁展翅东飞"的轮廓线恰好出现在园内游览线的交叉点玄珠桥上，加上园内稻香村的田野菜地烘托，遂成"雁落坪沙"借景之绝，大有"要知雁山面，就得入园来"之吸引力。雁山别墅利用传统借景入园的手法，丰富了园内景色的层次，扩大了视野，使园内外景色互相渗透，为我所用，融为一体，和谐完美。

雁山别墅大门楹联"春秋多佳日，园林无俗情"，虽说出自陶渊明的诗句，却道出了雁山别墅的精髓。"三分匠人，七分主人"，这是园林中的布局、构图、组景与园主的关系。雁山别墅是按照我国传统的造园理论和美学观念，利用天然的山水、洞石、树木创造出的优美的生活环境。全园大致可分为五大景区：大门入口区、稻香村区、涵通楼碧云湖区、方竹山南区和乳钟山区。

大门入口区，包括大门外的宽阔水面、入口广场、大门到乳钟山西面直壁、南到清罗溪一带。一池清水环绕大门前，伫立池塘边有如隔岸观世外桃源之感。大门南侧置一平板石桥引人而渡，步移景异，可至门前，透过园门窥见重阁石壁，桂花树海，山石嶙峋，犹似一幅天然图画。门额上书"雁山别墅"四个大字，左右书"春秋多佳日，园林无俗情"楹联，富有诗情画意，园林气氛油然而生。这是运用传统造园"欲扬先抑"的障景手法精心设计的。把门内的空间延伸至门外，几乎把整个园林空间扩大了一倍，这主要是利用乳钟山做障景的缘故。面对乳钟山，但见古树婆娑、石壁嶙峋，右转向南，突见一水面，得豁然开朗之势，大有"半亩方塘一鉴开，天光云影共徘徊"的意境。湖畔尚有一座别致的小楼，曾是唐岳儿子居住的地方，俗称"公子楼"。此区是一个自然式布局、半封闭的园林空间。通过沿山曲径可达乳钟山区。跨过西南小桥，可达稻香村区。

稻香村区，包括方竹山以北、清罗溪以西一带地区。此区有稻田菜畦、荷花池和稻香村，加之茅房陋舍，具有浓烈的村野生活气息。此区面积之大，亦为私家园林中所少见。清罗溪中有座石拱桥，名为玄珠桥，玄珠桥头是观"雁落坪沙"绝景之处，桥腹有唐氏建桥碑，字迹难辨，常被淹水中。此区设施虽简，但田园风光生机盎然、野趣横生，大有"不著一字，尽得风流"之意。

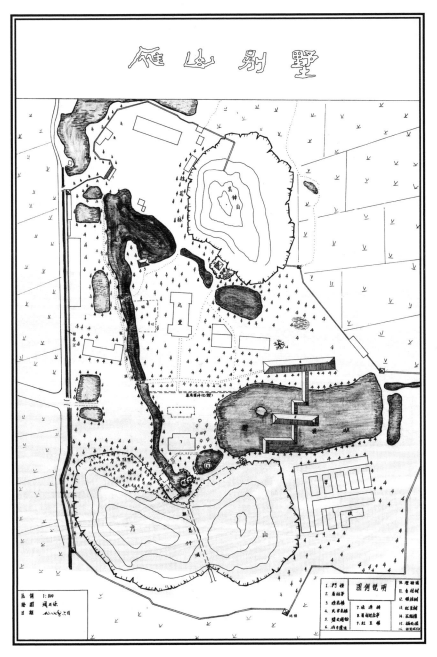

雁山别墅平面

涵通楼碧云湖区，是全园的主要景区，此区位于方竹山以北，西至清罗溪，东至碧云湖，南至梅林、桂花林。主要建筑有涵通楼、澄研阁、碧云湖舫、水榭、长廊、亭台等。涵通楼是全园主体建筑，用两条二层长廊把碧云湖舫和澄研阁连接为一个庞大的建筑群。但由于各个单体建筑位置得宜，造型优美，富有对比变化，聚散合宜，高低错落，又以高大的方竹山作为背景加以衬托和对比，因而显得并不庞大和臃肿，成为全园的构图中心，步入其中能达到步移景异的妙境。

澄研阁，曾是园主唐岳的卧室，精工绮丽，二层复廊曲折有致，跨水与涵通楼连接，大有"槛外行云，镜中流水，洗山色之不去，送鹤声之自来"之意趣。廊边有山道可登至山顶方亭，鸟瞰全园。澄研阁南侧山石顶上构一六角形的"棋亭"，内置石桌石凳，可以就坐对弈，旁有栾树和香槐。棋亭因在相思洞旁，又名相思亭，有山道可上下，与涵通楼隔水相望。涵通楼东有长廊与碧云湖舫相连。穿过长廊，即见一丛三株挺直高大的红豆树，果红而硬。

碧云湖周建筑，有大有小，有高有低，依山傍水，互为因借，水中可以戏舟，坐石可以品泉，举手可以垂钓，伸腿可以濯足，俯首可以玩月，囊琴而弈，林泉胜概，都在其中。沿复廊，西穿一洞门名"越广门"，可达稻香村区，东沿长廊可至碧云湖舫。涵通楼南到方竹山形成了一个景色丰富、林泉意趣强烈而又完整的小区，这是一个封闭的园林空间，别有洞天，得桂林山清、水秀、洞奇、石美，"簪山带水"之胜，堪称桂林山水之荟萃。

碧云湖中设两层的大水阁，形若舟，即为"碧云湖舫"，可登临凭栏眺望，亦可游乐其间。湖北岸有一重檐敞亭与之隔水相望，名为琳琅仙（轩）馆。湖西部水中有一孤石小岛，岛上植柳数株，在湖舫内透过丝丝垂柳，隐约可见西岸水榭和涵通楼，层次深远。接长廊东筑花墙洞门一道粉墙，花影摇曳，十分清丽。出洞门南折可达后山，沿湖北行，可达琳琅仙（轩）馆、敞亭、水榭，环湖一周。洞门旁半山置一方亭，依崖而筑，可以远眺。碧云湖又名"鸳鸯湖"，是全园最大的水面，山石为岸，自然可爱，湖畔植柳，湖内种"并蒂莲"，水边芦苇丛生，红荷点点，翠峰倒影，泉水淙淙。

方竹山南区，是一处狭长地带，主要由方竹山南坡、花神祠、桃源洞、桃林、李林组成。除祭祀活动外，也是纳凉、散步、读书的好去处。桃源洞因桃得名，亦有"世外桃源"之意，岩以幽为胜，洞户穹广，苍崖壁立。

乳钟山区，包括乳钟山、桂花厅（原名临水楼）、丹桂亭、小水榭、绣花楼、莲塘等。入园后沿山边小道东行，有大小水塘两个，有土埂相隔，水体与清罗溪沟通，水涨时塘水可漫至山脚下的浅岩内，岩内亦有清泉出，有小堤可通。山间有一高台，其周遍植丹桂，称丹桂台。台上置一亭，与涵通楼遥遥相对。亭下二塘，石出水中，古木横斜，十分优美，塘内植红莲和白荷，叫莲塘。乳钟山南，下有一洞，岩本无名，刘名誉记云："岩壑幽窅，内闷修蛇。"俗称之为蛇岩。莲塘东，蛇岩前，有一两进建筑，原名临水楼，周有桂花竹子，又称桂花厅，厅后洼地一片，与碧云湖通，春夏水至成潭，后又称为白鹅潭。临水楼前有石径通琳琅仙（轩）馆和碧云湖边小亭。莲塘西南清罗溪边，有水榭和绣楼，凭栏赏荷观鱼，平湖倒影，别有一番情趣。

建筑特色

雁山别墅是清代所建，其园林建筑具有浓重的古典色彩，有江南园林建筑的典雅，更以岭南园林建筑的畅朗见长。

全园建筑根据功能、地形及景观的需要布置，与环境结合紧密，自然活泼，园林建筑占全园总面积比重较轻。园内楼阁厅榭，多为古典歇山大屋顶，亦有少量硬山、卷棚和重檐的，个别的亦见凹水线稍平鼓后再斜下去，类似锅耳或僧帽顶的，翘角较高，轻盈明秀。涵通楼、澄研阁、碧云湖舫等瓦当滴水有特造专制的印记及篆文，如"涵通楼瓦""涵通楼造""碧云湖舫""澄研阁瓦"等，两边有"同治己巳"或"唐仲园林"篆文。檐下饰彩画，梁柱门窗，有红有绿，窗棂上另作贴金。门窗有精巧的雕花图案，每窗的扇叶做成三套，窗花各有千秋，无一雷同。春秋用纸糊窗，夏日用纱窗，冬天则改用玻璃窗。

园内建筑多采用传统花饰图案，装修考究，如流线型的美人靠坐凳栏杆、葵式隔断长窗、雕花柱头等。从建筑整体来看，造型古朴典雅，外形轮廓柔和稳定，内部空间通透开敞，构造较为简易。由于地处南国，气候炎热，雁山别墅亦吸收地方民居跑马楼圈廊形式的布局，如大门、水榭、碧云湖舫等。碧云湖舫作为碧云湖的主体建筑，能满足厅堂楼阁多种功能之需要。涵通楼东西两边的二层复廊，造型也各有千秋，颇见地方特色。

保护价值

雁山别墅作为典型的岭南古典园林的代表，具有较高的历史价值和艺术价值，桂林市人民政府于1998年将其列为市级文物保护单位。

雁山别墅鸟瞰

雁山别墅绣楼

此图选取了从湖面看绣楼的角度。画面中，绣楼两侧古树交柯，树木和水面占三分之二的版面，树木、绣楼
写实，水面留白，强烈的虚实对比，更凸显出古树与绣楼的主题。

雁山水榭全景

雁山水榭是雁山别墅现存的主要景观之一。此图将水榭置于画面的正中，右侧古树映衬，画面下方为湖面，水榭两侧有曲廊相连，重点突出了水榭的外貌与结构。

雁山水榭廊内视图

此图透过曲廊看水榭，廊柱作为近景与居于中景的水榭形成了强烈的视觉反差，近景线条挺拔粗犷，中景的水榭用笔工整、细腻，远景的树木作为衬景，采用了虚化处理。

雁山潜经村白氏宗祠

地理位置

白氏宗祠，位于雁山区草坪回族乡潜经村头，从大圩至草坪冠岩的公路东侧。

历史沿革

潜经村，原名白家庄，相传元朝广西廉访司副使伯笃鲁丁的后裔宗信公，携带三十卷《古兰经》经本来到此地，见这里山环水绕，地势平坦，水陆交通方便，于是定居此地。到了清代，为了纪念先祖宗信公，族人将白家庄改名为藏经村。之后，白氏族人认为"藏"字略显俗气，经共同商议，更名为"潜经村"，潜经村白氏宗祠始建于清乾隆六十年（1795年），据建祠碑文记载，此前已传至十一代。

规划布局

白氏宗祠坐东朝西，背依金鸡山，前眺漓江水，南有大池塘，北临清真寺，潜经村则分布于宗祠的东北侧。

建筑特色

白氏宗祠为三进三开间，磨砖对缝的硬山式封火墙，小青瓦覆顶，具有典型的桂北建筑风格特征。白氏宗祠面宽12.8米，通长39米，首进为门厅，二进为族人聚会之所，后三进为祖堂。建筑前高后低，院内两侧有跑马墙，整个宗祠造型庄严大气，是桂林地区为数不多的大型宗祠之一。

保护价值

雁山潜经村白氏宗祠具有较高的建筑艺术水平，现已得到一定的修缮保护。

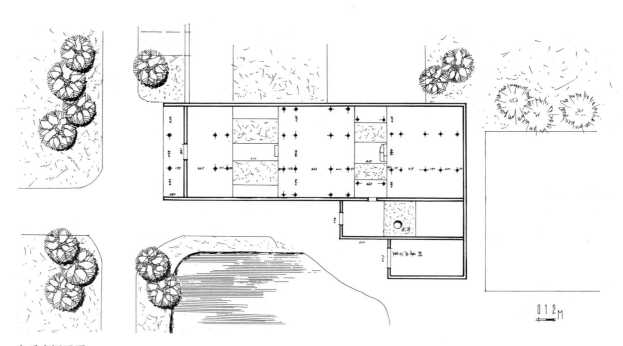

白氏宗祠平面

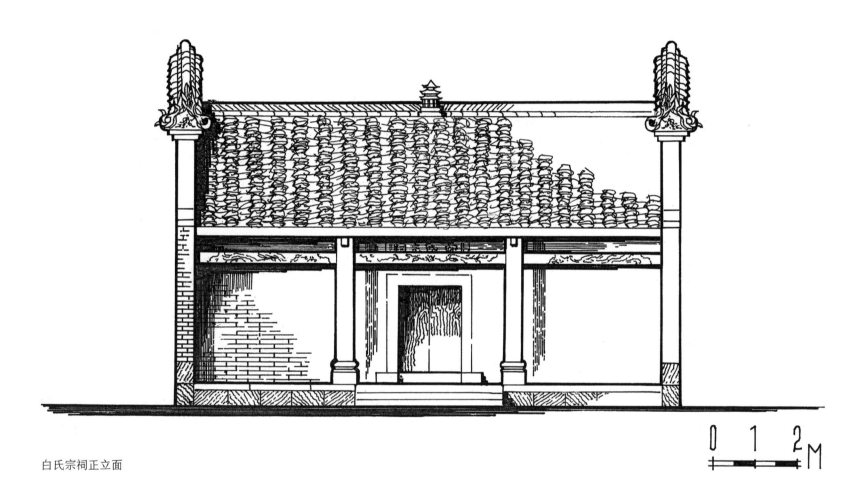

白氏宗祠正立面

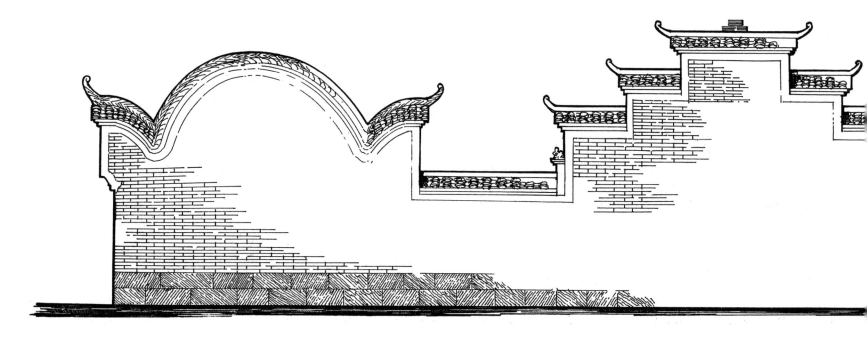

白氏宗祠侧立面

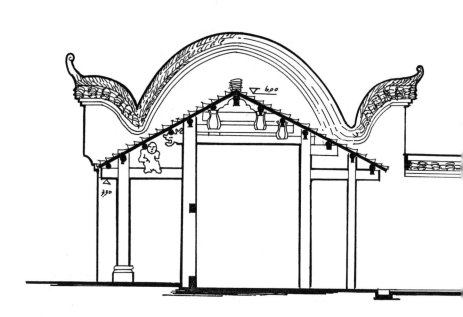

白氏宗祠侧剖面

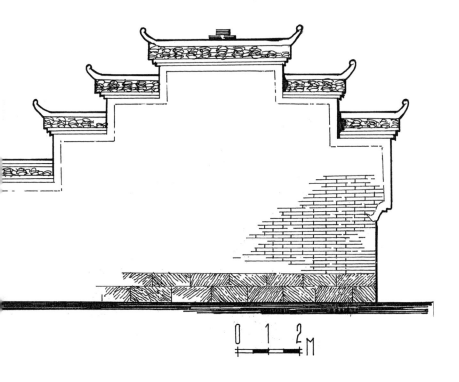

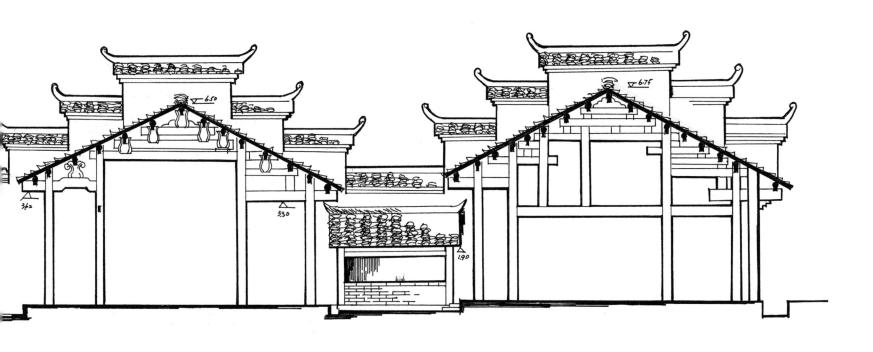

白氏宗祠外观

此图把白氏宗祠置于画面的上半部，让整个建筑占了画面的二分之一，大面积的水面做留白处理，使之与宗祠的墙面砖纹形成强烈对比。此外，重点刻画祠堂大门的虾背拱形马头墙和第二进的"品"字形封火墙，并用深色古树做衬景，衬托出宗祠部分细腻的手绘技巧。整个画面既有宗祠的雄浑大气，又有周边环境的淡雅清新，赏此画如赏景，能令人流连忘返。

两江砖塔

县级文物保护单位

地理位置

两江砖塔，位于临桂区两江镇城联村委所辖的两江古城外，距临桂区城区 20 千米，因这里东有东河，西有西河，故得名两江。

历史沿革

据民间传说，宋代狄青征侬智高时，曾在此筑营盘，从此以后开始有两江城。砖塔的建筑年代无确切记载，据相关史料推测，宋太宗癸未科状元、桂林永福县人王世则游两江古城时的《题凤凰城诗》曾有"两江城居凤凰头，三街六巷齐悠悠，城内七星三拱照，城外存有七星洲；东门犀牛望明月，南门双狮滚绣球，西门铁笔山川挂，北门九岭如奔牛"的诗句。其中的"铁笔"疑指两江砖塔。但根据考古部门的认定，砖塔的形制与桂林周边有确切年款的砖塔相似，所使用的砖尺寸为长 0.27 米，宽 0.165 米，高 0.065 米。由此可知，两江砖塔当为明代所筑。

规划布局

两江砖塔位于两江古城西门外的田畴中，与远处的山峦构成了铁笔挂山川的人文景观，是古人为祈求当地文风鼎盛而建的一处风水塔。

建筑特色

该塔为阁楼式七层砖塔，通高 10.02 米，底层边宽 1.55～1.74 米；由下而上逐层收缩，外呈"八"字形，内为圆形，中空；底层有拱门一个，向北；从底层开始周壁有砖砌磴道，沿塔内夹壁盘旋可至塔顶。塔的每层都开有小窗，从顶层的小窗向外眺望，四周的田野山川可尽收眼底。

保护价值

根据临桂两江砖塔的历史价值和建筑艺术价值，当时的临桂县人民政府于 1986 年将其列为县级文物保护单位。

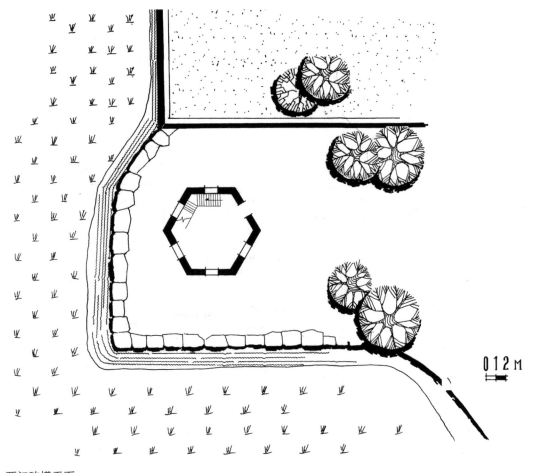

0 1 2 M

两江砖塔平面

0　50CM

两江砖塔立面

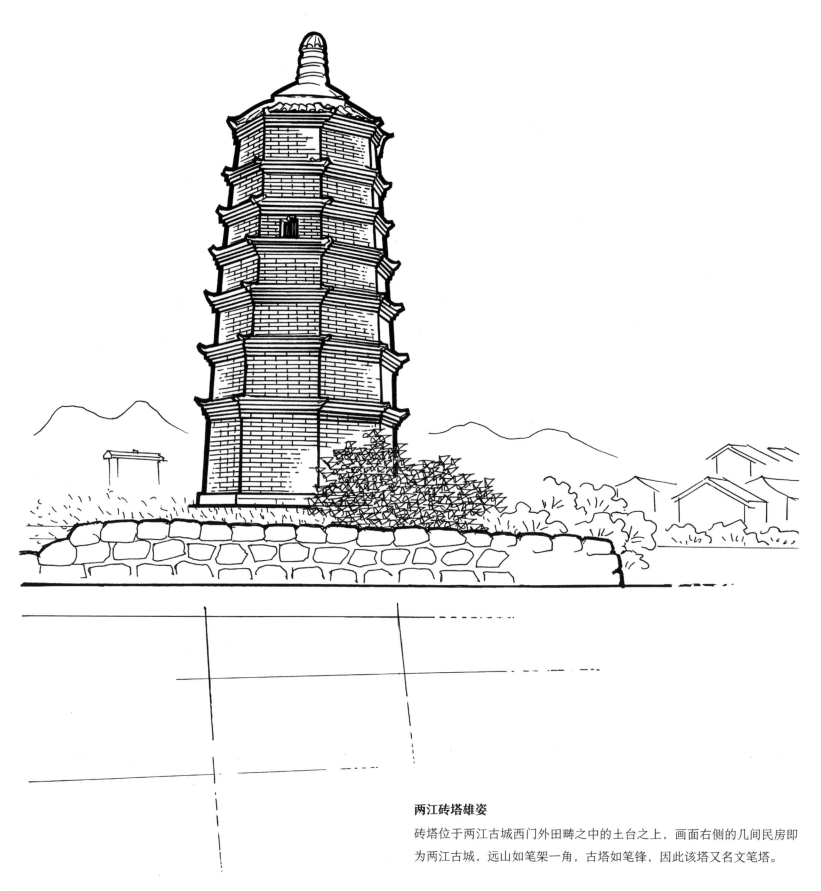

两江砖塔雄姿

砖塔位于两江古城西门外田畴之中的土台之上，画面右侧的几间民房即为两江古城，远山如笔架一角，古塔如笔锋，因此该塔又名文笔塔。

地理位置

横山村，位于临桂区四塘镇北面，因村前有上马山，村后有狮子山横卧，故得名横山村。

历史沿革

横山村是清代理学名臣、学者陈宏谋的故里，这里有众多历史文化古迹，如陈宏谋故居、陈氏宗祠、龙华古寺、横山石刻、榕门中学旧址（礼堂）、四方井等。

陈氏宗祠为陈宏谋的家祠，该祠始建于明末清初，历代均有修葺。陈氏宗祠南侧有陈宏谋祖宅，陈宏谋于晚年在陈氏宗祠前方建一处新宅作为日后告老还乡的大宅院，后人称之为宰相府（陈宏谋故居）。宰相府建成后十余年，陈宏谋因奔忙于公务未曾回来居住过，庞大的宅院交由族人看护，清朝末年的一场意外大火将其焚烧殆尽。后人在原址上重新添梁盖瓦进行修葺，但比起初始的宅院，已无昔日豪门大宅的气派。后来，由于长期无人修缮，宰相府彻底坍塌，1983 年，笔者在进村调研陈宏谋史迹时，只见到宰相府 1 米多高的房基。

龙华古寺始建年代不详，从建筑风格及现存残构的工艺来看，应为清代中期所建，清朝末年开始衰败，2009 年进村调研时发现仅存门楼残构。

规划布局

陈宏谋故居（宰相府）原建筑已毁，2018 年，临桂区组织专业人员对陈宏谋故居遗址进行了全面清理，从地表留存的遗迹得知，陈宏谋故居坐西朝东，东西长 112 米，南北宽 84 米，尚不包括祖宅和陈氏宗祠。

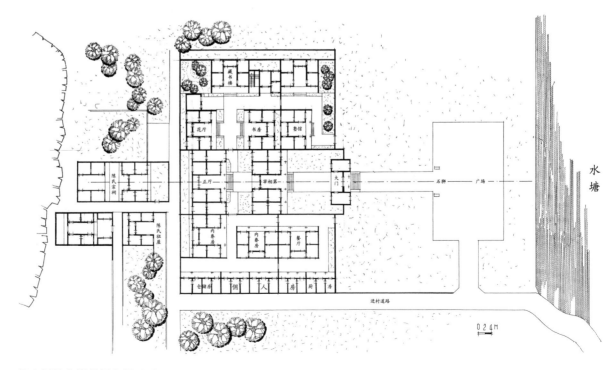

横山村陈宏谋故居复原平面

陈宏谋故居后为两进三开间的陈氏宗祠，宗祠建筑保存基本完好，大门侧开于院南侧。院门与陈宏谋祖宅隔巷相望，当年的陈宏谋就是从这里走出去开始他的宦海生涯的。

由 2013 年的地面清理工作得知，龙华古寺坐北朝南，为两进三开间木楹石础的硬山顶穿斗式建筑。

建筑特色

陈宏谋故居北倚横山，前临水塘。故居门外一对威武的石雕狮仍保存完好，石狮长 155 厘米，宽 55 厘米，高 150 厘米。石狮与水塘之间有一个 30 米 ×80 米的前庭广场。石狮至大门约 23 米，大门三开间，进入大门即为宰相府。宰相第为五开间，作为重大礼仪场合、接待同僚和办理公务用。宰相第后为正厅，是接待亲朋及内眷日常活动之所，亦为五开间，体现了当朝一品宰相陈宏谋的尊贵地位。中轴线南侧分别是三开间内眷房、三开间餐厅。再往南是仓储间、杂物房、厨房和用人房。中轴线以北为三开间花厅、三开间书房及三开间二层楼的藏书楼。花厅则是接待密友及重要来客专用，正厅两侧为主人及家眷卧室。宰相府的东北角为塾馆。

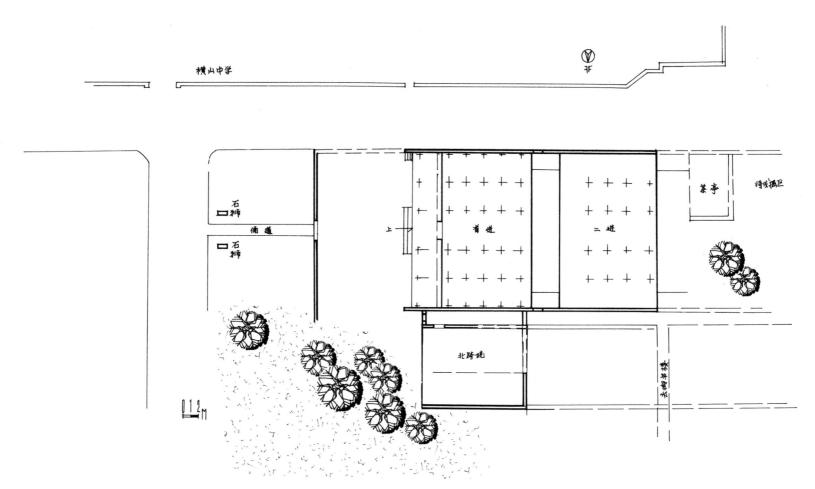

横山村陈宏谋故居遗址清理实测平面

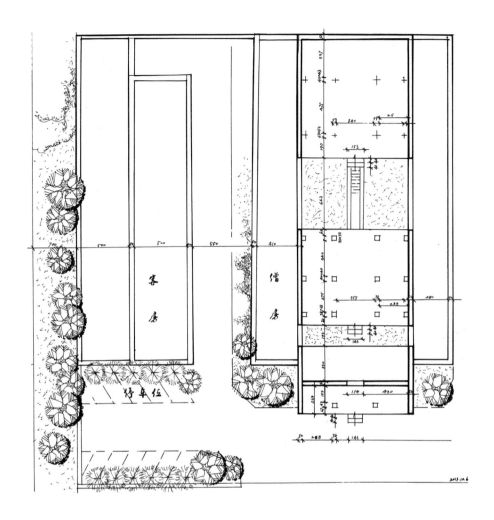

横山村龙华古寺建筑复原平面

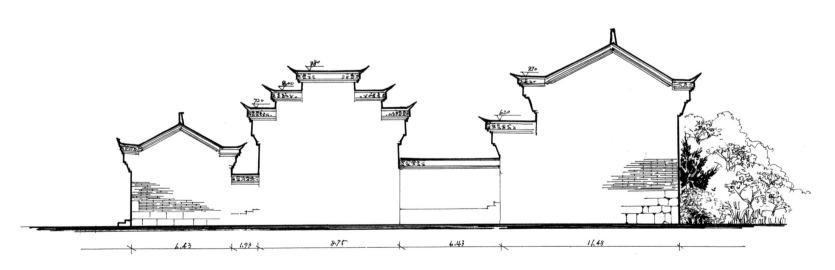

横山村龙华古寺纵立面

陈宏谋故居所有建筑均系清水砖马头墙穿斗式大木作建筑。大门、宰相第及正厅由高墙围合，处于中轴线上，以此为中心形成第一重围合墙垣，两侧的附属建筑朝向中轴线，使中轴线上的建筑更具神秘感和威慑力，充分体现了中国封建社会的尊卑等级制度。

陈氏宗祠建筑规模不大，体量比较小，外墙为青砖错缝砌筑。进入院门左转为第一进，前檐下为木槛石础檐廊。台阶两侧有石狮一对，虽体量较小但憨态可掬。门头有四个门簪，簪面分别为"百子千孙"四个楷书字，门簪上方悬挂"陈氏宗祠"鎏金木匾。进入首进隔扇门，厅内悬挂有陈宏谋的"进士"匾。

第二进大厅分别悬有嘉庆癸酉广西乡试中试第一名举人陈守壑的"解元"匾和陈继昌的"状元"匾。状元匾赫然居于正中，匾的左侧镌刻"嘉庆二十五年庚辰科殿试第一甲第一名"。此外，尚有陈钟琛、陈钟璐、陈兰森等人的翰林、进士、举人等匾额。墙两侧镶嵌有乾隆赐陈宏谋的御笔诗碑一方及陈宏谋等人的诗文碑刻多方。第三进为供奉陈氏先祖牌位、族裔祭拜之场所。

从龙华古寺残存的构筑物中得知，当年的龙华寺建筑工艺考究，所有外墙通体磨砖对缝，门廊石柱、台阶用料大气，凿刻工艺平整，石门框的雕花细腻精致，院内青石满铺，用材工整，铺装十分考究。

保护价值

横山村于 2012 年被列入中国传统村落名录，横山石刻及陈氏宗祠被广西壮族自治区人民政府列为自治区级文物保护单位。龙华古寺虽然坍塌，但残构工艺精致，是古建筑中的精品，有较高的艺术价值。

横山村陈宏谋故居复原鸟瞰

横山村陈宏谋故居石狮

横山村陈氏宗祠第一进

这是一座建于明末清初的古祠堂，手绘图选择了首进中的前院，把台阶、檐柱和屏门的雕花隔扇一一呈现出来，画面线条精准简练。近景的古柏只用细线条表达，虽为近景却不抢景，这样可以使主景更具立体感。

横山村龙华古寺

龙华古寺始建于清代中期，毁于民国年间。龙华古寺的门口气势不凡。一堵残墙，几段倒塌的石柱散落在台
阶下，精美的古建筑已不能再生。

四塘田心状元桥

地理位置

状元桥，位于临桂区四塘镇田心村。

历史沿革

田心村族谱记载，明朝末年，明王室被清军所灭，朱姓的一个分支逃至田心村定居，并在清乾隆年间与清代学者、理学名臣陈宏谋结为亲家，该桥就是陈宏谋为亲家所修的迎亲桥。

规划布局

状元桥位于田心村外的田垌河塘边，距田心村约 500 米。古桥旁有一片沼泽，四周为稻田，桥两端仍有古道相通。

建筑特色

状元桥造型小巧，由略显粗犷的方料石砌筑而成。该桥通长 8 米，通高 1.8 米，桥面宽 2 米，水面至卷拱顶内高 1.5 米，拱跨 3 米。该桥自建成以来应当从未受到破坏，至今保存良好。

保护价值

该桥造型纤秀，又与清代理学名臣、学者陈宏谋家族有一定的渊源，建议相关部门加强对该桥的保护与修缮。

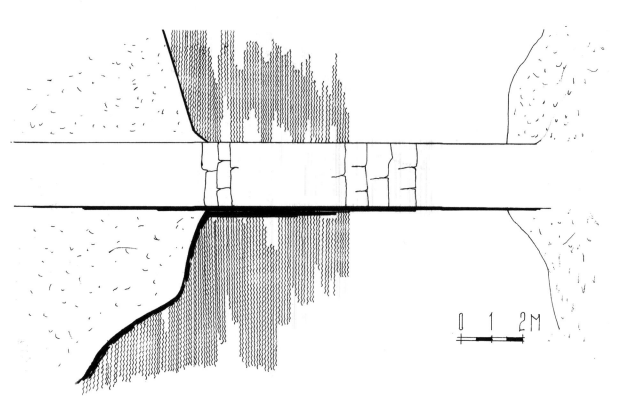

状元桥平面

状元桥立面

状元桥全景

状元桥古朴、典雅，粗犷的毛石砌就的桥身与秀美的峰林形成对比，水边的蒲草萌发出顽强的生命力。

会仙大活头铜桥

地理位置

铜桥，位于临桂区会仙镇大活头自然村。

历史沿革

铜桥始建年代不详，据该桥的造桥工艺判断大约始建于清代中期，原属会仙镇七里村通会仙再至桂林的古道中的一座桥梁，属桂林地区中型体量的石拱桥。

规划布局

铜桥东距大活头村约 300 米，桥南远处为石门崴群山，四周为农田。近年，在桥下又筑堰坝，故河面如镜，两岸垂柳依依，极富诗情画意。

建筑特色

铜桥为单卷石拱桥，全桥用方料石错缝砌筑，桥通长 19.45 米，通宽 4.8 米，通高 6.01 米，桥面长 5.26 米，拱跨达 10.6 米，水面至卷孔内高 5.3 米。东西两端各有 12 级步级，桥面两侧用仰天石做护栏。

保护价值

临桂会仙大活头铜桥历经百余年，至今仍是村民到田间劳作的必经之路，因此保存较为完好，同时该桥周边景观优美，每年春季来此拍照的摄影爱好者络绎不绝，建议相关部门加强保护与修缮。

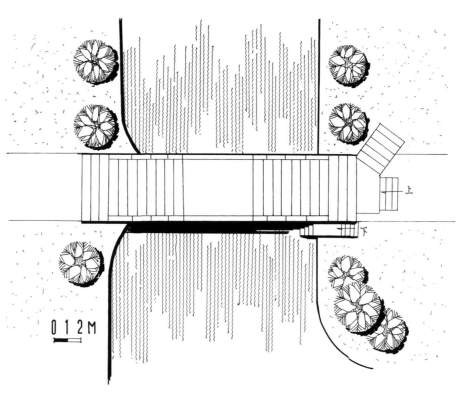

铜桥平面

铜桥立面

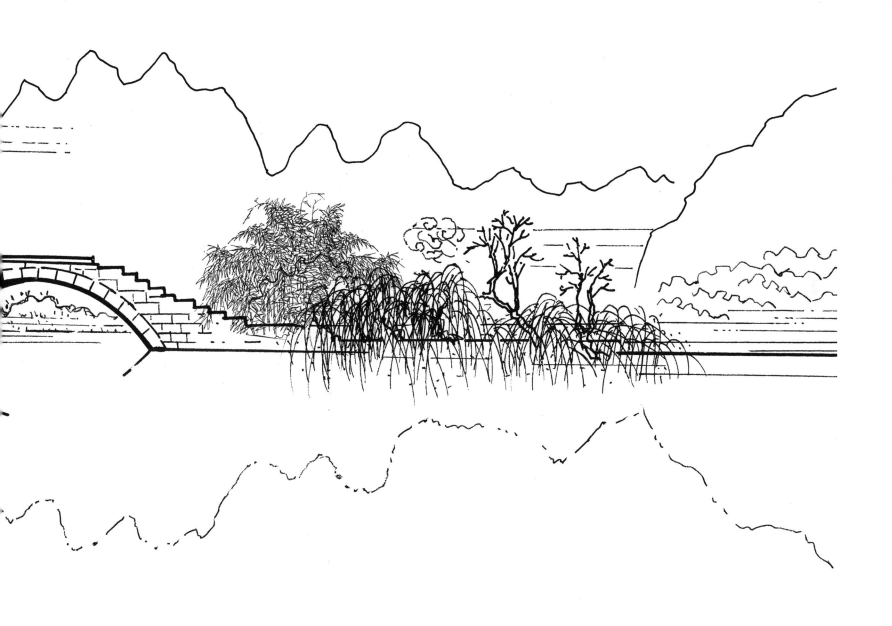

铜桥全貌

铜桥能成为摄影爱好者的必到之地，主要是由于优美的古桥与远处的石门崴群山构成了一幅十分唯美的画面，尤其是早春三月柳枝萌出新芽的时节。

南边山双凤桥

自治区级文物保护单位

地理位置

双凤桥，位于临桂区南边山乡双凤桥村旁的双凤河上。

历史沿革

据相关史料，双凤桥始建于清咸丰末年，完工于同治四年（1865 年）。

规划布局

双凤桥四周环山，秋冬两季河道干涸无水，春夏时节山洪暴发，势不可当。

建筑特色

双凤桥由中间的单拱方料石水桥和两端的平板石梁旱桥构成。水桥拱跨 13 米，拱顶高出河床 12.5 米，石级形的桥墩各长 8 米，两端旱桥为巨石平铺，东段长 15 米，西段长 8 米。

双凤桥不仅造型气势雄伟，而且科学合理。平常河水由拱桥下流淌，雨季河水暴涨，两侧旱桥可增强排洪能力，与桂林市内的花桥有异曲同工之妙。

桥西北的一片空地上至今仍保存着一座一进两开间的凉亭，旧时，从南边山经双凤桥去六塘、桂林方向的行人，都会在这座古亭内歇脚。那时候的古亭内有为人们准备的凉茶热饮、零食小炒。人们在亭内可以一边品茗闲聊，一边饱览四周秀丽的景色。在古亭与双凤桥之间，有一株巨大的古枫，每届深秋，枫叶如火如荼，构成了一幅美艳绝伦的风景画。

保护价值

作为南边山至六塘古道间的一座跨河大桥，其形制之巨、体量之大，在桂林一带是极为少见的。双凤桥于 1986 年被临桂县人民政府列为县级文物保护单位，2009 年 5 月被广西壮族自治区人民政府列为自治区级文物保护单位。

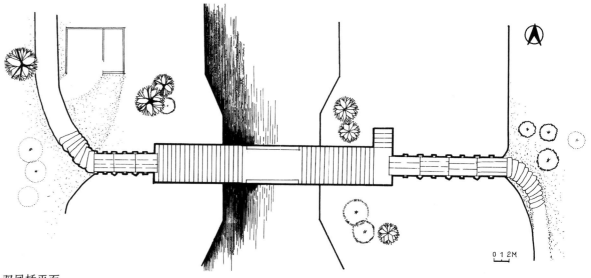

双凤桥平面

双凤桥立面

双凤桥雄姿

双凤桥是桂林境内拱跨最大的单孔石拱桥之一，此图通过站在河滩上看该桥，使画面呈仰视构图，更能彰显出桥身的雄浑大气。对古桥与周边植物，以及近景的河床均做了精心刻画，使各个部分浑然一体，完美地再现了双凤桥与周边的环境。

灵川古建筑

灵田迪塘村

国家级传统村落

地理位置

从明朝到民国，有一个村庄在山窝里一直繁盛不衰，那就是迪塘村。坐落在灵川县灵田乡境内的迪塘村，四面青山环列，苍松翠竹掩映其间。

历史沿革

迪塘村村民多为李姓，明洪武年间迁居于此，迪塘村也是明末抗清将领李膺品的故里。村中现存明清时期民居建筑100余座。

规划布局

一条古道从村中横贯而过，古道东侧的冈峦上是建于明代的民宅，古道西侧百米外有条小河，小河西侧的土坡上有清代的古民居，在小河与古道之间的田畴土埠上，则多为清代到民国时期的宅第。

建筑特色

从村中的公路向东过"毓水培风"门楼便可见到明代建造的古宅，这些宅第一律坐东朝西。整个建筑群依山体逐级上升，青石板的巷道可直通山顶。与明代宅第遥遥相望的是迪塘村西侧高大、精美的清代古宅群。在这批清代建筑群中有李膺品后人兴建的一片豪宅。整片豪宅的建筑设计既科学合理又富于美感。首先，平面

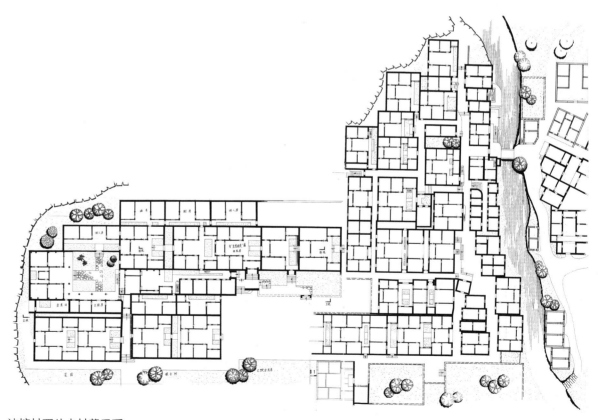

迪塘村西片古村落平面

采用了依山坡逐级上升的布局，使整个村落层次分明，有利于各户的通风采光。从建筑的三面造型来看，清水砖马头墙的组合富于变化，山墙外有的做成雕花窗，有的出挑做成木质吊脚楼，专供女眷们纺织绣花。其次，就建筑组群的平面布局而言，也较其他地方的古民居更科学合理。每个建筑组群均设内院敞厅，一则适应南方地区潮湿、闷热的天气，利于通风透气；二则便于秋冬季节采光取暖，同时也有利于拓展居室的视觉空间。

从清代末年开始，迪塘村又经历了一轮的建筑热潮。最有民国特色的是在古道西侧兴建的两栋民居。这两栋民居按南北方向排列，两栋楼之间为一小院，在院东侧开门，面对古道。两栋楼均为两层砖木结构硬山式封火墙，山墙上均开有西洋式半圆太阳窗，南侧的一栋临水而筑，在靠东侧的一部分悬挑出一个木质平台，极富江南私家园林的意境。

保护价值

迪塘村的古民居群落大，跨越时代长，建筑精美，有较高的历史研究价值和建筑艺术价值，应加强对整个村落的保护。2012 年，灵田迪塘村被列入首批中国传统村落名录。

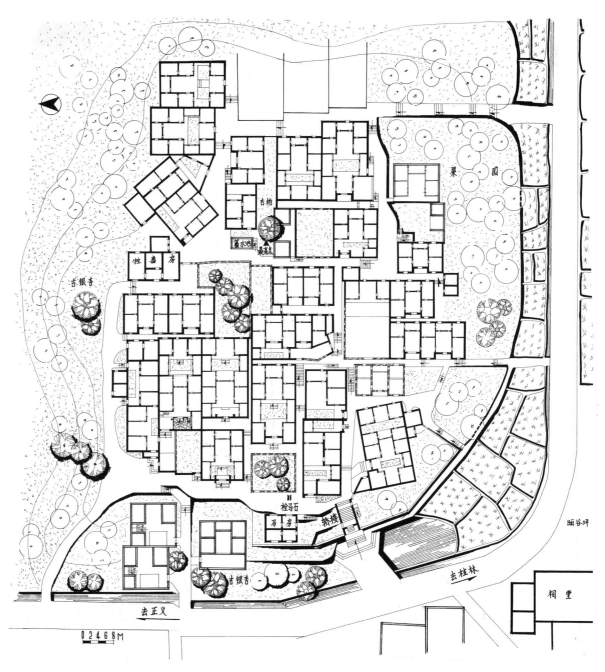

迪塘村东片古村落平面

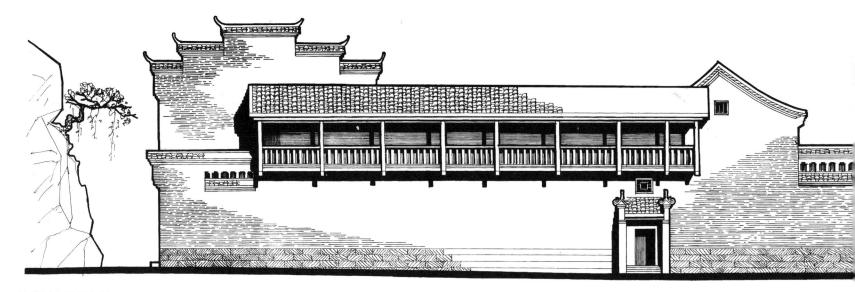

迪塘村古民居立面

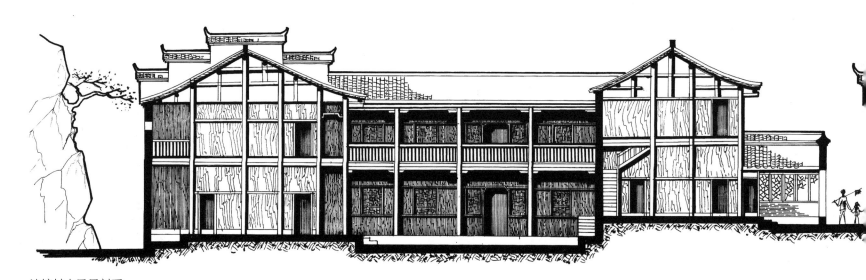

迪塘村古民居剖面

迪塘村毓水培风门楼正视

这幅迪塘村的毓水培风门楼图采用正面仰视的角度，恰到好处地彰显了门楼的雄浑大气。精心刻画的门楼的拱门、拱窗和马头墙，把古代建筑的技术语境表达到了极致。

迪塘村毓水培风门楼侧视

这幅图是从另一角度看毓水培风
门楼，同时采用逆光手法重点刻
画门楼周边的环境。画面的浓墨
重彩，凸显出门楼典型的民国时
期桂北建筑特征。

迪塘村连宅桥

此图为迪塘村西侧入村前的连宅桥及周边的环境，小桥流水，犹如江南水乡，景色古雅怡人。连宅桥是由村东进入村西途经的一座单券石拱桥，过桥即为迪塘村西部的总寨门，寨门两侧沿岸的民居与山体围合，形成了极好的防御体系。图中古桥周边环境及古民居都经过细致刻画，整个画面饱满而真实。

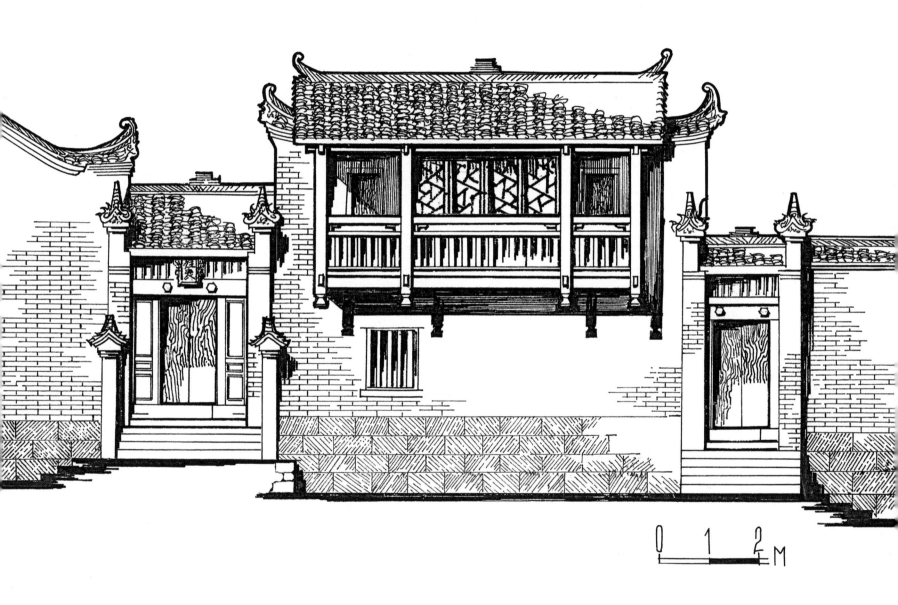

迪塘村绣楼

这是迪塘村大户人家的绣楼。绣楼悬挑于山墙之外，造型小巧，廊内的木雕花窗做工精致。手绘图为绣楼的
正立面，利用光影效果使绣楼更具立体感。

迪塘村塾馆二楼

迪塘村塾馆是当年主人培育子弟的场所，平面呈 L 形布局，门窗的雕花精美绝伦。此图为通过二楼的前廊看正间二楼的建筑。无论近处的栏杆还是正间的雕刻门窗都刻画细致，经过上万笔的描绘。

迪塘村民国楼

这是一栋临水而筑的民国民居。原来一楼的临水面是敞廊，后人在其中两间的廊柱间加了墙。一层室外原有架空于水面的平台，因年久失修已经坍塌。二楼的半圆罩窗很有特色，这是典型的民国建筑特征。

地理位置

长岗岭村位于桂林市灵川县灵田镇东北 10 千米处，距桂林市 35 千米。长岗岭村一带地貌属山地丘陵地貌，地势北高南低，群山环绕，最高峰老雷公殿海拔 1 016 米。境内植被保护完好，现存大量红枫林和白果林。长岗岭地处海洋山山腰三月岭右道的咽喉之处，古称瑶山岭，明代改称长岗岭。

历史沿革

宋理宗年间，长岗岭村陈、莫、刘氏始祖陈季豪、莫友臣、刘进甫从山东青州府南逃至桂林，迁居灵川县灵田阳旭头村和店里村，明朝时期又迁往长岗岭村。

规划布局

长岗岭村地处五龙抢珠的风水宝地，背依雄狮山，左靠挂膀山，右依天鹅山，前有毛界岭、大观音山，四周山脉如同屏障，村前一条护村河环绕。

长岗岭村古民居群坐落在雄狮山坡上，依缓坡递进相连而建。村中古民居大都为坐西北朝东南方向，有三进、四进、五进、六进、九进等类型的三开间建筑，自成独立院落，布局严整有序，规模宏大，工艺讲究，传承脉络清晰。基本上为硬山两坡顶、小青瓦面、清水砖墙、木榍石础、隔扇门窗的桂北传统建筑，建筑形式多种多样，有斗拱式建筑（如卫守副府）、穿斗式结构（如莫家大院）、抬梁式结构（如五福堂），还有藻井式建筑。五福堂、莫氏宗祠、卫守副府、陈氏大院和别驾第屹立村前，整体古民居群依山渐次递进，从远处望去，层层叠叠，错落有致，气派而古朴。

建筑特色

长岗岭村古民居，从建筑的选址到建筑的布局、形式、结构、规模、装饰以至各个部件的制作、衔接等都是匠心独具，有着浓厚的民族特点和地方特色，特别是古民居的跨度、高度和体量堪称桂林民居之首。建筑雕刻精美、图案多样，常见的雕刻纹饰有龙凤朝阳、犀牛望月、花开富贵、延年益寿、招财进宝，且形制独特，具典型的明清时代特点，有着较高的艺术价值，在中国民居建筑史和艺术史上有一定的地位。村中具有较高历史价值和艺术价值的建筑如下。

1. 卫守副府：又名"官厅"，位于长岗岭村西南角井头，建筑面积 551.1 平方米，建于清康熙初年至乾隆初年，因长岗岭村陈氏十六世祖陈大彪任职卫千总而得名，四进四天井暗五开间，大门堂前铺设九级台阶，府第北侧设有横屋，有过廊和通道门与府第相连，南侧原设有花厅（清朝末年倒塌，现存遗址）。府第的第一进为门楼，门楼为卷棚顶，门楼外堂挂有"卫守副府"匾，门楼内堂挂有"皇恩旌表"匾；第二进正堂为斗拱抬梁式结构，是官厅的正堂；第三进、第四进为五柱穿斗式两堂四房结构；第三进正堂上方挂有乾隆年间灵川知县赠送的"乐善不倦""贞寿垂辉"匾；第四进正堂上方挂有"旌表节孝"匾。
2. 别驾第：位于长岗岭村西南井头枫林桥附近，卫守副府西南角，建筑面积 681.5 平方米，建于清嘉庆年间，因陈大彪官职外号"别驾"而得名。该建筑为三进两堂两天井，即大门楼、过堂、中堂，过堂和中堂为五柱穿斗式框架两堂四房结构，北侧设有重檐花厅、书房和两个天井，南侧是宽大的横屋，中堂后也设有天井，天井外墙与南侧横屋外墙相连，墙外建有一排后横屋，横屋与中堂建筑有通道门和过廊相连。

3. 莫府新院：位于长岗岭村岭子头上，建筑面积1 034.8平方米，是乾隆至道光年间的建筑，由新大门楼、石板路和前后两排中堂建筑组成，前排建筑由一排横屋和两座两进两中堂组成，后排建筑由三座三进两中堂两天井组成。

4. 莫府老院：位于长岗岭村东北山岰里，建筑面积410.3平方米，由三部分组成，即南座、中座和北座。南座原有六进建筑和两侧横屋，前三进为清乾隆年间建造，后三进为道光年间建造，1954年因失火，四进被烧毁，1962年按原布局和结构恢复第三进，大门楼为三开间，南侧设置吊楼。中座在照壁左侧开大门堂，为两进三天井平面布局，五柱穿斗式两堂四房结构，建于清咸丰年间，北侧设有横屋。北座又分上、下两座，均为两进三堂三天井，门楼外侧设置高大的照墙，始建于清道光年间，民国时期按原布局和结构重建。南座、中座、北座均有门楼、过廊、石板路相通。

5. 五福堂：位于长岗岭村东北角，建筑面积548.2平方米，是长岗岭村的村口建筑，两进一天井，始建于清道光年间，同治年间、光绪年间、民国时期和20世纪80年代进行过维修。第一进为演唱彩调、桂剧的戏台，天井两侧原有两廊看台；第二进为跳神、祭神的场所。1949年后，该建筑曾被作为生产队的仓库、养猪场和小学校舍。

6. 莫氏宗祠：位于长岗岭村南侧，大夫第石拱桥西侧，建筑面积151.7平方米，始建于清道光年间，民国时期和20世纪80年代曾进行过维修，两进一天井结构，第一进为上、下两层，第二进为抬梁式结构，是莫氏家族春、秋两祭和私塾教育的场所。

7. 陈氏大院：主要坐落在整个村落的西南方，面积235平方米，门前有三级台阶，门槛很高，房屋有四进，共有四个天井，天井有过道，房屋横梁是龙头形的木刻，左边龙头口中含珠，右边龙头则没有含珠，分别代表阴和阳。第一个天井的左边有"过厢"，这是专供仆人、妇女走的过道；右边的副房共12间，专供奴婢、仆人居住。第三进连通左、右横过道的两侧开有两扇对称的小门，称为"长寿门"。左右客室的木壁板是红色的，但正常中间的木壁板则是蓝色。正常中间最上面的木板隔间里设有神龛，离地面约3米高，神龛高约1米，上有"金玉满堂"等字。第四进的右边有花厅，这是主人种花、赏花、养鸟和招待客人的场所。整个宅院的木门都有防盗用的暗闩，当地人称之为"鬼闩"；梁上悬挂有木雕牌匾"三多九如"（三多：福多、子多、寿多）；窗格都是镂刻雕花，工艺精湛。屋内都有石质水罐，俗称"太平罐"，用以养鱼，但主要还是为了便于灭火；还有石质花钵，花钵下座石块刻有八卦及代表阴阳的图案。

此外，长岗岭村还有古商道、五里亭和太白亭等古迹。

保护价值

村中现存明清时期民居30余座以及巷道、古桥、古井、古墓葬、碑刻等。2005年，长岗岭村被广西壮族自治区文化和旅游厅列为汉民族生态博物馆建设基地，2006年被列为全国重点文物保护单位。2012年，灵田长岗岭村被列入首批中国传统村落名录。

长岗岭村莫氏宗祠

莫氏宗祠位于长岗岭村口的路左侧，朝向为坐东朝西。宗祠为一进三开间，青砖大瓦房的硬山式封火墙，磨砖对缝的建筑工艺十分考究。此图把桥作为前景，画面更具可读性。

长岗岭村卫守副府

这是长岗岭村进村路口西侧的第一排古民居，从南向北看这组古民居的大门，画面左侧的门头是"卫守副府"宅邸。此图采用仰视视角表现这组民居高耸的大门及檐下的天花板结构。精心刻画的雕花窗和檐墙的青砖纹理，完美地展现了古代建筑的精湛工艺。

灵田正义莫家村

地理位置

莫家村，位于灵川县灵田镇，属于正义村委下辖的自然村，这是从灵田镇去往正义村方向最远的一个古村落。

历史沿革

莫家村古民居始建于明末清初，经过清代至民国时期的续建，形成了今天莫家古村落的大体格局。

规划布局

莫家村村后是连绵不断的东岭，村中古桂、古银杏众多，村前清溪环绕，群峦环抱。

建筑特色

莫家村位于一处缓坡之上，坐西朝东，村中共有十余座古民居，全系清水砖硬山式封火墙或马头墙。磨砖对缝的外墙工艺十分考究。古民居建筑多为一进三开间或两进三开间，木柱格窗，雕饰简洁大方，因年久失修，部分古民居已经塌毁，从残垣断壁中得知莫家村古民居多为清代至民国时期的建筑，且规模可观。在村东南侧，有一座保存完好的张氏宗祠，建筑采用清水砖磨砖对缝、硬山式马头墙，青石板铺就的台阶及天井，方料石门框及雕花石柱础。

保护价值

现如今，村前的清溪依旧，河边的古道、防洪堤透出浓浓古韵，河岸边的古风杨、古乌桕树与清溪构成了一幅十分纯美的风景画，令人心旷神怡。建议当地村民切实加强对村中古民居及周边景观环境的保护。

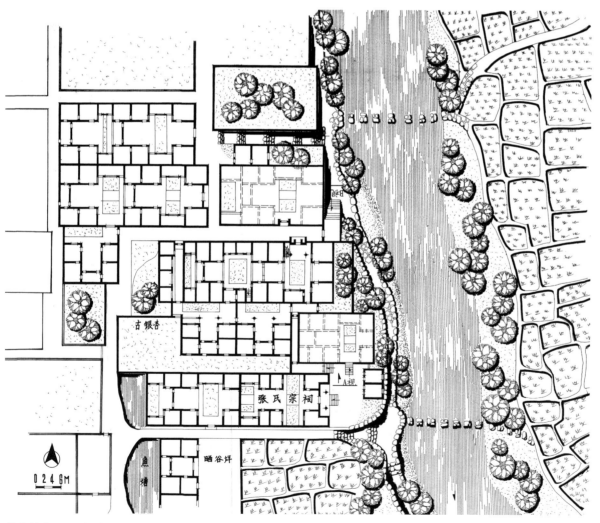

莫家村古民居群局部平面

莫家村古民居北立面

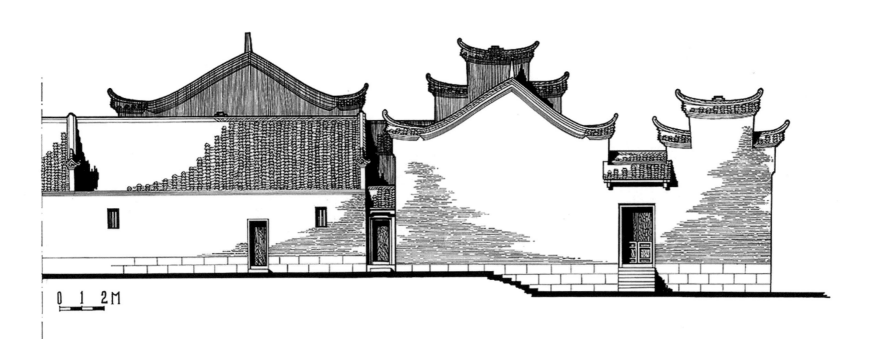

莫家村古民居南立面

莫家村张氏宗祠

这幅手绘图以张氏宗祠首进大门及门前广场为主景，一堵坍塌的古民居残墙作为配景，重点刻画了张氏宗祠和残存的古民居砖墙，这样会使画面整体感更强、更纯净。

莫家村古巷

这是从张氏宗祠侧面的一处小巷
进去之后的一处夹巷。高耸在画
面左侧的廊柱，与图中的古民居
院墙形成本图的焦点，幽深的小
巷令人产生一种想一探究竟的
冲动。

九屋新寨红军桥

地理位置

新寨红军桥，位于九屋镇东源村委新寨自然村前，这是从播基塘屯前往龙胜各族自治县必经的一座古桥，原名新寨风雨桥。1934 年 12 月 6 日，红军经过新寨翻越才喜界时，曾经过此桥，故得名红军桥。

历史沿革

新寨村始建于明末清初，是目前灵川县境内方言习俗和生态资源保存最完整的瑶族村寨。村中的赵氏祖先原来在广东韶州府任职，为避战乱，兄弟三人分别定居老寨和新寨。新寨红军桥据考证应始建于清代，后来又经过数次维修。

规划布局

新寨红军桥位于新寨村进寨主路右侧的峡谷之间，横跨于东江河上游，过桥便是通往龙胜各族自治县矮岭温泉的湘广古道。

建筑特色

新寨红军桥为单跨平梁式木质风雨桥，桥堍两端为天然石矶。河流落差较大，峡谷幽窄，流水轰鸣，在桥上俯视峡谷底，有撼人心魄之感。桥梁为两层平铺直径 30 厘米的杉木构筑，另有斜梁做支撑，以确保桥身的稳固性。桥面宽 3.35 米，桥面高出河面 4.8 米，桥面至桥屋屋脊高 4.15 米。桥屋为五开间四列木柱人字坡小青瓦顶结构。整座桥造型简洁，气势不凡。

保护价值

新寨红军桥是灵川县瑶族村寨中一座保存较好的风雨桥，因建于峡谷之间，景观效果极佳，但因年久失修，稍有破损，应加强对该桥的修缮保护。因该桥作为瑶族地区的风雨桥至今仍为村民进山的必经之桥，再加上当年红军路过此桥，所以具有一定的保护价值。

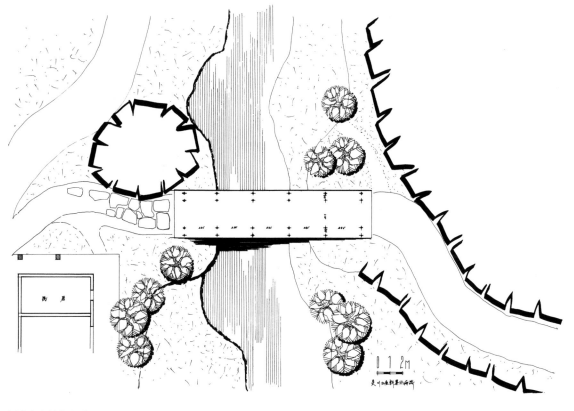

新寨红军桥平面

新寨红军桥立面

新寨红军桥

此图采用从峡谷底看红军桥的视角，把红军桥置于画面上方，桥梁架设于河床两岸的石矶上，溪水在峡谷中奔流而下，显示出该桥附近地形之险峻。

九屋江头村

地理位置

江头村，位于灵川县九屋镇，地处甘棠江上游的护龙河西岸，东南距灵川县城约15千米，南距桂林市区32千米。

历史沿革

明洪武年间，北宋著名文学家、理学文化创始人周敦颐的后裔从湖南道州迁徙到江头洲，创建江头村，至今已有六百余年历史。

规划布局

江头村坐西朝东，村后远处有蜿蜒的五指山，村后近处是郁郁葱葱的黄家坡。村前有三条小河环绕村庄向南流去，从里到外分别为发源于龙爪山山脉的护龙河、发源于社江的东江及其支流。

建筑特色

（一）爱莲家祠

坐落于江头村口的爱莲家祠，是江头村古建筑群中最具代表性的建筑，于清光绪十四年（1888年）建造而成。该祠坐西朝东，为青砖瓦硬山顶砖木结构建筑，原由风雨亭、大门楼、兴宗门、文渊楼、歇憩亭、祭祀殿六进组成，第一进（风雨亭）、第五进（歇憩亭）和第六进（祭祀殿）已不复存在，仅存第二进的大门楼、第三进的兴宗门和第四进的文渊楼。第二进大门楼门庭宽阔，整体呈横卧的"工"字形，四柱三门，进门两侧各有一厢房，相传左厢房旁曾挂有一大铁钟，右厢房旁放有一个牛皮大鼓。三进兴宗门和四进文渊楼为该祠主体建筑。兴宗门是祠内义学、书院或私塾的大门，有振兴宗族之意。文渊楼为二层木结构房屋，是周家子弟和附近生员的读书场所，也是周氏家族举行重大礼仪活动的场所。该祠进与进之间均有天井相隔，青砖铺路，门板、梁柱上除少许花草纹饰外，大多是精雕细凿的诗词和对联，用篆书、楷书、行书，甚至象形文字书写，尤为独特的是，窗棂一反花草虫鱼的传统纹饰，全部用镂空雕凿的大型篆体文字作为装饰，该村昌盛的文风由此可见一斑。爱莲家祠气势宏伟，建筑形式特别，工艺精巧，是江头村古建筑群中最精致的建筑。

1. 大门楼：爱莲家祠的第二进即为大门楼，占地110平方米。门前有七级台阶，全部用青色料石砌成。大门楼前耸立四根红色圆柱，柱径0.4米、高5米。大门楼的门柱墩呈鼓状，高0.5米、直径0.45米，凿成八面，每面均刻有各式各样的浮雕，非常精美。大门楼开有3道门，正门高3.65米、宽1.2米、厚0.08米，门楣处闩有4个千斤锤，上面绘有八卦中的"乾""坤""坎""离"四卦。

2. 兴宗门：从第二进天井再上七层台阶，就是家祠的第三进。第三进大门上方挂有一竖匾，上写"兴宗门"。从兴宗门向前迈进便是中天井（即第三进天井），总面积约为65平方米。天井两边各砌有一个宽2.5米、长3.5米、高1米的水池。水池边筑有花台，上面摆放着各式花卉。水池中间筑有假山，假山上有蜿蜒小道、凉亭、寺塔等。天井左边还置有一石龟，据传原来石龟上立有石碑，记载了周氏族谱等，今碑已无存。天井南北有两栋两层厢房，下层为私塾老师用房与读书阅览室，上层为藏书室，今已移作他用。

3. 文渊楼：从中天井再迈五步台阶即为文渊楼。此进面积220平方米，分上下两层。一层三间，是周家子弟在宗祠里读书时的就餐之地，又是春秋时节周氏祭祀集宴的场所。文渊楼一层前边是宽2米的走廊，走廊两端分别是通向厨房的北门与通向护龙河的南门。从文渊楼一层的南、北门口，登两层的折形板梯，就可以进入文渊楼的第二层。二层是名副其实的教学楼，全为书房设置。原来挂满四壁的字画、牌匾、楹联如今都荡然无存。

（二）太史第

太史第原为江头村清咸丰庚申年进士周冠的祖屋，四进五开间，因周冠中进士后当过翰林院编修，并主编过国史，故被称为"太史第"。现存建筑有三进，三天井，硬山顶穿梁建筑，青砖山墙，各进隔扇、门板木雕工艺精美。

（三）进士街

长不过百米，却毗邻连接着七座大宅院，宅院大门上方依次高悬着写有"解元""知州""知同""德高望重""慈善可风""进士""知县""奉政大夫"大字的八块匾牌，使人深切感受到该村浓重的中国古代科举文化气息。

（四）五代知县第

五代知县第位于江头村中央，建于清道光年间，是代理两江总督事务的周启运的府第。因周启运和他的父亲、儿子均任过知县职务，其祖父和曾祖父又被追认过浙江常山县知县，其府第内的正堂隔扇上方挂有"五代知县"匾。该宅第分为两进五开间，第二进为两堂八房结构，两进之间设有宽大的鹅卵石天井。中堂设神龛，上方刻有镏金的"日""月"两字和阴阳太极图，折射出周敦颐的理学文化，是江头村最具文化代表性的民宅。

（五）古民居

江头村现有民居 180 余座，数百

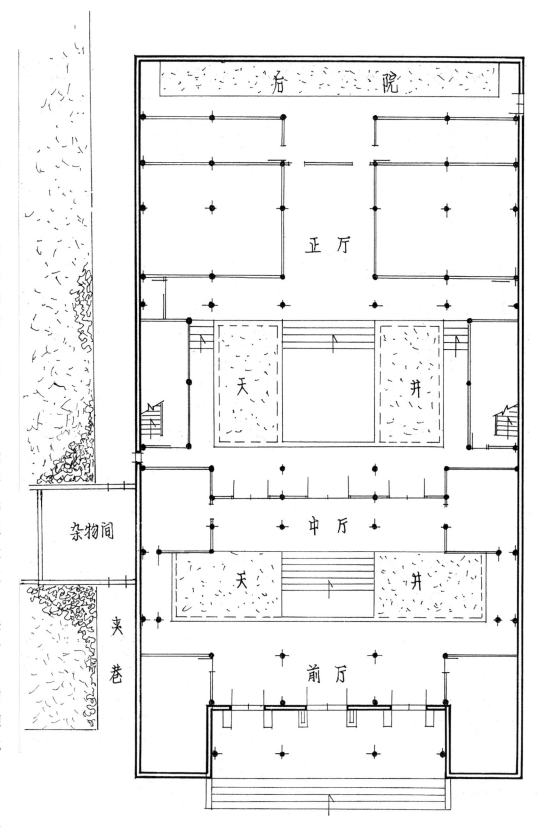

江头村爱莲家祠平面

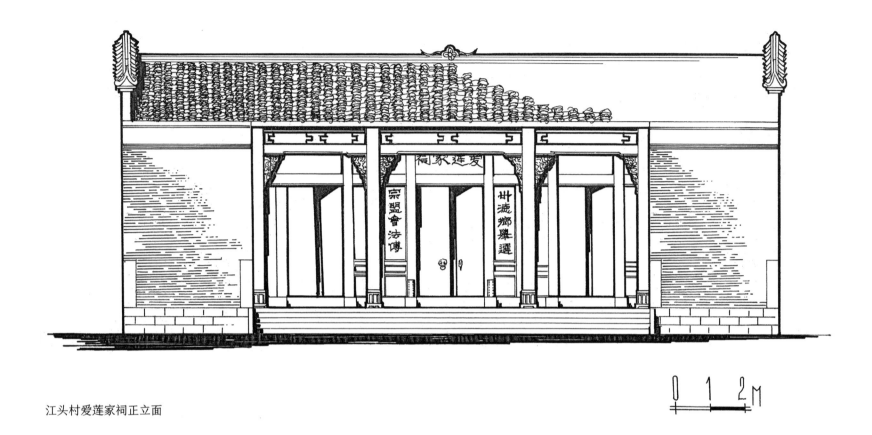

江头村爱莲家祠正立面

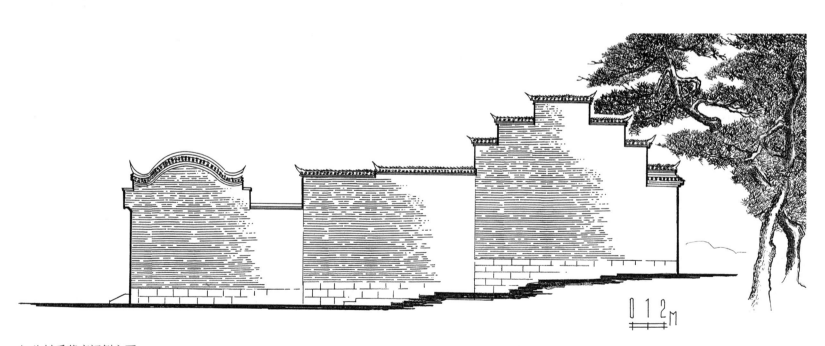

江头村爱莲家祠侧立面

年保存下来的古民居占其中的六成，计有明代 40 余座、清代 60 余座。这些民居大多连接成片，又各具时代特色。院落与院落之间有封火墙相隔，封火墙高出屋脊，既可防止大风吹走屋瓦，又可防止一家起火全村遭殃的情况发生，有较高的科学研究价值。少数院落的大门装有"保险门"。"保险门"须先打开上方门闩，提起机关，方能打开下方门闩，不懂门闩开启次序或不知机关的人都不能打开大门。江头村的明代民居多集中于村西北部，其墙体为内外火砖中夹泥砖的夹层墙，具有保温、隔热、隔火的性能，但坚固性不高，且规模和精巧程度不及清代民居。这也反映出在明代江头村周氏还不是名门望族，但已开始走上发迹的道路。明代建筑较为矮小，房高不过 4.5 米，中堂不过 10 平方米，中堂两侧是住房，每房仅可置一床一柜。由于民居仅置前后两门，所以通风、采光效果较差。据村民介绍，现存于村西北角的一座三排两间破屋是该村最古老的明代民居。

江头村的清代民居规模宏大，保存完好，有些至今仍被村民使用。清代民居多为数进的院落建筑，墙高 6～8 米。一座民居通常有大门楼、二重门、过厅、正堂等。大门的框架上方通常闩有门簪千金锤，门额上挂有各种横匾，显示出每家的仕宦履历。大门楼内便是二重门，二重门是一处设有两道门的屏风，稍偏处为单门，正中处为双扇对开门，据说此门一般不开，只有七品以上的官员来访时，才开此门迎接。二重门内是天井，天井左右为厢房，经天井过道厅，便来到正堂。正堂照壁上方是内凹的神台，神台上方挂有先天八卦图，象征主人对先祖周敦颐《太极图说》的崇信。民居外墙一律是青砖包墙到顶，既美观大方又坚固耐用。

另外，村中还有护龙桥、字厨塔、贞节牌坊、古井等古迹。

保护价值

作为广西境内桂北地区在明清时期形成的民居祠堂、牌坊、巷道、墓葬等建筑群的典型代表，江头村于 2005 年被中外旅游品牌推广峰会评为"中国最具旅游价值古村落"。村中古建筑群由于保存了完整统一的历史风貌，价值较高，于 2006 年被列为第六批全国重点文物保护单位，2012 年被列入首批中国传统村落名录。2007 年，该村的"爱莲文化"被自治区列为第一批广西非物质文化遗产。

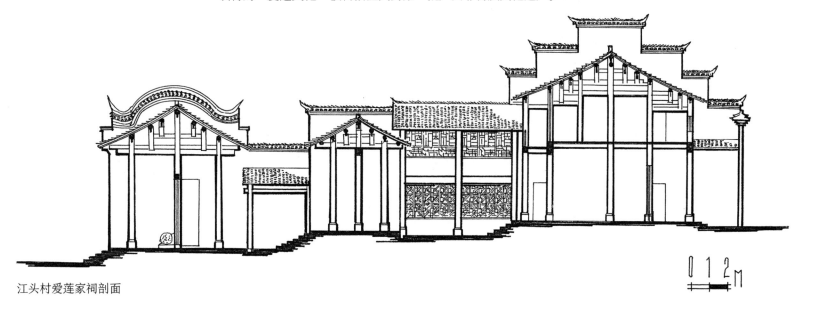

江头村爱莲家祠剖面

江头村爱莲家祠大门

此图以爱莲家祠第二进大门为中心，通过透视展现大门廊内的梁架结构和家祠的第三、五进天际线。建筑采用虚实线条相结合的手法表现，使重点部位表达更清晰。墙面局部留白，使画面更耐人寻味。

江头村爱莲家祠内院看中门

此图中为爱莲家祠第三进两层带廊式的建筑，主体建筑占了画面的一半以上。建筑的雕花窗、马头墙是刻画的重点，精准的透视令画面更具立体感。

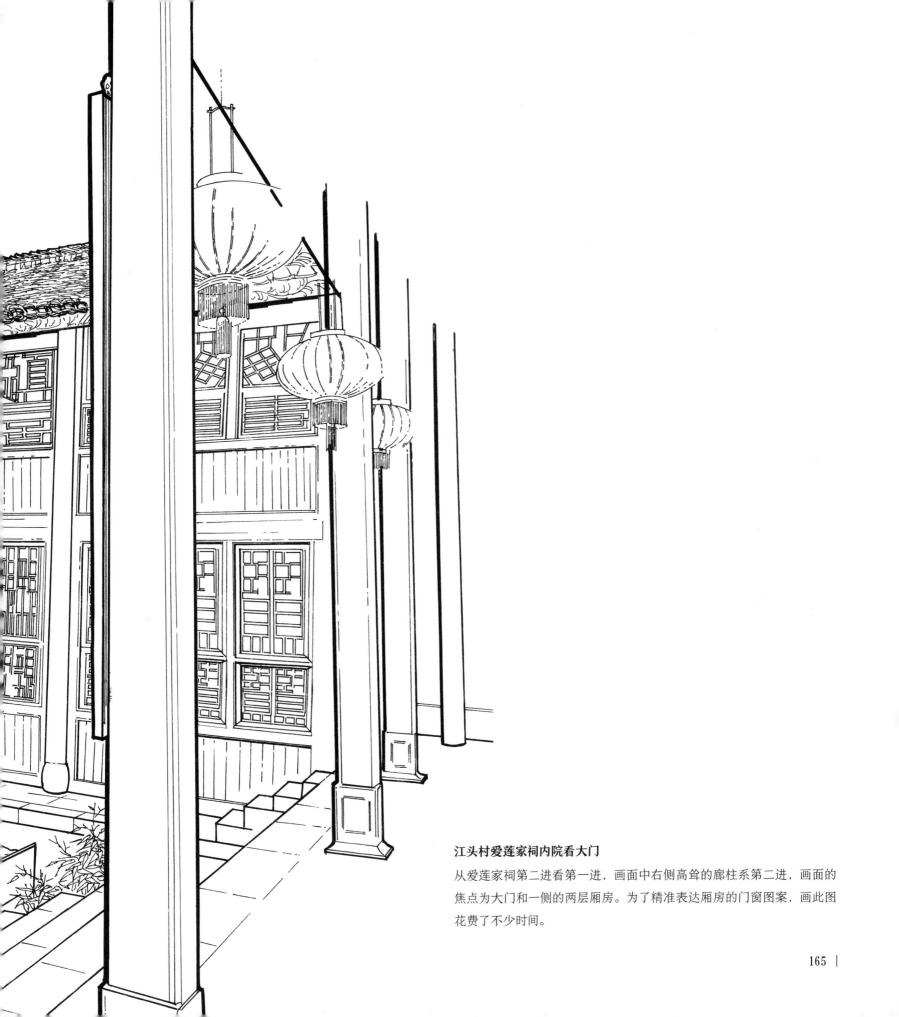

江头村爱莲家祠内院看大门

从爱莲家祠第二进看第一进，画面中右侧高耸的廊柱系第二进，画面的
焦点为大门和一侧的两层厢房。为了精准表达厢房的门窗图案，画此图
花费了不少时间。

江头村古民居外立面

这是江头村东北侧的进士街临水面的一排古民居。磨砖对缝的清水砖、高耸的马头墙，前景中地面的大面积留白，更能凸显出古民居的外立面造型。

江头村古民居中的雕花构件之一

此图为蝙蝠纹木雕花窗中倒垂的蝙蝠小雕件，蝙蝠口衔一朵盛开的花，祥云纹环绕四周。画面用细线条表现出雕刻的纹饰，轮廓用粗线条勾边，使主题更凸显。

江头村古民居中的雕花构件之二

此图为凤纹雕花窗中的一个小雕件。凤嘴呈如意状，衍化成卷草纹，与凤颈羽毛衍化的卷草纹相连，使凤纹极具艺术创造力。画面中的主题线条刻画流畅，造型精准。把一件雕花表现得精巧灵动是一件颇费工夫的工作。

大圩古镇

自治区级文物保护单位

地理位置

大圩古镇位于漓江北岸，距离桂林20多千米，对面有毛洲岛，远处为磨盘山、宝塔山。

历史沿革

大圩古镇是桂北的水陆码头，该镇北通湘、赣，南达梧、穗，是一座典型的商业古镇。大圩在汉代已形成小居民点，北宋初年已形成集市，并有"大圩"的别称。随着集市规模的扩大，这里甚至成为宋代广西地区重要的税源地，南宋末年静江府还在此设立了专门的税官。

明清时期，圩场更加繁荣，大圩成为桂北重要的商品集散地。明代大圩街坊长达五华里（2.5千米），俗称"五里古镇"，是明代广西四大古代圩镇之一（另外三个是宾阳的芦圩、苍梧的戎圩、贵县的桥圩）。明代《永乐大典》总纂解缙，曾穿过商意浓浓的五里长街，写下了"大圩江上芦田寺，百尺深潭万竹围，柳店积薪晨爨后，壮人荷叶裹盐归"的诗句。各地富商更是会聚于大圩，建立各种保护集团利益的会馆行会。

清末民初，一批富盛的商号脱颖而出，成为古镇历史上有名的"四大家""八中家""二十四小家"。如今，古镇现在还保留着许多竹编作坊、草鞋作坊、传统的丧葬用品店、草医诊室、老理发店等一批古老的手工作坊和店铺，临江13座码头和巷道亦保存较完好。

规划布局

大圩古镇的规划布局为临江呈"一"字形沿坡而筑，当中一条主街由青石板铺成，主街店铺两两相对，形成了圩行，俯瞰时圩行的形状犹如一把梳篦。大圩古镇的总面积约193平方千米，居住人口达5万多人。目前，主要的街道有生产上街、民主街、东方街、建设街、生产下街等。

建筑特色

大圩古镇中的建筑基本保持清代至民国时期的格局和风貌。民居多为两层楼房，临街一层为铺面，因街道狭窄，铺面一般不大，均向纵深发展；后为住房，多为三到四进深，前店后房格局。为扩大空间，前檐出挑，有的还筑廊——骑楼。进与进之间有小天井，天井不仅可为高墙深院提供光照，还可莳花栽草，凿池叠石，供人小憩。天井一侧沿墙或有楼道连接前后楼。民居中有不少富户筑有层叠式防火马头墙，山墙高于屋面并随屋面坡度而叠落成阶梯形，既能起到隔火的作用，又能充当防盗设施，古镇民居密集，虽历经兵燹而幸存者众，防火墙起了一定的作用。民居外围墙清一色青砖黛瓦，内为木结构梁架，整体古朴淡雅，实用性强，重点装饰又不过于复杂，墙面素白，偶有浮雕图案，均简洁明快。木材一般不着色，但门楣、隔扇、棂窗都雕刻有松、兰、竹、梅等花草图案，或是蝙蝠、鹿、仙桃、喜鹊等吉祥物图案，有的还刻有诗词警句，有一户人家的窗扇上刻有"欲学晏子，仰慕陶公"的鎏金警句。雕工细腻纯熟，栩栩如生，可谓精妙绝伦。这种墙高院深的民居，夏无酷暑，冬无严寒，极利生息，这也是在这富庶的地区这些古老建筑还能如此完好地保存下来的重要原因。现存的典型古民居建筑有廖宅、黄宅、李宅、利君旅社等。

大圩古镇除传统民居外，幸存的堂馆建筑亦风格独特。民国初年所建的雨亭，是典型的叠梁式结构，为重檐歇山顶，前檐翼角高翘，山墙曲线流畅，宽大的大殿内用几根粗壮的木柱支撑，成组的斗拱、梁柱纵横交错，屋顶是锥面卷棚式，可采自然光，后部为戏台，戏台的四周及外墙有文王访姜尚等戏文故事的浮雕彩绘，檩头的侧面用批灰的工艺塑出精美图案，观赏价值极高。此外，还有建于清乾隆四十年（公元1775年）的清真寺，虽屡遭破坏，仅留一进大殿，但殿上精美的卷棚式天花板和梁上木雕仍完好清晰，教徒仍定时来顶礼膜拜。

大圩古镇中有座万寿桥横亘在马河上，沟通东方街和建设街。万寿桥始建于明万历年间，现存的是清光绪二十八年（1902年）重修的单拱石桥，桥面开阔平整，造型美观大方，如今备受影视人的青睐，《刘三姐》《花桥泪》等十多部影视作品，均相继在此拍摄，每年来此摄影、写生的人更是络绎不绝。塘坊码头更记载了1921年孙中山先生在去桂林设立北伐大本营的路上，在此进行南北要统一的演讲的重要历史时刻。

石板街是贯穿整个民居群的巷道，全长2.5千米左右，是民国时期用青石板铺砌而成的。青石板下设有完整的隐蔽性排水设施，一尺余宽的暗沟贯穿全街，与各家之沟相连，再经13个码头的明沟将水泄入江中，即使大雨滂沱，路面也无积水。古人的科学设计思想成为我们后人学习的典范。

大圩古镇上原本还有一些古建筑。古代的寿隆寺在街尾的兴家里，寺里的四大金刚像很高大，早已被毁；宝塔建于宝塔山，本意是镇河妖，因当时古街常发生火灾，因觉得它不吉利，一百多年前村民把它拆毁，现仅存基础。

大圩古码头共有13个，有渡船码头、狮子码头、塘坊码头、卖米码头等。塘坊码头是水上驿站，端午时节龙船便会停于此。

保护价值

大圩古镇保护基本完好，形成了一定的旅游资源，但由于保护规划控制不严，新建仿古建筑普遍存在体量过大、风格与古镇不协调等诸多问题，应当引起当地有关部门的高度重视。大圩古镇已于2000年被广西壮族自治区人民政府列为自治区级文物保护单位。

大圩古镇东方街吉祥门

东方街位于万寿桥以北，沿街多为清代至民国年间的民居建筑。此图是在万寿桥南侧向北看，画面尽头是吉祥门楼，上有四个字"瑞霭瀛洲"，视线所及的东方街户户有檐廊，整条街是改革开放前古镇居民为开店而搭建的，可见当年东方街的商业多么繁荣。

此图的难点是廊内的梁架结构复杂，光线又不十分充足，必须十分认真地分辨才能画得精准。

大圩古镇光明街塘坊码头段

此图选择了古镇中保存最为完整的光明街塘坊码头段，其中中段右侧是当年孙中山弃舟登岸的地方。画面中，古街两侧民居高低错落，鳞次栉比，两位老太太在拉家常，两个小孩在聊天。

此图的难点在于古街呈弧形，透视难度大，建筑立面参差不齐，需要更多的时间、精力去刻画。

大圩古镇雨亭

雨亭是大圩古镇上保存完好的一处民国初年古建筑。葵瓣纹的硬山式封火墙，在桂林地区很少见，但在福建、江西南部地区较多见，由此可知，雨亭的建筑可能与闽赣商旅人员来大圩定居有关。

此图的难点在于葵瓣纹的曲线太过复杂，很难控制笔势走向。

大圩熊村

国家级传统村落、自治区级文物保护单位

地理位置

熊村，位于灵川县大圩镇北面，距大圩镇约 7.5 千米。大圩镇至灵田镇的 174 乡道穿熊村而过。

历史沿革

熊村建村至今已有 2 000 多年的历史，到明崇祯年间，熊村圩市已经颇为繁华，著名的旅行家徐霞客曾路过熊村。如今，熊村的古街集市贸易已消失，住户亦多迁往 174 乡道两侧新建的砖混楼房。

规划布局

熊村作为一个古圩镇，是以神亭为核心向四周呈缓坡状延展的土丘高地，形如龙船的古街呈南北走向，构成了熊村古街的纵向肌理，与几条横巷交叉形成网格状的街巷格局。熊村的东、南有马河环绕，四周群山连绵，是古代大圩通往湖南方向的古道商驿。

建筑特色

以纵横街巷构成的三街六巷，巷口原有六座巷门、四座寨门。每道寨门的拱门上均刻有门匾，分别是"德星门""人寿门""紫气门"等。熊村古街上的建筑因使用功能不同，平面布局及外立面造型亦有不同。但凡会馆祠堂类的建筑均为磨砖对缝的青砖大瓦房，建筑体量略高于民宅，而大户人家的宅院均为两进三开间一天井的格局，建筑的外立面相应要矮一些。临街的铺面建筑一般为两开间，临街设的铺台房屋则更矮一些。熊村保存最完整的公共建筑有船街上的神亭、紫气门、万寿宫及湖南会馆。保存最好的民居有熊村南端水街北岸的几座大院和紫气门南侧的两组民居院落。

保护价值

熊村已于 2012 年被列入首批中国传统村落名录，2017 年被列为自治区级文物保护单位，目前已做出保护开发规划。

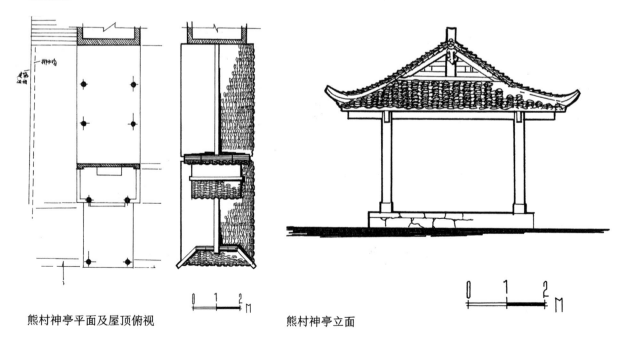

熊村神亭平面及屋顶俯视　　　　　熊村神亭立面

熊村神亭

神亭位于熊村老圩行中心，前部为单檐歇山顶，后半部为两面坡人字顶，覆盖小青瓦。画面构图以神亭为中心，亭之下方为两级抬升的路面，亭之上方留白，从而重点突出神亭。手绘图对神亭的描摹精准细腻，通过仰视可见亭内的梁架穿斗结构。两侧的建筑虽然同样精工细绘，但线条色度减弱，更能反衬神亭的威仪感。

熊村紫气门

紫气门是熊村的东门，过熊村接
龙桥左转即可见到紫气门。由于
紫气门位于半坡之上，因此手绘
图采用仰视角度，使紫气门更显
雄伟。图片以门楼为中心，竖向
构图，从地面的步级到门洞上方
的檐口，几乎占据了整个画面。
主体门楼线条粗实，相邻辅楼线
条细弱，局部留白，这样使画面
主次分明，立体感更强。

大圩万寿桥

自治区级文物保护单位

地理位置

大圩万寿桥，坐落在大圩古镇南段的马河与漓江的交汇处。

历史沿革

据相关记载，大圩万寿桥始建于明代，这是因为在明代以前大圩古镇的范围主要是在万寿桥以北，随着时代的发展，大圩古镇作为明代桂林一带的商业重镇，人口骤增，便向桥南扩张，构筑商业街区，因此不得不在河上面架桥。

规划布局

大圩万寿桥横跨于马河之上，桥两端连接大圩古街，马河从万寿桥下流过后注入漓江，磨盘山、宝塔山与万寿桥隔漓江相望。青山绿水间的大圩古镇与万寿桥融合成了一幅十分和谐的画卷。

建筑特色

明代的万寿桥是什么样的造型，使用的是什么样的建筑材料，后人无从知晓。现在保存下来的万寿桥是清光绪五年（1879年）重建的一座石拱桥。桥的造型为单孔石拱桥，高大的拱跨宛如彩虹，既能解决洪水暴涨给桥体带来的威胁，又能使平时舟楫的通行更便利。桥身采用方正的大料石错缝叠筑，更显得雄伟气派。桥两端各有十余级台阶，当游人拾级登上桥顶时，不仅能俯瞰桥两端的古老居民街巷，亦可以远眺漓江秀丽的景色。

保护价值

大圩万寿桥于2000年与大圩古镇一起被广西壮族自治区人民政府列为自治区级文物保护单位。

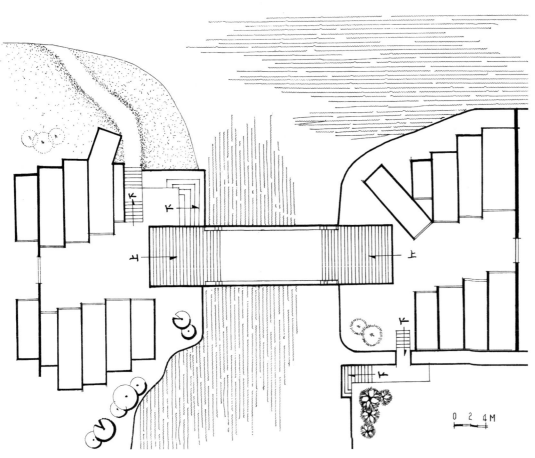

大圩万寿桥平面

0 1M

大圩万寿桥立面

大圩万寿桥雄姿

从这个角度可以看见万寿桥高大的桥拱横跨于河面之上。整个画面重点
刻画古桥，树林植被按远近关系做了适当的虚实处理，以彰显出古桥的
雄姿。

大圩毛村石拱桥

地理位置

大圩毛村石拱桥，位于灵川县大圩镇，距桂磨公路约 1 千米。

历史沿革

毛村，原名矛村（茅村）。据毛村的《黄氏族谱》记载，毛村黄氏启祖黄冬进"自大明来粤西，遂入籍焉"，"原籍广东三水县人氏，自往广西临桂东乡富家庄马山，居于网山之下。因民乱兵伐（清初'三藩之乱'），逃至茅茼洲……改地名茅村。捕鱼为业"。由此推断，毛村应始建于明代。从改造的造型及建筑工艺分析，该桥应建于清中晚期的嘉、道年间。村中还有灵川县最早的中共组织——1928 年 8 月在毛村建立的中共桂林东乡区委员会和中共毛村支部。

规划布局

毛村石拱桥建于毛村中的小河之上，这里河水清幽，河床极浅，常水位不足 1 米，但桥拱有近 2 米。该桥为毛村向外通行的必经之路。

建筑特色

毛村石拱桥为单孔石拱桥，桥体通长 7.28 米，桥面宽 3.3 米，桥面至水面高 1.97 米，桥东有 11 级石阶，桥西有 10 级石阶。桥西与一条卵石古道相连，桥东亦有一条卵石古道直通毛村主寨门。河南岸用料石砌筑河堤及戏水码头，供村民日常洗濯之用。桥东古树婆娑，与古桥、古寨门相映成趣。

保护价值

毛村石拱桥保存完好，造型大气，村前有圣母宫，村中曾经有中共组织的办公地点，建议相关部门在加强对毛村石拱桥的保护的同时，做好对毛村的活化性保护与利用。

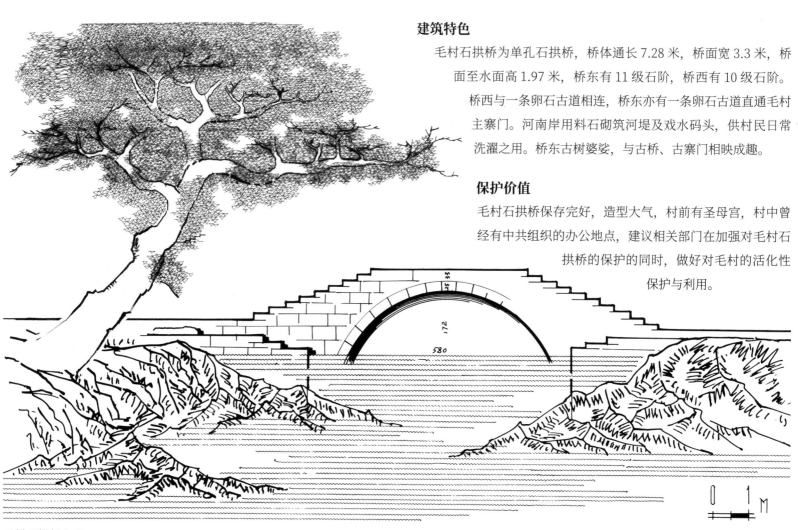

毛村石拱桥立面

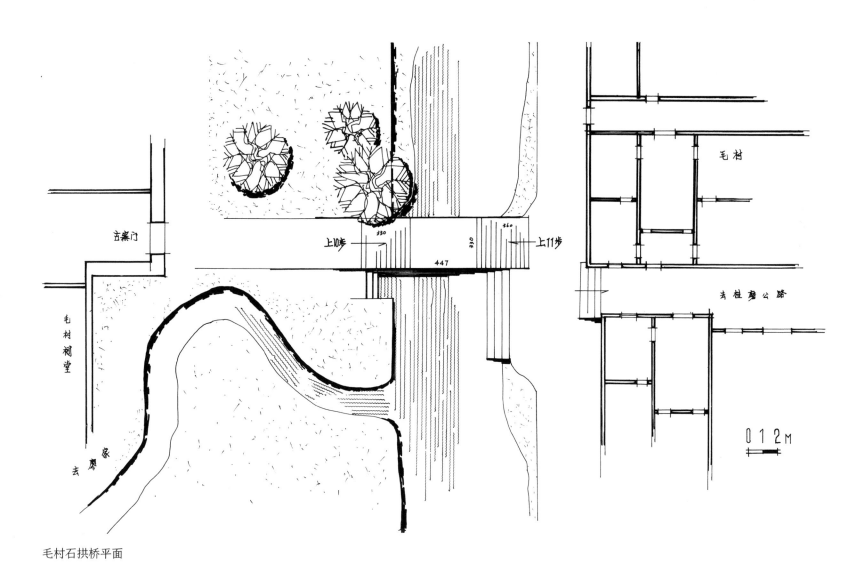

去寨门

毛村祠堂

去廖家

上10步 330 上11步 360

447

毛村

去桂磨公路

0 1 2M

毛村石拱桥平面

毛村石拱桥全貌

古朴的石拱桥横卧于河面之上，桥旁古树婆娑，与河对岸的古民居遥相
呼应，构成了一幅十分恬静、唯美的画面。

大圩西马阳龙桥

地理位置

阳龙桥，位于大圩镇西马村委下村南端。

历史沿革

据桥旁凉亭内的碑文记载，该桥始建于清乾隆年间，嘉庆二十四年（1819年）重修过桥面，此后不同时期又数次维修。

规划布局

阳龙桥横跨于牛河之上，四周为山岭，属于丘陵地形。一条古道直穿凉亭可达桥上。桥两旁有农田，桥西古树参天，枝繁叶茂，桥下水流清澈。

建筑特色

阳龙桥为东西走向的单孔石拱桥，用料大气、工整，做工考究。桥东有一座硬山式长方形两开间青砖凉亭。该桥通长 10.82 米、通高 4.18 米，桥面宽 3.9 米、长 6.22 米，水面至拱高 4.09 米，仰天石高 0.3 米、宽 0.5 米。桥东有 9 级步阶，桥西有 12 级步阶。

保护价值

阳龙桥建造工艺考究，造型大气、雄浑，历经两百余年依然保存完好，具有较高的历史价值，应该加强保护与修缮。

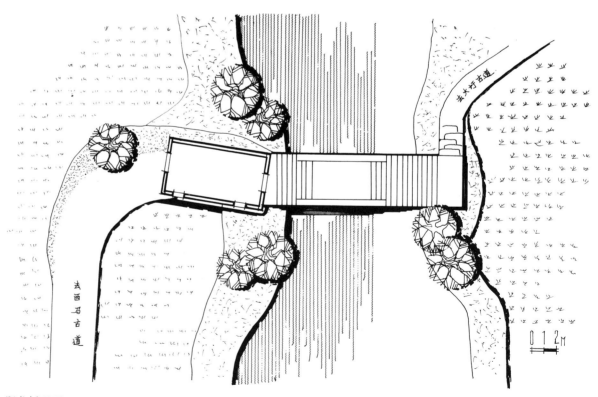

阳龙桥平面

阳龙桥立面

阳龙桥侧视

阳龙桥至今仍保存良好，最难得的是在拱桥旁还有一座古凉亭。画面选择以古桥、古亭和古树作为构图主线，重点刻画古桥，其次是古亭，古树则作为衬景。左下方寥寥几笔，把一丛正开花的斑茅草（芦花）表现得十分精准，既烘托了主体，又为画面增色不少。

潮田下令塘源石拱桥

地理位置
下令塘源石拱桥，位于灵川县潮田乡下令塘源村。

历史沿革
下令塘源村始祖于明末清初到此定居。据桥头两方石碑上的记载，该石拱桥始建于清乾隆年间。

规划布局
下令塘源石拱桥位于村前的小河之上，小河发源于村后的地下河，水质清澈，河流汇入潮田乡附近的大境河。

建筑特色
下令塘源石拱桥为单券拱桥，桥东有 10 级台阶，桥西有 11 级台阶。该桥通长 10.24 米、通高 3.45 米，桥面宽 3.63 米、长 4.4 米，拱跨 4.59 米，拱券厚 0.32 米，仰天石高 0.32 米、宽 0.34 米。全桥采用凿刻工整的方料石砌筑，桥面铺有石板，整座桥至今依然完好。近年修筑村通混凝土路面后，在桥东 2 米处修筑了一座混凝土平板桥。

保护价值
下令塘源石拱桥目前已不作为交通要道使用，但桥头的一株古樟枝繁叶茂，与古桥构成了一幅十分美妙的画面。河面虽小，但河水清澈，桥拱如虹，常有游人驻足，宜加强保护与维修。

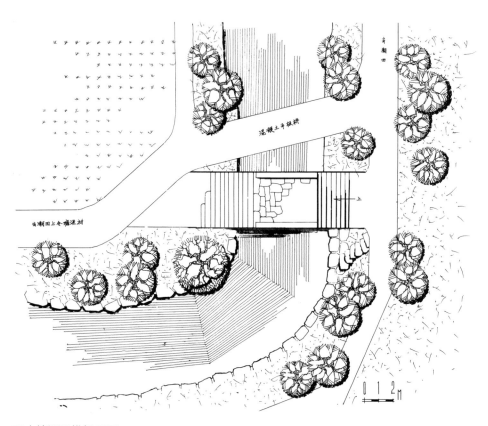

下令塘源石拱桥平面

下令塘源石拱桥立面

下令塘源石拱桥远眺

将石拱桥置于竖向构图的中心，
图左上方一株古樟树浓荫蔽日，
图右下方的料石河堤如群羊列队。
主景中的古桥线条粗实，古樟树
着淡墨色，料石河堤则以寥寥数
笔勾勒，从而重点突出古桥。

海洋尧乐村口石拱桥

地理位置

村口石拱桥，位于灵川县海洋乡尧乐村委桥边村村口。

历史沿革

村口石拱桥始建年代不详，据村中老人回忆，应始建于清代早期。

规划布局

村口石拱桥横跨在村口的小溪之上，从现场观察来看，小溪日常水量不大，估计是为防山洪暴发，才把拱跨修成7米跨度。桥头有古银杏树，浓荫蔽日，四周田园阡陌，远处群峦环列。桥东南为桥边村，属山间冲积型小平原。该桥往北可通往兴安县漠川、白石，往南可通往灵川县海洋、大圩。

建筑特色

该桥为单孔石拱桥，桥身由方料石砌筑而成，石材加工略显粗犷。桥面铺设青石板，上置仰天石，石板路通向海洋乡至高尚镇古道。桥南有8级石阶，桥北有9级石阶。桥北有一条河卵石古路相接入村。该桥全长14.3米、宽3.5米、高4.3米，拱跨7米，拱高3.51米。

保护价值

村口石拱桥为清代早期建筑，施工工艺略显粗陋，但整体造型古朴简练，有较高的景观价值，应加以保护。

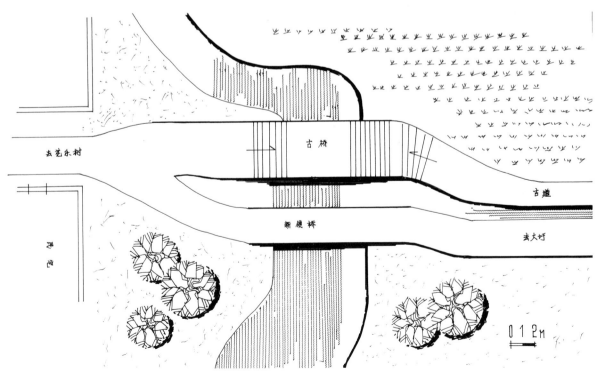

尧乐村口石拱桥平面

尧乐村口石拱桥立面

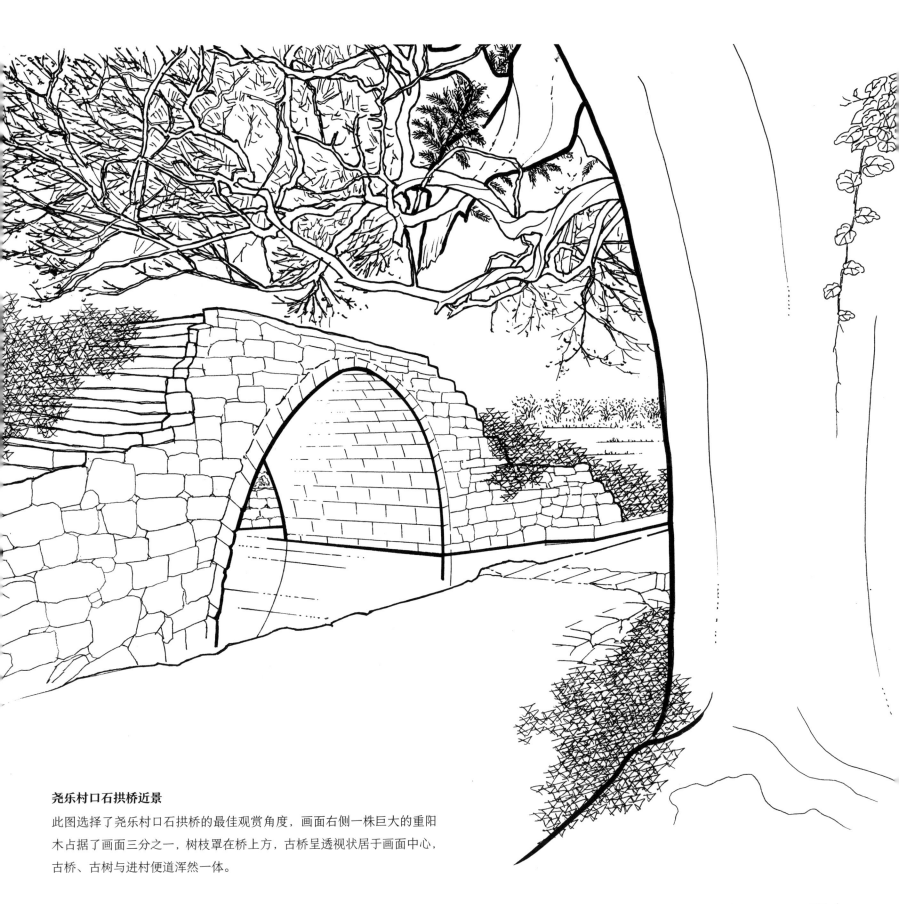

尧乐村口石拱桥近景

此图选择了尧乐村口石拱桥的最佳观赏角度，画面右侧一株巨大的重阳木占据了画面三分之一，树枝罩在桥上方，古桥呈透视状居于画面中心，古桥、古树与进村便道浑然一体。

大圩上桥关龙桥

地理位置

关龙桥，位于灵川县大圩镇上桥村委上桥村前，横跨于马河之上。

历史沿革

关龙桥始建年代不详。据桥头现存的碑文记载，关龙桥原名高桥，明弘治年间重修后更名为上桥，清嘉庆年间重修后有上下各 23 级台阶。在关龙桥附近原建有关龙桥、光裕桥，均为当地村民捐资兴建，但早在清末已被洪水冲毁。现存关龙桥的西桥墩于 1996 年洪水暴发时被冲毁，但桥身保存依然完好。

建筑特色

该桥为方料石砌筑的双拱石桥。桥残长 20.4 米、宽 3.9 米，通高 3.8 米，拱高 3.2 米。

在关龙桥东南侧至今仍保存有清乾隆十九年（1754 年）创建、光绪三年（1877 年）重修的关帝庙一座。该庙为两进三开间带一溜偏厦。由此足以佐证上桥村一带位于湘桂古道上，自古以来是一处粮丰物阜、历史悠久的渊源地，但民国以后随着汽车交通发达，这一带方日渐冷清。

保护价值

关龙桥造型古朴大气，桥旁有古树、古庙，景色秀美，应加强对该桥及周边环境的保护。

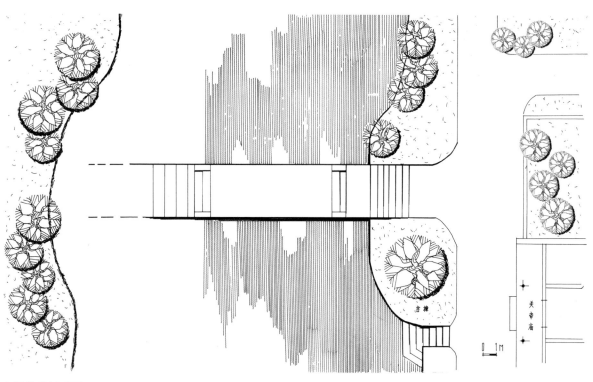

上桥关龙桥平面

上桥关龙桥立面

上桥关龙桥近景

此图是站在桥东南侧河边码头看关龙桥的角度，微仰的视角使桥的券拱
构筑形态清晰可见，画面右侧的巨大樟树反映出古树悠久的岁月年轮，
古树、古桥构成了一幅淳朴的风景画。

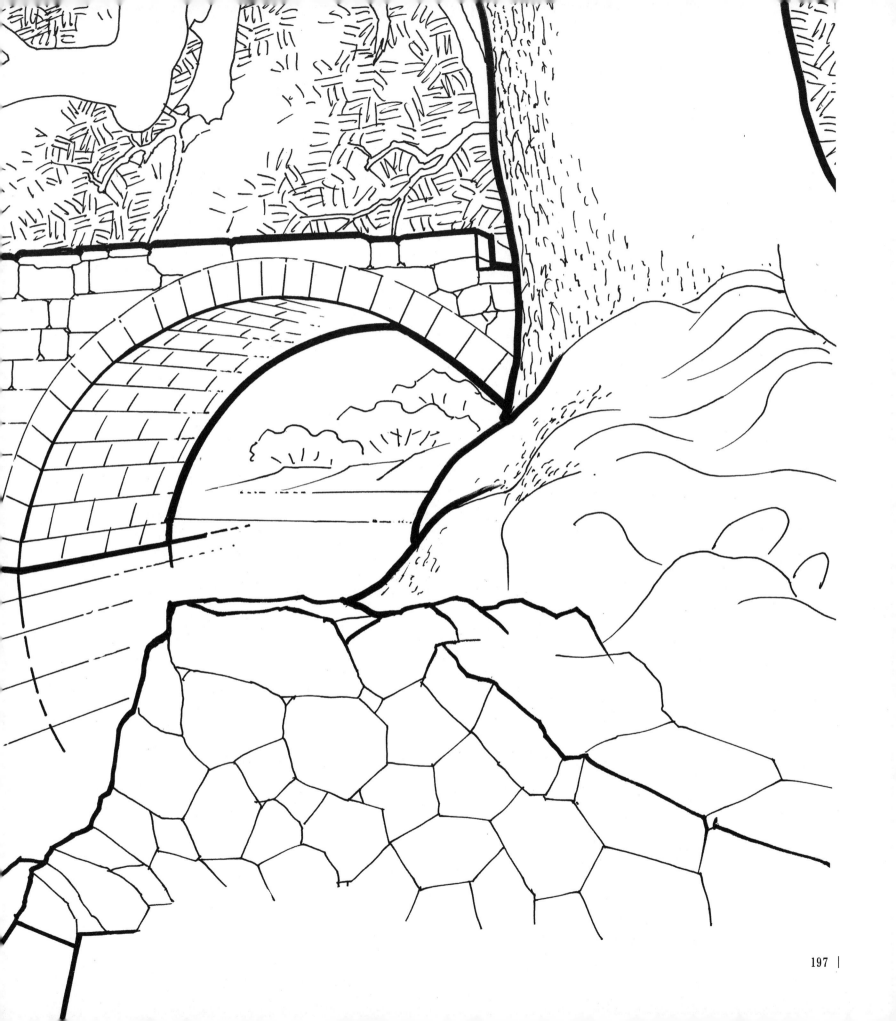

第三章

Ancient Architecture in Yangshuo

阳朔古建筑

地理位置

阳朔江西会馆，位于阳朔县县城西街中段。

历史沿革

阳朔自古为商埠，在历代迁徙至阳朔的商贾中，以江西籍居多，因此江西会馆自然是阳朔最大的商务会馆。会馆始建年代无确切的文献记载，就其现存正厅的建筑风格及琉璃构件推考，应为清代末期的建筑。

规划布局

阳朔江西会馆坐南朝北，背倚碧莲峰，占地面积约1 000平方米，建筑面积270平方米。

建筑特色

建筑为单檐硬山式砖木结构，原有门楼、戏台、正厅、后楼，系三进三开间，两侧分别建有跑马楼。因缺乏保护，门楼、戏台、后楼相继毁坏，现仅存正厅。正厅宽18米、长15米，东西两侧为清水砖山墙，房屋为全木穿斗式结构。整个建筑立于石台基之上，上覆素烧灰色筒瓦，泥鳅屋脊，飞檐翘角，屋脊中立琉璃宝瓶，雕梁画栋，朱楹石础，隔扇门窗，雕刻纹饰精致。前檐敞廊下的卷棚，朱漆彩绘，金碧辉煌。敞廊明间的柱头上，一对倒挂吊狮雕得惟妙惟肖。

保护价值

由于江西会馆具有较高的历史价值和建筑艺术价值，阳朔县人民政府于1981年将其列为县级文物保护单位。

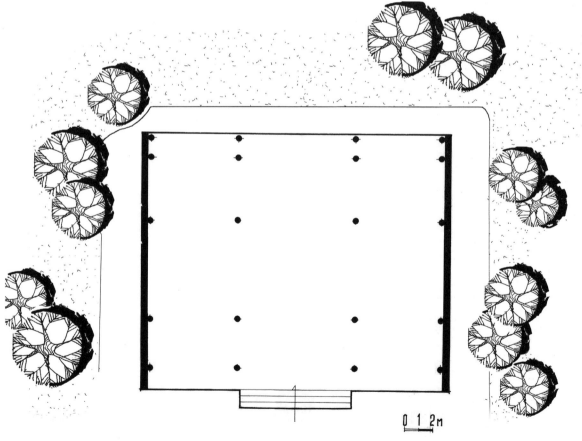

0 1 2m

阳朔江西会馆平面

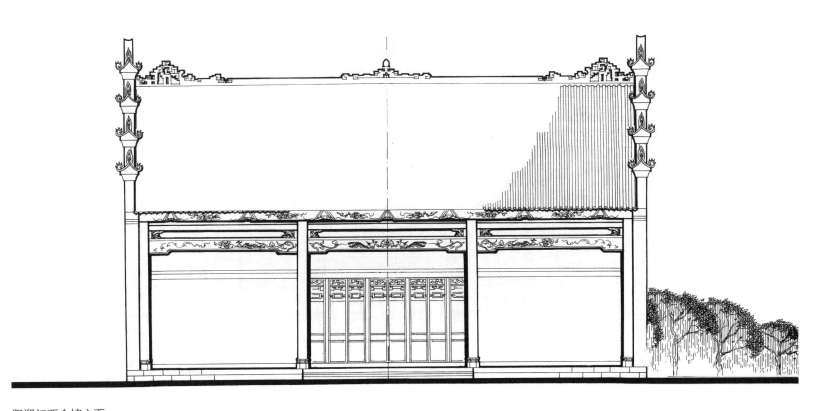

阳朔江西会馆立面

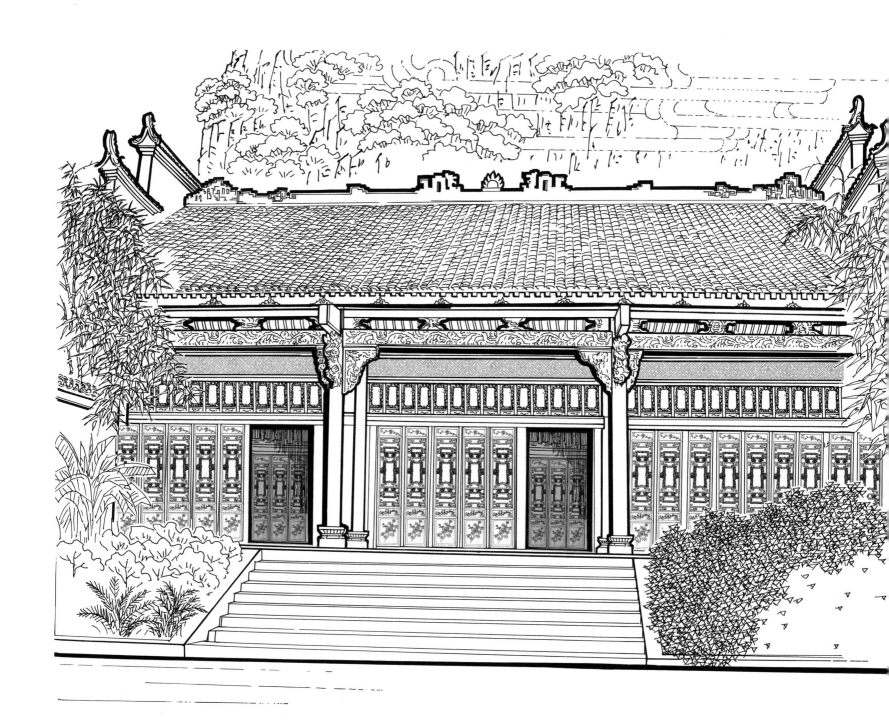

阳朔江西会馆第二进

会馆第二进是江西人在阳朔聚会的中心，因此室内为梁柱布置，无任何间隔，便于同乡团聚。室外的装饰十分精美。吊挂狮作为牛腿，造型精巧灵动。隔扇门精雕细刻，彩绘描金。

由于会馆建造工艺精湛，手绘图在门窗雕花的刻画上花费了不少时间。

阳朔江西会馆吊挂狮

这是悬挂于正间堂前廊内柱头之上的木雕狮。狮子的两只大耳朵仿佛在向身后飘，鬃毛卷曲，尾部呈金鱼尾状。两颗黑葡萄般的眼睛刻画得炯炯有神。

阳朔江西会馆雕花屏门

江西会馆的雕花门窗工艺十分精致，花卉、鸟兽栩栩如生，镜心的边饰细腻、流畅。高大的屏门一半是雕花窗，一半是镶板线刻图案，较好地解决了室内空间采光需求与私密性需求的关系。

阳朔江西会馆雕花窗

此图的雕花窗是以木格夹雕花作为间隔，当年的景窗镶有玻璃镜画。这类窗的造型是清末民初最流行的一种特色。手绘图以测绘图的画法，真实再现了木制雕花窗的制作工艺。

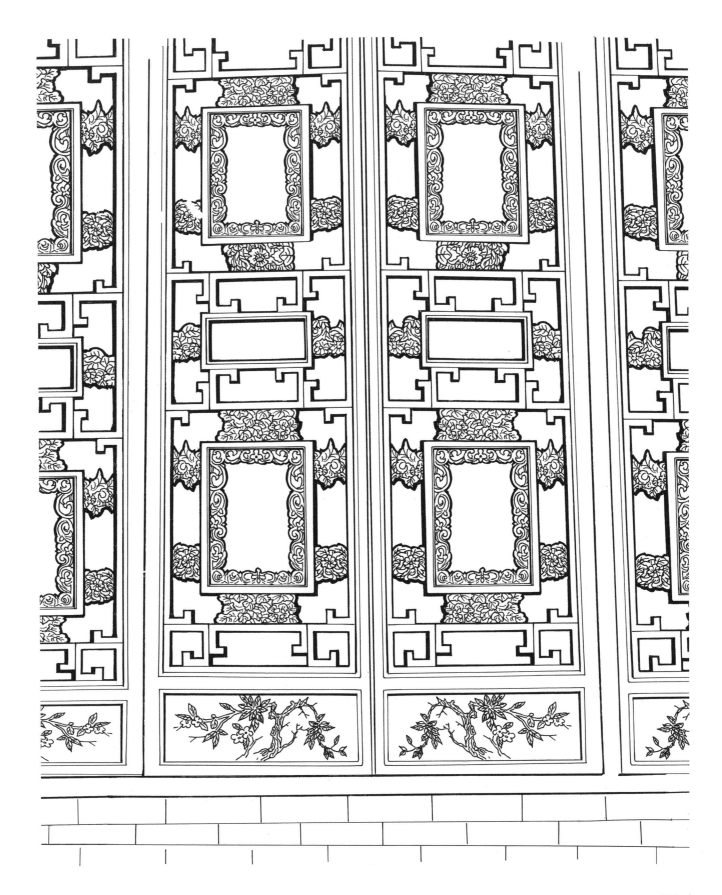

地理位置

兴坪渔村，位于阳朔县兴坪镇南侧的五指峰下，三面环山，一面临水，宛如一片世外桃源，一直以来鲜为外人知晓。

历史沿革

据当地的老一辈人说，这里的居民原本以打鱼为生，住的是低矮的棚屋，依靠漓江这一天然养鱼场，生活倒也无忧无虑。明代以后农耕业逐渐成为村庄的主要生产方式，由于这里土质好，水源丰富，渔粮并举，渔村因此成了当地远近闻名的富裕村。

富裕之后的渔村，家家户户都兴建了清水砖马头墙的深宅大院，专事农耕种养，捕鱼人家的景象渐渐成为历史画面。

规划布局

兴坪渔村位于漓江东岸，地理环境得天独厚，村后险峰高耸，村前江边一带古树参天，翠竹密布，村旁大片良田沃土，宜果宜稻。

建筑特色

渔村现存的古民居多为清代至民国时期的建筑，建造工艺极其精湛，各组建筑均雕梁画栋，灰批浮塑的屋脊翘角气势雄伟，清末至民国时期的民居还筑有高高的炮楼。村中最有气势的是一组三进三开间的塾馆，这是

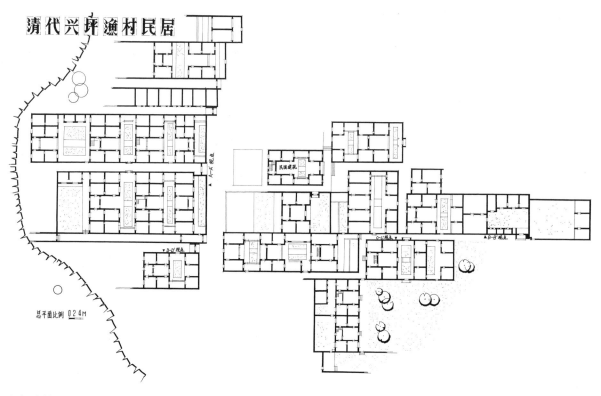

兴坪渔村平面

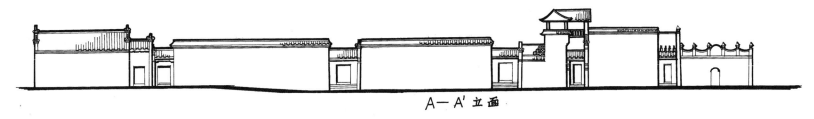

兴坪渔村 A-A'立面

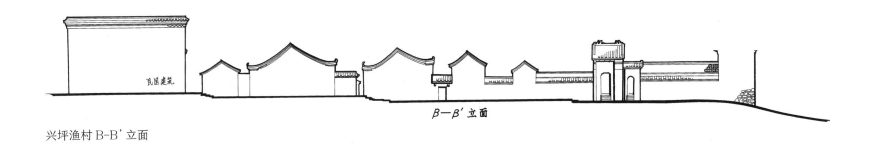

兴坪渔村 B-B'立面

渔村人发迹后集资修建的，整个塾馆设在村东北角，背靠五指山峰，屋旁清泉细流。建筑布局疏密有致，侧开的门楼避免了外界的干扰，能更好地让学童们静心读书。建筑采用一色的青砖、方正的楼梁檩椽建造。檐板挑梁的雕刻花而不繁、简洁大方，建筑整体颇具徽派民居特色。院内还设有孩童们课余玩耍嬉戏的场所，大有闹中取静的世外桃源般意蕴。

渔村人崇尚文化，这不仅可以从塾馆的建筑艺术中看出，还可以从整个村落的建筑布局和建筑风格中看出。飞檐翘角的清水砖封火墙，精雕细镂的砖雕、木雕，重门深院的平面组合，高低错落的建筑立面，组成了一幅气势磅礴的立体画卷，使人联想到明清时期苏杭一带文人雅士那种安逸、富足的生活。

渔村的建筑风格别具一格，建筑立面简洁、大气，与屋脊、檐口的精致装饰形成鲜明对比，檐口的高度比桂林其他地方的古建筑相对要高些，显得更加气势不凡，采光、通风的效果也更好。

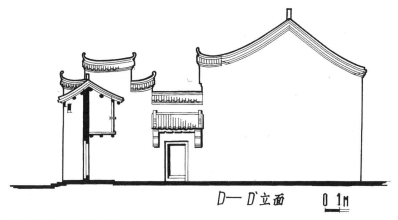

兴坪渔村 D-D'立面

保护价值

2012 年，兴坪渔村被列入首批中国传统村落名录，应利用现有的古民居群，做好古民居保护规划、旅游规划，造福桑梓。

兴坪渔村古巷之一

画面通过左侧大面积的墙面营造超强的透视感，从而把视线引向两侧院门的门头。手绘图重点刻画了两个门头的造型，精准地表达了两个门头的细节，这种表现手法能产生较强的视觉冲击力。

兴坪渔村马头墙

这是渔村最精美的一组马头墙，檐角飞张的三个翘角，造型各不相同。

兴坪渔村俯视

这是渔村最精美的马头墙集中区，画面中心的这组码头墙翘角做工精致，选型优美，保存十分完好。

鳞次栉比的瓦片画起来非常耗时，画面充满了梦里故乡的味道。

兴坪渔村古巷之二

在这幅渔村古巷图中，前景一段幽深的巷道，强化了古巷的视觉效果，巷道中段两侧的门头与巷尾的门楼相呼应。墙面的青砖纹理和青石板路面铺装产生的透视感，增强了画面的视觉冲击力。

兴坪渔村民国楼

方正的民国楼位于画面的右半部
分，磨砖对缝的清水砖墙及屋顶
装饰的前檐是刻画重点。除了民
国楼，对近景建筑的细节也进行
了认真描绘，整个画面达到了浑
然一体的效果。

兴坪古戏台

县级文物保护单位

地理位置

兴坪古戏台，位于阳朔县兴坪镇，坐落在兴坪小学西侧，正门面对兴坪老街。

历史沿革

清代的兴坪古镇，每逢圩日或年节，四乡八里的乡民聚集于此，购物访友，热闹非凡。为了使乡民在赶圩之际有一个休闲之处，兴坪镇于清乾隆四年（1739年）在筹资兴建武圣宫的同时兴建了戏台。

规划布局

保存完好的武圣宫大门及戏台位居兴坪古镇的中心。武圣宫大门朝西，正对漓江，戏台与武圣宫门楼连为一体，台口朝东。从武圣宫大门穿过戏台下侧出便门可进入武圣宫，从武圣宫大门外两侧便门亦可直入武圣宫。整个建筑为单檐歇山顶砖木结构，由梁架穿斗式结构架空成两层，底层架空，二层作为演出用的戏台。

建筑特色

兴坪戏台博风悬鱼，正脊砖砌拐子龙批铁红灰浆，中置宝瓶葫芦，更显得精美气派。戏台两侧便门为单檐小青瓦坡屋顶，三面青砖及檐。戏台后台为化装间，后壁设龛供奉梨园先祖神位。化装间南侧板壁上有四幅阴刻的郑板桥《兰竹图》。鼓乐手坐于戏台两侧，台前沿口镶有五块精美的木质浮雕花板，根据浮雕场景推测，应该分别表现了传统戏曲《五代荣封》中的"仙姬送子""满门荣封"，《古城会》中的"关羽斩蔡阳"，《李元霸举双狮》中的"活捉子都"以及《高旺进表》的"木虎关夫妻相会"的场面。戏台正顶为穹窿式藻井，做工精致。

保护价值

兴坪古戏台雕梁画栋，飞檐高耸，具有较高的历史研究价值和艺术参考价值，因此阳朔县人民政府于2005年将其列为县级文物保护单位。

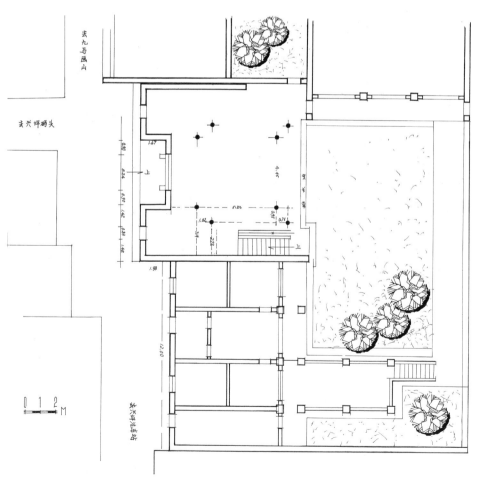

兴坪古戏台总平面

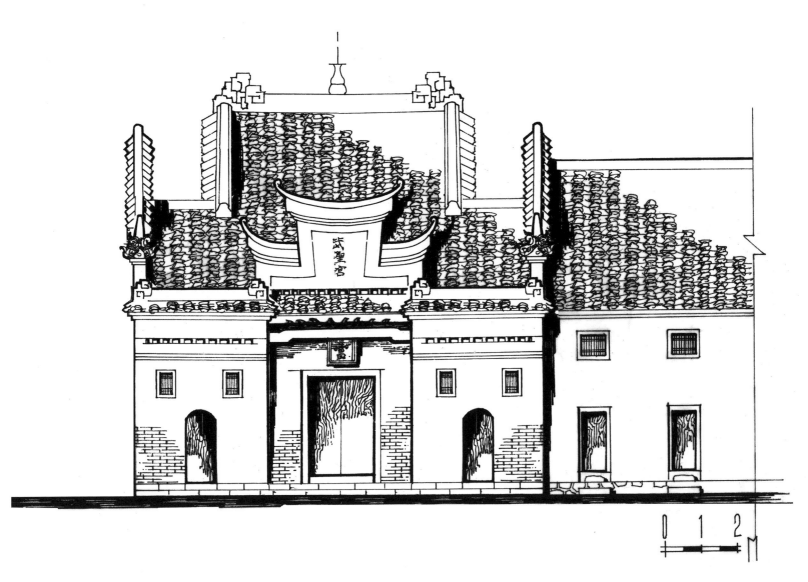

兴坪古戏台古街正立面

武聖宮

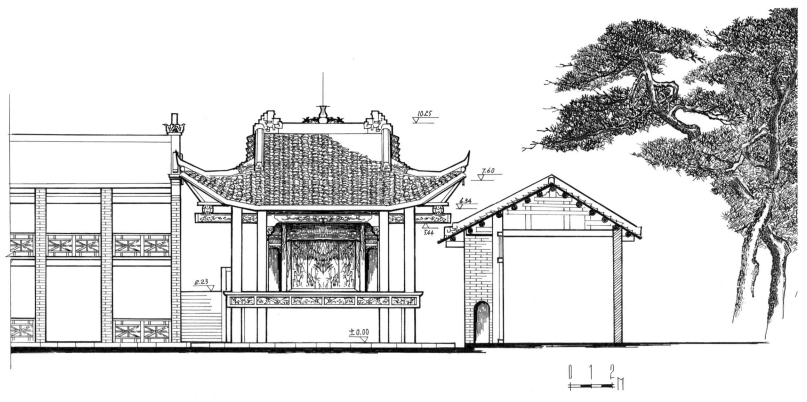

兴坪古戏台正立面

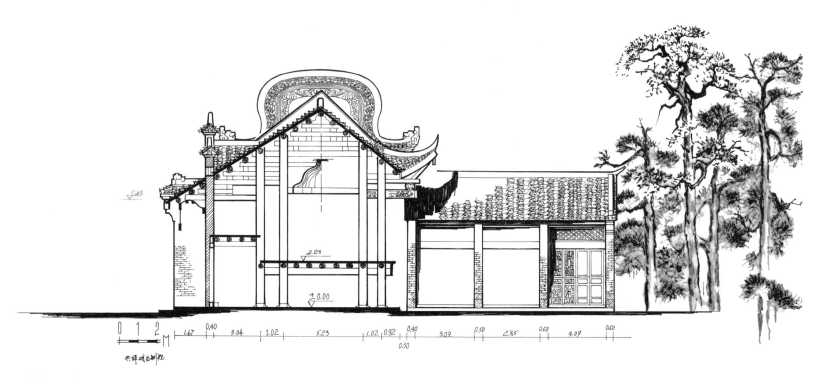

兴坪古戏台剖面

兴坪古戏台内景

此图为从天井一侧看戏台，恰到好处的透视能很好地表现戏台空间结构，歇山顶的屋面、翼角飞张的翘角、台口的雕花板均跃然纸上。

兴坪古戏台临街外貌

高耸的马头墙具有典型的岭南建筑文化特征。在镬耳形马头墙的叠涩下用墨彩在白色灰批上画出缠枝卷草纹。

此图最难画的地方在于镬耳形马头墙和右下方拱形窗的曲线。

高田朗梓村

地理位置
朗梓村，位于阳朔县高田镇的一处深山坳中。

历史沿革
朗梓村始建于明末清初，据村中覃氏族谱得知，朗梓村的先祖覃正尧系广西宜州庆远人，原为明末农民起义军李自成部下一名驻守京师（北京）的将领。清兵入关攻克京师后，他原本计划率部将逃回原籍，在路过阳朔朗梓时见此地山清水秀、土地肥沃，于是选择在此地屯田安居。朗梓村早期的民居位于村东中段，建筑风格具有明代特征。目前，村西的瑞枝公祠及覃氏庄园则是清乾隆年间兴建的历经 60 年才竣工的一处大宅院。1949 年后，大部分古宅划分给了当地村民，近年政府投资重点修缮了瑞枝公祠。

规划布局
朗梓古民居群坐南朝北，西临清溪，背倚土岭，村前连绵群山，仅有一隘口入村，隘口与村前之间有田畴阡陌相隔，远处群山环列。

朗梓村古民居的建筑风格传承了中国传统民居的建筑工艺。整个村落布局和街巷格局规划整齐有序。所有建筑均为料石基础，小青瓦顶硬山封火式马头墙，木楹石础雕花门窗，有如安徽的宏村般壮观。

建筑特色
朗梓古民居群普遍为一进三开间带门楼前院的青砖瓦房，亦有两进三开间的青砖瓦房。规模最大的是瑞枝公祠右侧的民居群。这处古民居群为覃兆勋所建。当年的覃兆勋号称年租谷 3000 担，家产 10 万两白银，家养民团 30 人，因此大兴土木，在瑞枝公祠与村旁的小河之间壅地为台，修筑了三进三开间正屋供子嗣和用人、长工居住，还修建了带有厨房、餐厅和炮楼的偏厦。其建筑格局是桂林地区范围内唯一的，从平面布局来看，尊卑等级十分明显。由大门楼直进到底右转，系建筑的主轴线，由二门楼、一、二进三开间敞厅兼客房、三进三开间内厅兼主人及眷属卧室构成。一、二、三进均为二层楼，相互间有两层连廊贯通，各进之间有天井，在第二与第三进之间有一道门可以进入主轴线外的偏厦。进大门楼右转，沿主轴线建筑的右侧山墙进二门楼，过用人房、子嗣房、餐厅、厨房、长工房、民团房，最后是十余米高的炮楼。

在朗梓村，最引人注目的建筑莫过于瑞枝公祠。覃氏族人于明代末年从宜州迁徙到此，以覃世叁公（瑞枝）为首的这一支系自立公祠，从 1825 年开始兴建，于 1865 年落成，历经了龙生，懋伦，兆麟、兆勋诸公共计三代人的努力。远远望去，公祠门前的广场与覃兆勋的庄园前连成一片，足有两亩地之广。一道青砖围墙分割了广场与公祠的空间，广场与公祠院落的地面高差约 80 厘米，院内地面与公祠第一进地面相差近 1 米。整个公祠依地形逐级上升。院门左侧有一座两层高的炮楼，楼上开设射击孔，楼下为马厩。公祠的首进敞廊下两根檐柱高擎，清水砖马头墙，高高的卷棚。跨入厚重的大门，才是族人聚会的大厅，大厅两侧各有两间房。越过天井，是瑞枝公祠的第二进。第二进三开间的正中为祭堂，在中堂后壁供奉祖先牌位。在祠堂内，还可见到覃氏家族的班辈排序谱。

瑞枝公祠东侧是覃氏家族其他子嗣的住宅。这些住宅基本上是坐南朝北、院门西向的建筑组群，多为一进三开间，亦有两进三开间，个别组群带偏厦。但就单体组群而言，其建筑体量、规模及工艺技术较之覃兆勋的庄园要逊色得多。在瑞枝公祠与其他古民居相隔的主巷尽头，是覃世肆公创建的覃氏家祠。家祠依山而建，两进三开间，雄踞于半山之腰，建筑体量不大，但颇有气势。

整个朗梓村街巷为卵石镶铺的路面，清一色的清水砖马头墙，满眼的雕花门窗，尤其是覃兆勋的庄园，两层楼的建筑中门窗、栏杆无一不雕刻精妙，就连偏厦的餐厅、用人房的门窗都精雕细刻，体现了主人的富足程度和对美好生活的追求。

保护价值

时至今日，朗梓村古民居群除了部分建筑的梁柱糟朽、柱础被盗以外，建筑风貌目前基本保存完整。但到朗梓村的道路还不太方便，从高田镇往金宝乡公路向左转，仍有十余千米的乡间简易公路，且班车不通，期待在古民居群得以妥善保护的同时，交通能更方便些，让更多的游人能一睹这久藏深山的建筑瑰宝。朗梓村已于 2014 年被列入中国传统村落名录。

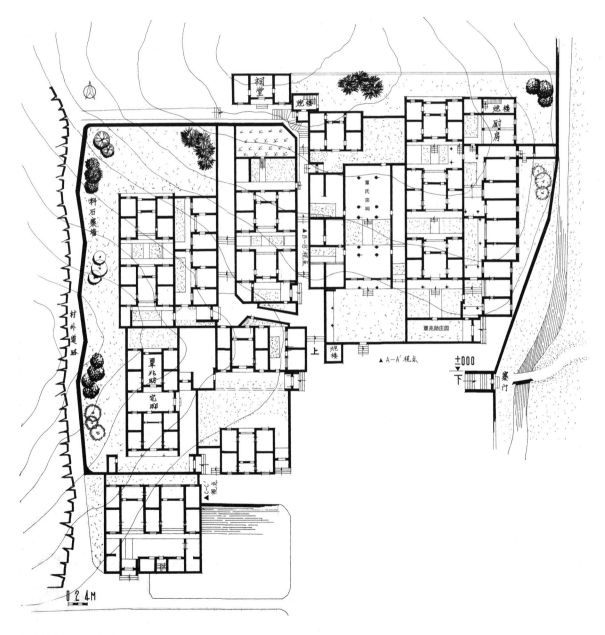

朗梓村古民居群平面

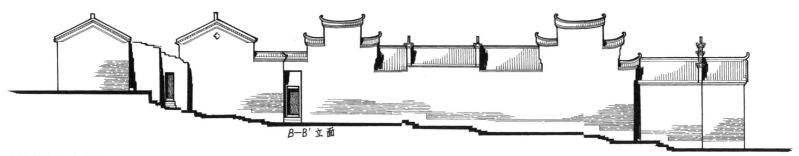

B—B' 立面

朗梓村古民居群立面一

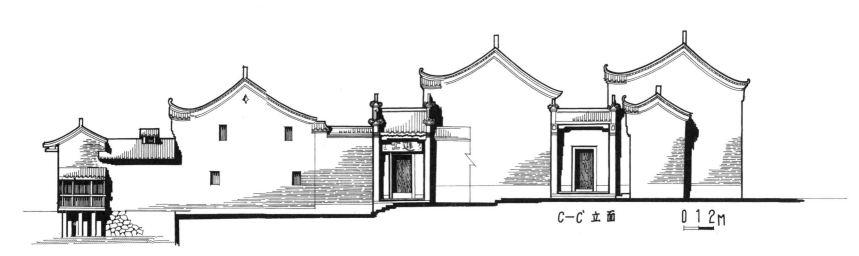

C—C' 立面

0 1 2M

朗梓村古民居群立面二

朗梓村俯视

从这幅俯视图可知，朗梓村的规模不小，画面由近及远分别是绕村而过的小溪、古村西寨门、覃氏庄园、瑞枝公祠，以及村内的其他古民居。错综繁复的古民居、犬牙交错的马头墙……此图需要极大的耐心方能完成。

朗梓村覃氏庄园门楼

这是瑞枝公祠西侧覃氏庄园的门楼，高大且颇具威仪感。手绘图通过精准的透视、虚实有度的手法，把一座门楼惟妙惟肖地呈现出来。一架风谷车、两个箩筐置于画面一隅，使作品平添了几分农家的生活气息。

朗梓村寨门入口

一座小桥把视线引至寨门入口，3 米多高的挡土墙，让人感觉到这是一个等级礼制森严的古村落，高大的马头墙后面隐藏了当年屋主人非同一般的生活。

朗梓村覃氏庄园外貌

这是瑞枝公祠西侧的覃氏庄园，幽深的寨门、高耸的门楼与远处的碉楼相呼应，左上方的瑞枝公祠马头墙如玉笋排空，画面右侧河边的斑茅草和攀附的藤蔓遥相呼应，建筑立面的青砖线条凸显出非凡的工艺水平。

朗梓村覃氏庄园俯视

朗梓村的覃氏庄园为三进三开间，带西跨院。手绘图将首进置于中心部位，近景左侧是门楼屋顶，右侧是西跨院首进，画面上方是瑞枝公祠。民居建筑在画面中层层叠叠，马头墙的犬牙交错是本图最难掌握的，近实远虚的手法使这组俯视图得以完美呈现。

朗梓村瑞枝公祠前院

手绘图通过透视把马头墙恰到好处地呈现了出来。由于所有墙体均为青砖，因此线条必须严格遵守透视规则，
这是本图最费眼力的工作。

朗梓村瑞枝公祠内院

这是进入瑞枝公祠首进后，看公祠正间左侧及跑马楼。瑞枝公祠正间左侧的山墙高大且厚重，与前檐挺拔的大木柱比邻。此图选用仰视构图，使瑞枝公祠的正间建筑显得高大气派。磨砖对缝的青砖墙、直耸天际的马头墙、精美的门窗雕栏，无一不经过精心刻画。

惠風和暢鴻福及第先

高田龙潭村

国家级传统村落

地理位置

龙潭村，位于阳朔县高田镇月亮山西南 3 千米处的金宝河西岸，北倚龙头山、凤凰山。金宝河贴村南而过，村前田畴阡陌，与远处的岭遥遥相望。

历史沿革

龙潭村的祖先是在明代初年从山东东昌府恩县迁到阳朔木山村，后于明末清初迁到龙潭的。

规划布局

从现有的村落布局来看，坐西朝东的龙潭村，以徐氏宗祠为中心，宗祠大门正对的村巷为村庄的主巷，主巷由青石板铺就，呈南北走向，与村中其他的小巷构成了一个"井"字形的村巷交通网络。

建筑特色

在龙潭村，清中期的建筑稍显朴实，做工精美的有位于徐氏宗祠后侧西南方向的大馆。所谓大馆，是成年人读书习字之所。两进深五开间带两层高的游廊，有粗大的梁柱、高敞的开间布局、卷棚式的敞廊，正堂的木柱直径达 25 厘米以上。精雕细刻的柱础、雕饰精美的门窗，无一不显示出豪门深宅的气派。徐氏宗祠也是如此，徐氏宗祠的规模比大馆更大些，两个三进三开间并联，南侧的一组分别为大门、第二进敞厅或第三进祖宗牌位殿，与南侧紧临的是徐氏子孙们平时聚会之所，穿过中间相隔的院墙门，一进为倒座式敞厅，二进、三进均为敞厅，有游廊相连，左右两侧间隔成房。大门的廊柱石础雕"隐八仙"，大堂的檐柱石础雕龙、凤、鲤鱼或花卉。

龙潭古民居中的公共建筑如此精美，村中的其他民居同样有考究的工艺，位于龙潭小学南侧的古民居，为三进三开间带偏厦及二重门楼，是村中规模最大的一个组群。侧开的大门朝北，进大门后往右为正厅，是主人待客及家人生活聚集之处，正厅正对前院，跨过正厅之后为天井，穿过天井即第二进，是主人起居之所，具有较强的私密性。第三进为厨房、仓储及奴婢住房，房后有一处不到 2 米宽的后院。在主建筑群的南侧有一溜一开间的偏厦，系长工屋，屋前的倒座为长工厨房，往南出院门约 10 米为第二进门楼。门楼之东连一座两层高的花园楼，坐在楼上可俯瞰金宝河，出门楼往南 10 余米为第一进门楼，门楼外一条道路连通主巷。道路之南为金宝河，水质清澈。这组古民居的主建筑亦为硬山封火墙，门头翘角高耸，瓦瓴飞张，但装饰简洁大方，而正厅廊轩高敞，门窗及木柱石础雕饰精美。

从龙潭古民居的砖墙来看，清中期的建筑砖墙黑色不一致，且色度偏深，清晚期的青砖为 28 厘米 ×7 厘米 ×14 厘米，砖墙呈色一致，砖色偏浅，当时磨砖对缝的技术已经达到最高水平。从门窗的装饰纹饰来看，清代中期的门窗雕饰简洁，清代末期的门窗以吉祥纹饰、花卉动物为主，民国时期的建筑则以"富贵"等文字组成窗格纹饰。

在龙潭村现存的古民居群中，有十余座古民居保存较为完整。村落周边原有的古民居或倒塌毁损，或因农民富裕改建钢混楼房。目前，在村中尚保存有三组拴马石，其中在龙潭小学西侧围墙外有一组清嘉庆壬申（嘉庆十七年，1812 年）款的拴马石，由此可以佐证龙潭古民居多为这一时期的建筑。

保护价值

古朴典雅的龙潭村古民居如今已成为阳朔自助游的佳景名胜，建议应注意保护好原有的古民居，将古民居的保护与旅游开发结合起来。龙潭村已于 2014 年被列入中国传统村落名录。

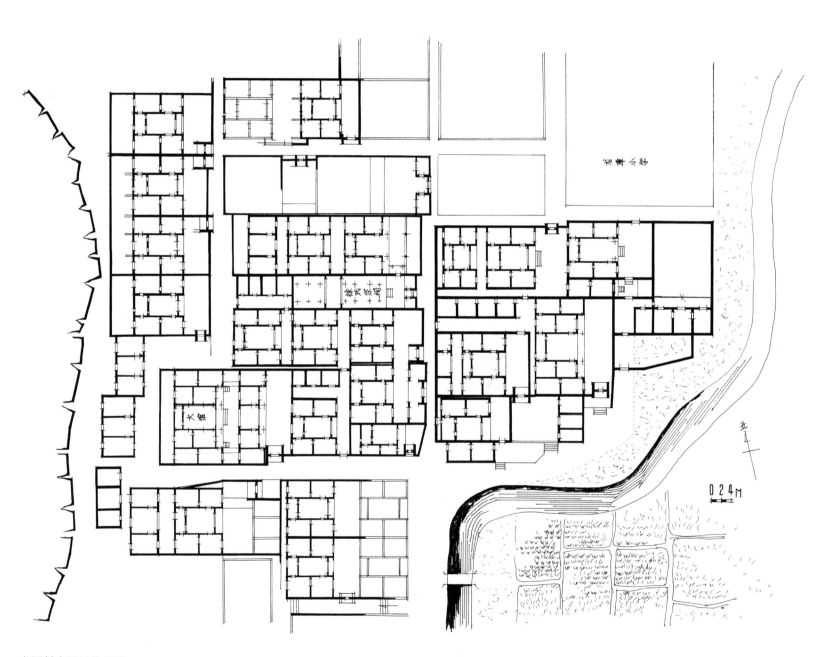

龙潭村古民居总平面

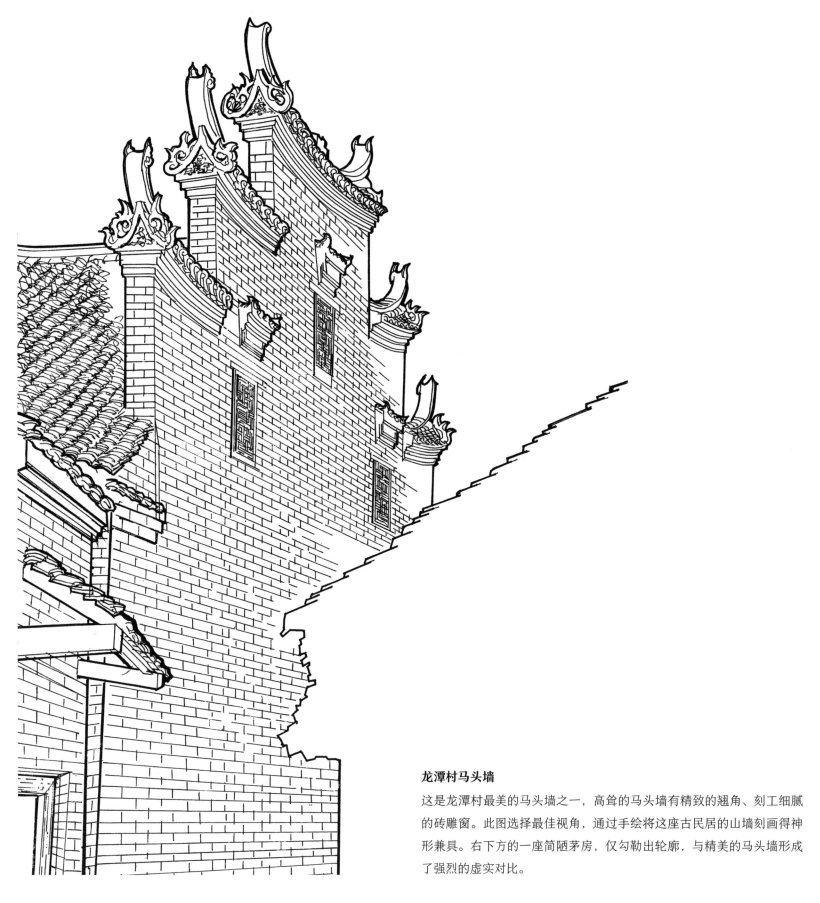

龙潭村马头墙

这是龙潭村最美的马头墙之一，高耸的马头墙有精致的翘角、刻工细腻的砖雕窗。此图选择最佳视角，通过手绘将这座古民居的山墙刻画得神形兼具。右下方的一座简陋茅房，仅勾勒出轮廓，与精美的马头墙形成了强烈的虚实对比。

龙潭村俯视

此图选择了龙潭古村中一条纵贯南北的古道中段两侧的古民居作为描绘对象。画面中心部分为徐氏宗祠，远处层层叠叠的马头墙是 61、58、30 号古民居，图左侧为 62、63、64 号古民居。俯视图真实还原了古巷的现状，通过绘画手段再现了龙潭古村的神韵。

龙潭村徐氏宗祠内院

这是徐氏宗祠二进前的天井，透过一进门廊檐柱可见第二进雕花屏门和右侧跨院的侧门。手绘图中最难画的
是雕花门窗，不仅线条多，转折也多，精心刻画如同工匠雕凿，需要十分细心，稍有不慎就会跑线溢墨，乃
至报废重画。

地理位置

旧县村，位于阳朔县白沙镇桂阳公路西侧的群峰之间，南距阳朔县城7千米。旧县村境内奇峰环列，中间为狭长的平川，遇龙河自北而南流过，一条古道构成了北连桂林，南达阳朔、荔浦的纽带。在整个旧县村范围内，不仅有唐代的城垣遗址，还有宋代的仙桂桥、明代的民居以及清代的进士庄园。

历史沿革

旧县村历史悠久，人杰地灵，历代出过进士、文魁、武魁等国之栋梁。旧县村曾是阳朔古县城所在地，至今已有1380多年历史。唐武德四年（621年）曾在旧县村附近设置归义县，贞观元年（627年）将归义县并入阳朔县，从此以后将原归义县称旧县，归义县城址位于遇龙桥以南3千米的田畴中，整个范围约1平方千米，如今的旧县村因此而得名。

规划布局

从白沙镇向西，翻过一道山坡向前行约2千米到达凤冠山下，就可见到旧县村，村中现有百余户人家。整个村落背依凤冠山西麓，呈东西走向排列，村前田畴阡陌纵横，山光水色景致宜人。

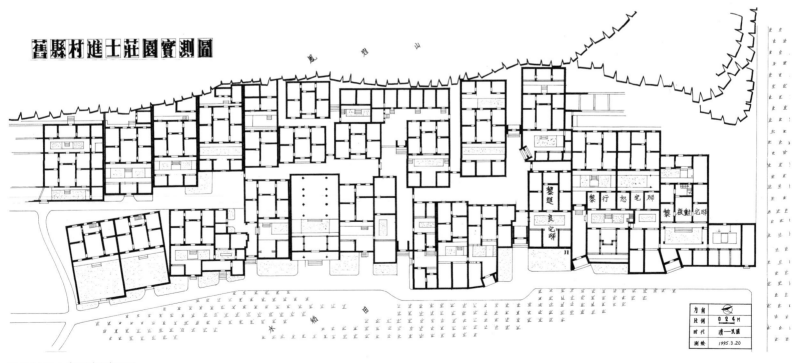

旧县村进士庄园实测平面

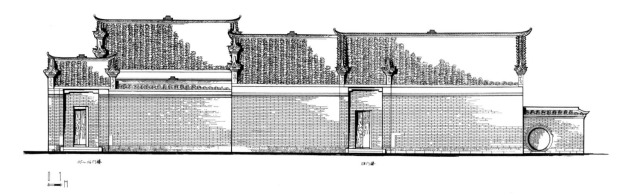

旧县村 115—118 号外立面

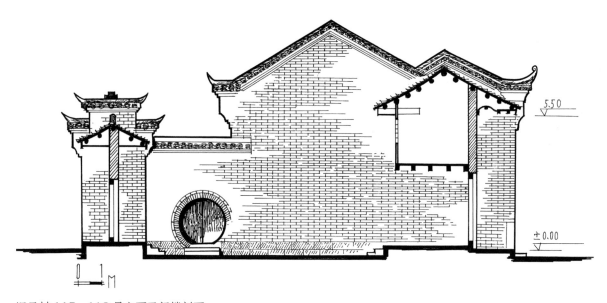

旧县村 115—118 号立面及门楼剖面

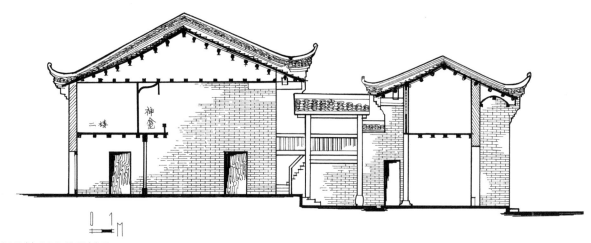

旧县村 118 号纵剖面

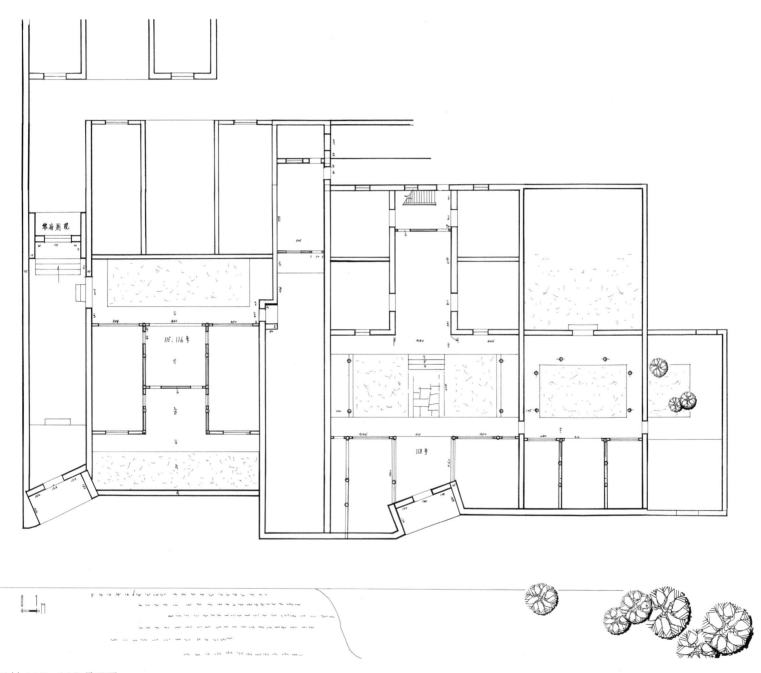

旧县村 115—118 号平面

建筑特色

村中现保存有较大规模的明清古民居。这些古民居屋檐高耸，青砖灰瓦，雕梁画栋，古色古香，颇显气派。进村处有一个拱形大门，目前基本保存完好。村中的道路基本用青石板或卵石铺就，把近 20 座古民居连接起来，家家相通，形成一个整体。

在旧县村头，多是参差不齐的低矮土砖房，这些都是当年贫寒人家的居所，沿着村前古道继续前行二三百米，便可见到清代清水砖墙的房舍。这是一组清末民初的民居，工艺较考究，但门窗的雕饰与进士庄园的水平还相差甚远。村前的中心位置是由黎姓族人建造的祠堂，故称为"黎氏宗祠"。

黎氏宗祠约建于清朝末年，为两进三开间，天井回廊配套成龙，祠堂门廊上方的卷棚式天花，用木方曲成弧形竹节纹。深红的油漆装饰整个卷棚，竹节、竹芽描以金色，如今色泽依然艳丽如初。挑梁挂落精雕细镂，显示出一派大家风范。黎氏宗祠由三面高瓦墙相围，内部与黎家的宅邸相通。宗祠大门有雕刻精美的吉祥图案，大门两侧挂有清朝皇帝亲书的"文魁""武魁""进士"三块牌匾。"文魁"是指黎启勋，清代光绪甲午年的举人；"武魁"是指黎怀治，嘉庆庚午年的武举人；"进士"是指黎近良，嘉庆年进士。宗祠门柱刻有一副对联"彝伦攸叙，明德惟香"，门楼上的檐下雕刻双龙戏珠，卷棚下的驼峰雕有鲤鱼和鹿。

与祠堂后墙仅一墙之隔的古民居，是黎氏族人发迹之前的住宅，这排民居虽说也是清水砖翘檐形式，但开间低矮、布局简单，当属于明末清初的建筑。

紧挨黎氏宗祠南侧的一排气势宏伟的建筑，就是人们所说的"进士庄园"。之所以称其为"进士庄园"，一是因为该组建筑群规模庞大，所有起居生活需求足不出户便能得到满足；二是因为所有建筑均在两层以上，且在临街的一面顶层开设了众多炮眼，以利自卫；三是因为天井回廊层出不穷，外人进入，如入迷宫；四是因为黎氏家族自清代以来，累有进士题名。

进士庄园的建筑有几项是令人叫绝的。一是砌工，整个建筑群的清水砖，每块均在施工前通体打磨光滑平整，砖色呈一致的青灰色，所有灰缝均仅有铜钱的厚度，并且线条保证竖线垂直、横线平行；二是灰批，也称浮塑，主要用于马头墙的戗脊，整个造型流畅、准确，纹饰极富立体感；三是门窗的雕刻，包含了线刻、平雕、立雕、浮雕、镂雕等多种雕刻技法，所有门窗都具有极高的艺术水平。一般来说，神龛多用立雕与镂雕相结合，门板下部、跑马楼栏板多为线刻，而板壁的题诗则为平雕，门窗隔扇的纹饰多为浮雕。所有的雕件刀法娴熟，造型生动、准确。最为精彩的是工匠们在一块不足拇指大小的木料上，雕出了一只栩栩如生的狮子。旧县村进士庄园，很多工艺技术可以与苏皖的古民居媲美，有的甚至超过了苏皖古民居的水平。

保护价值

旧县村的古建筑不仅形式多样，而且时间跨度大、工艺精湛，但由于年深月久，目前已遭到不同程度的破坏。如何保护、开发利用好这些珍贵的历史文化资源是有待进一步探讨的课题。旧县村已于 2012 年被列入中国传统村落名录。

旧县村 115 号门楼

此图为旧县村 115 号门楼内巷，画面右侧的圆拱门为116号院门，巷两侧的高墙深院彰显出旧县村大户人家的非凡财力。本图重点刻画了 115 号中门的整体细节，同时对两侧院墙及地面肌理亦不遗余力地进行描绘，强烈的线条表达增强了画面的视觉效果。

旧县村外貌

此图选取旧县村建筑工艺最精美的一组古民居群，采用透视的角度进行创作。主体建筑用工笔白描的手法，鱼塘的岸线则用国画皴法，整幅画一气呵成，虚实处理得当。

旧县村俯视

此图是从南向北俯视旧县村中最精美的古民居群，近景为118号、117号，中景为116号、115号，远景是112号。古树掩映下的屋顶则是黎氏宗祠。连片的深宅大院，需要表达的细节很多，画这样的手绘图需要良好的驾驭能力。

旧县村 116 号花厅内院

旧县村 116 号内院是一处清末民居中的倒座，当年主人在此接待客人，因其门窗雕花精美，亦称为"花厅"，
花厅占据了整个画面的中心。此图重点刻画了花厅的雕花门窗和整个建筑的梁架结构。画面线条精准，表现
手法细腻，细观此画十分耐人回味。

旧县村 116 号花厅雕花门扇

旧县村 116 号花厅雕花门细部雕花的雕工极为细腻。花格用木条组成
"福""喜"图案，窗格间隙分别雕刻有寿桃、石榴、花瓶、牡丹，窗
框四周及下方刻有精美的蝙蝠纹，分别寓意"福寿双全""多子多福""平
安富贵"等。要把这扇雕工精美的门窗画出来，细节的表达是关键。

旧县村 116 号花厅雕花门

这是旧县村古民居中工艺最为精美的一扇雕花门。门扇的上半部为"福""喜"的字形,间隔部分用花卉衔接。中隔板线刻有诗文、花卉,下隔板分别刻有古松、牡丹、梅竹等图案,刻工刀法如笔,表达精准、流畅。

画面中的雕花门占整个版面的五分之四,画面右侧是中堂壁,利用线条画出光影效果,增加了画面的空间感。

白沙遇龙堡村

国家级传统村落

地理位置

遇龙堡村，位于阳朔县白沙镇西3千米的遇龙山下，遇龙山因传说有人在此遇龙升空而得名。

历史沿革

遇龙堡是一处较大的村落，始建于明末清初，至今仍保存有清代以来的古民居近百栋。据村民说，1921年孙中山先生北伐时曾在村里的一座民居住宿过。该民居在遇龙堡村的西南角，建筑为两进三开间，前院高墙围护，后有遇龙山作为屏障，高门深院，偏居一隅。

规划布局

遇龙堡村坐南朝北，背倚遇龙山，前临清溪，村前为一条主干道，村中街巷横竖交错组成了全村的道路系统。各组建筑的平面布局灵活多变，有的建筑组合通过一条极窄的小巷，使人产生幽深、雅静的联想；还有的则通过一系列的院落组合，使居室的层次更加丰富；也有的通过回廊环抱，令人感到气势非凡。

建筑特色

全村的古民居均以清水砖硬山封火墙为基本模式，局部配合马头墙，使整个村落既统一又富于韵律的变化。全村都是一层砖木结构，外围墙普遍高出主建筑的檐口，给人以气势威严的感受。

遇龙堡村还有保存完好的清代文、武举人的宅第。武举人的宅第与众不同，门前有一个宽敞的大平台，专门用来习武授徒。现在，在平台上还能见到他们当年练功习武用的石锁、石钟等遗物。武举人的宅第为两进四开间，中间为一小院。小院两侧西边为厢房，东边为两层木结构回廊，回廊上部为绣楼，下部为架空层，便于交通往来。

文举人的宅第则为三进五开间建筑，建筑面积大，平面布局丰富多变，门窗雕饰精美绝伦，就连外墙的洞窗、入口处的门楼都能看出是经过精心设计的，无一不透出中国传统文化的深厚底蕴。

保护价值

遇龙堡村建筑精美，历经数百年依然保存完好，具有一定的旅游开发价值，应加强对该村古民居群的保护。遇龙堡村已于2016年被列入中国传统村落名录。

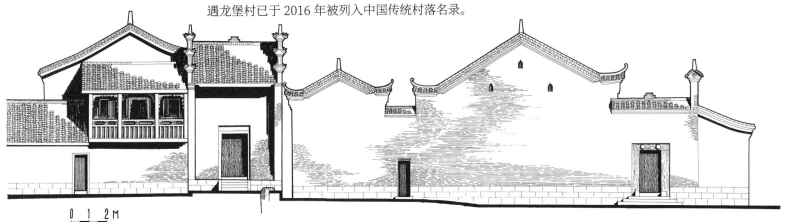

0 1 2M

遇龙堡村古民居东立面

遇龙堡村古民居群总平面

遇龙堡村古民居

这是古村正中第一排古民居的中段，应该说是村子的正中间。此图选择了前临水塘、后有遇龙山作为背景的
环境，通过手绘图把古朴的民居和清幽的周边环境真实地再现了出来。

遇龙堡村文举人宅第外貌

文举人宅第为两进三开间，建筑坐南朝北，院门开在前院东侧。画面中心高耸的文举人宅第门楼与周边其他古民居构成了一幅十分协调的画面。

遇龙堡武举人宅第内院

武举人宅第朴实无华。此图选取了站在院门檐下看武举人首进前院的角度，用硬朗的直线条表达了武举人孔武有力的个性。

白沙遇龙桥

自治区级文物保护单位

地理位置

遇龙桥，又名回龙桥，位于白沙镇遇龙村西侧的遇龙河上，无造桥记。

历史沿革

据《古今图书集成》记载，该桥始建于明永乐十年（1412 年）。据考古人员考证，现存的遇龙桥当为原建之物。桥头竖有一方抗战胜利纪念碑，记载了 1944 年该村村民与日本侵略者在此激战数十天并取得最后胜利的事迹，碑文系本村人陈宝书撰写。

规划布局

遇龙桥架设于遇龙村西的遇龙河上，河东为古村落，河西为田园，四面青山环绕，河两岸为冲积平原。阡陌纵横的稻田与连绵的群山、蜿蜒的遇龙河构成了一幅纯美的"水上画廊"图。

建筑特色

桥长 36 米，宽 5 米，高 9 米，为单拱式石桥，全桥用方料石错缝干砌叠垒起拱。造型古朴美观，桥体高大，桥的券拱极为气派，属广西桥梁史上的著名桥梁工程。

保护价值

遇龙桥于 1981 年被阳朔县人民政府列为县级文物保护单位，2000 年被广西壮族自治区人民政府列为自治区级文物保护单位。鉴于该桥仍被使用并且已成为遇龙河景区中的重要景点，建议相关部门加强对该桥的全面保护监管，防止重物过桥而导致桥梁损毁。

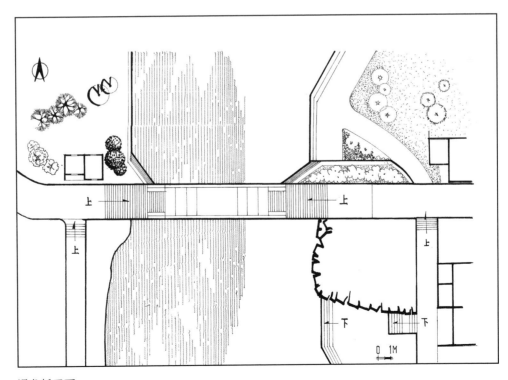

遇龙桥平面

0 1M

遇龙桥立面

遇龙桥仰视

此图撷取站在桥西南方向看古桥的视点，微仰的视角把高大的古桥和宽阔的水面恰到好处地表现出来。画面重点突出古桥，对近景的竹排进行了弱处理。

白沙富里桥

地理位置

富里桥，又名正方桥，因该桥地处遇龙河上游富里湾，故得名富里桥。

历史沿革

相传，富里桥与遇龙桥一样都建于明代。该桥因 1926 年被洪水冲垮，于 1927 年重建。

规划布局

富里桥位于阳朔白沙镇正方村前，南距遇龙桥 2.5 千米，四周田畴连绵，远处群峰环列。

建筑特色

该桥系单孔石拱桥，桥长 26 米、宽 4.2 米，拱高 8 米，拱跨 16 米。桥造型古朴，规模仅次于遇龙桥，系阳朔县境内著名的大型石拱桥之一。

保护价值

白沙富里桥基本保存完好，1988 年文物部门对其进行过一次加固性维修。2017 年，白沙富里桥被广西壮族自治区人民政府列为自治区级文物保护单位。

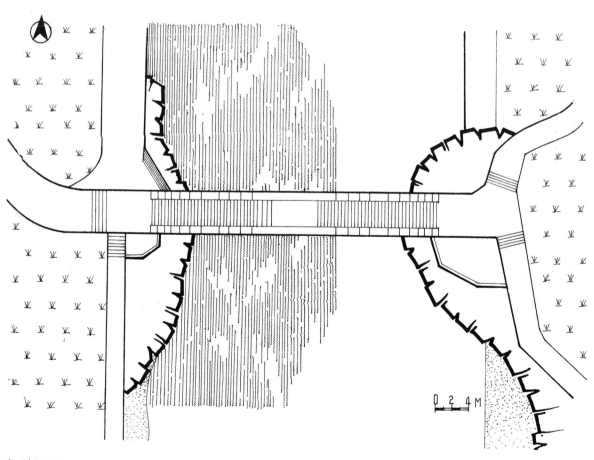

富里桥平面

富里桥立面

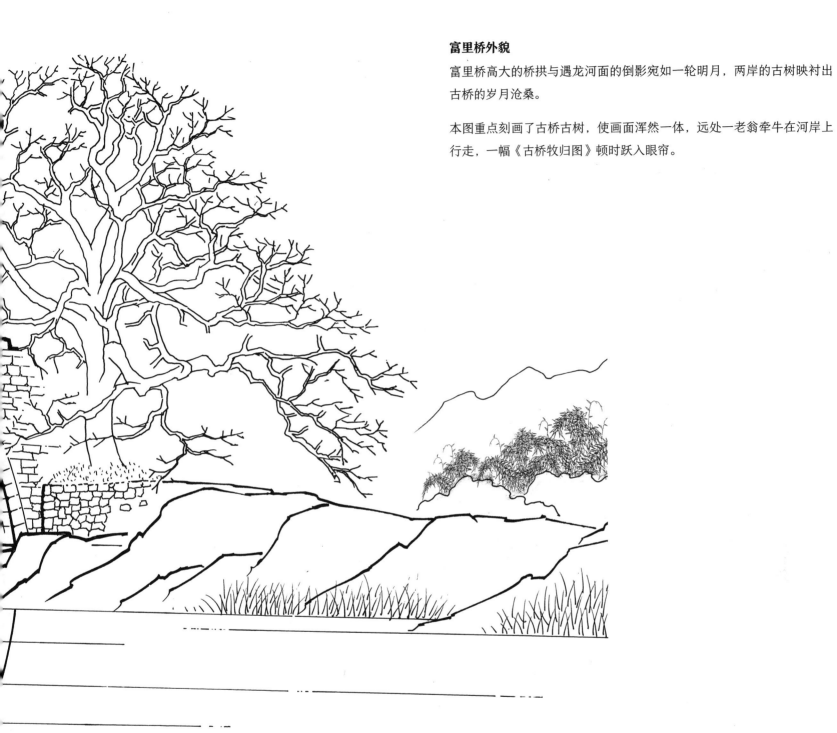

富里桥外貌

富里桥高大的桥拱与遇龙河面的倒影宛如一轮明月，两岸的古树映衬出古桥的岁月沧桑。

本图重点刻画了古桥古树，使画面浑然一体，远处一老翁牵牛在河岸上行走，一幅《古桥牧归图》顿时跃入眼帘。

普益留公村

地理位置

留公村，位于阳朔县普益乡漓江西岸。这里群峰竞秀，民风淳朴，漓江贴村而过。

历史沿革

据相关史料记载，留公村约建于明崇祯十七年（1644 年），到清乾隆后期，留公村新建了大批的民居建筑及公共设施。

建筑特色

留公村古民居多为明清时期的古建筑，工艺精湛，规模庞大。建筑风格受漓江流域岭南文化的影响明显，墙体均为青砖磨砖对缝砌筑，有高大的马头墙、精美的灰批浮塑，木雕的牛腿、雀替线条流畅。

面对漓江的码头是一座兼具寨门、戏台功能的得月楼。得月楼为三层建筑，首层为村民进出的寨门，二层为戏台，顶层为亭阁式结构的四角歇山顶，飞檐翘角，高耸于江边。

保护价值

现在的留公村已经着手旅游业的经营，应该利用这片古民居群，做好保护开发和规划利用，形成阳朔旅游的新热点。

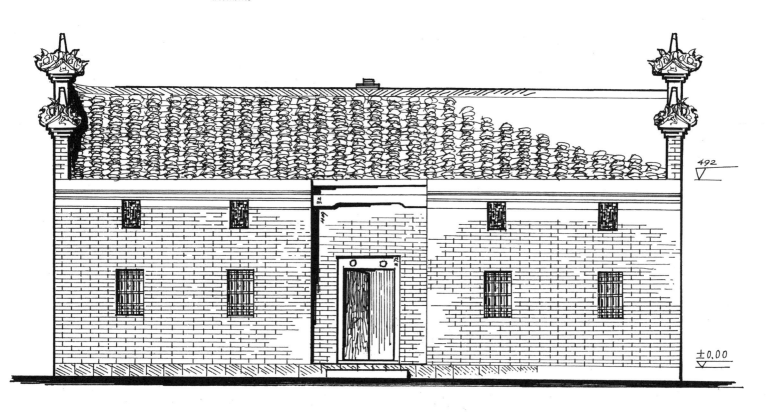

留公村 54—55 号古民居正立面

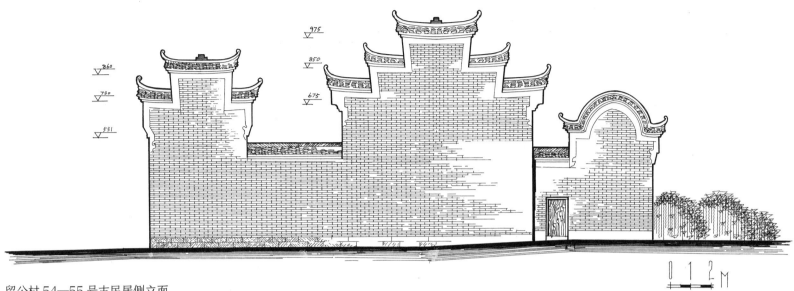

留公村 54—55 号古民居侧立面

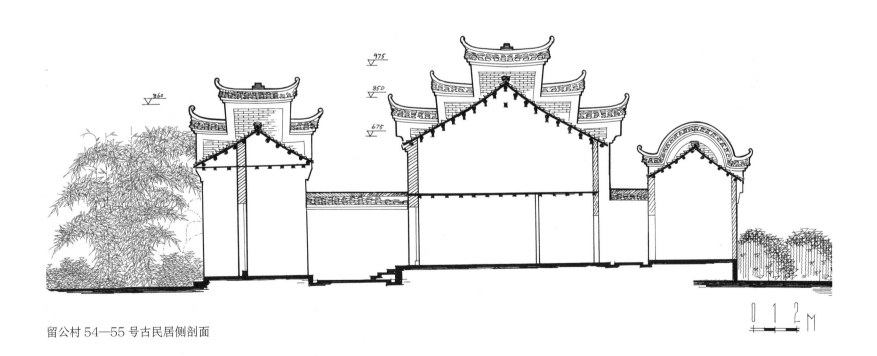

留公村 54—55 号古民居侧剖面

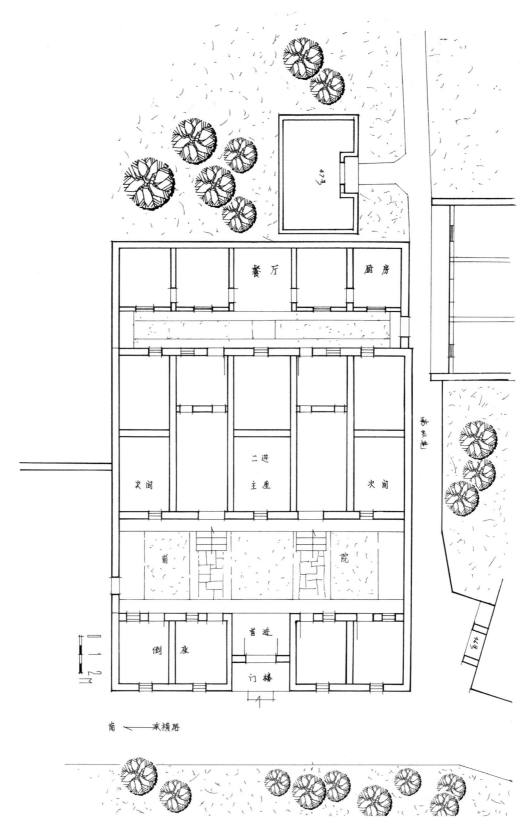

餐厅　厨房

次间　二进主座　次间

前院

倒座　首进门楼

留公村 54—55 号古民居平面

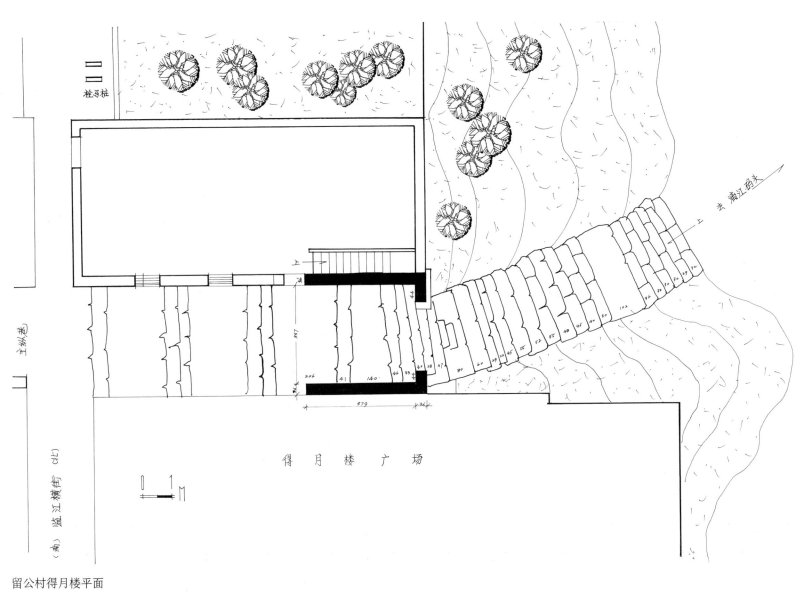

拴马桩

主纵巷

（南）临江横街（北）

上

去浦江码头

上

206 41 140 46 33 38 47 80

得 月 楼 广 场

留公村得月楼平面

得月楼

留公村得月楼正立面

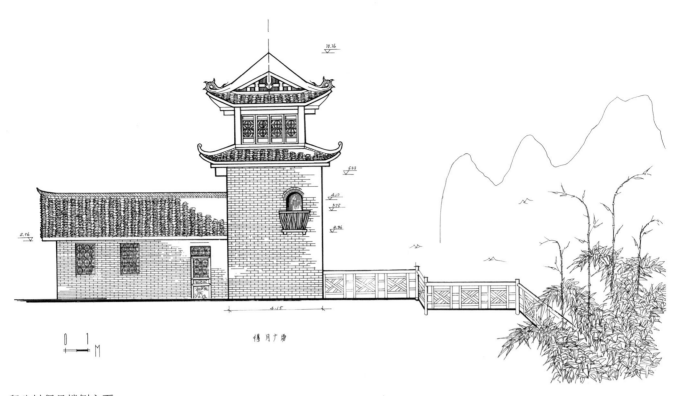

留公村得月楼侧立面

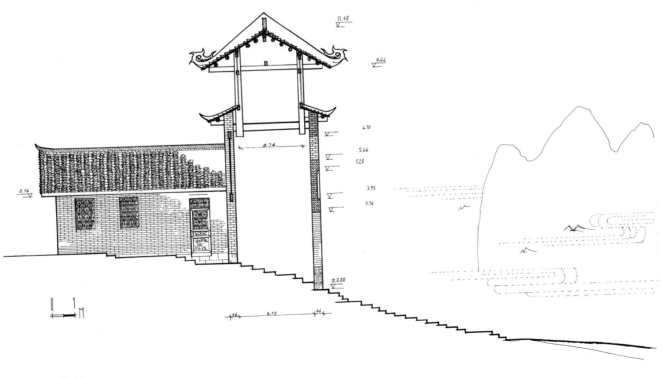

留公村得月楼剖面

留公村俯视

这幅俯视图选择了可以比较完整地看到留公村古民居群落和得月楼的视角，远处的漓江和群山也被纳入画中。画面中，景物的远近虚实处理得恰到好处。

留公村古街

此图选取留公村前临江的第一排古民居作为描绘主体，并以从南向北作为主视面，右侧远景为得月楼。画面主要表现了古民居的立面透视，以写实的手法表现墙面及马头墙，画面左下角为灰批墙面，大面积留白更能凸显古民居的墙面肌理。得月楼虽为远景，但依然得到了认真描摹，因此画面更具神韵。

留公村得月楼

从漓江边登上十余级台阶，方能到达得月楼门前。此图为站在漓江岸边仰视得月楼，从而凸显得月楼的雄姿。除了台阶两侧的土坡，画面重点刻画了得月楼的细节。歇山顶的翘角、临江的美人靠、精美的雕花窗，为得月楼增色不少。

留公村马头墙灰批

此图为留公村村史馆旁一栋古民居的马头墙侧面，其叠涩下方的灰批拐子龙做工十分细腻，墀头上有精致的雕塑，瓦头用灰塑做成如意元宝状。这类灰批浮塑做工之精湛，在桂林当地并不多见。

此图重点刻画了马头墙上的灰批，整体效果详略得当，造型十分精准。

阳朔镇木山村

地理位置

木山村，位于阳朔县城南端的书童山下，属于阳朔县阳朔镇下辖村。村庄北濒漓江，四周群峰环列，交通不便，林木葱郁，极少有人知晓。

历史沿革

木山村的祖先于明代从山东东昌府恩县朱氏巷迁至此定居，至今已有500多年。

规划布局

从现有的村落布局来看，木山村以水塘为中心，民居的布局从四个方向朝向水塘，凡正对水塘的民居，其院门一律侧开，离水塘稍远的民居，其院门反而朝向水塘，这大概是缘于风水学说。

从规划的选址来看，以水塘为中心，四面各有一个长约200米、宽约300米的土丘。西侧的土丘最高，土丘之后有高大的石山作屏，形成了极佳的风水景观。其他三个方向：北丘之后为漓江，南丘、东丘之后均有田畴阡陌、远山环列。除了大水塘，村中还有七个小塘，村民因此把这个村的风水环境称为"七星伴月"。而从该村实测的平面来看，古民居从四个方向朝向大水塘，有"明堂聚水""四水归一"的堪舆术理论，而建筑的总体布局，更像道家推崇的八卦图。除了环水塘布置民居以外，在南丘、西丘还有第三、第四组的古民居朝向一座水塔。

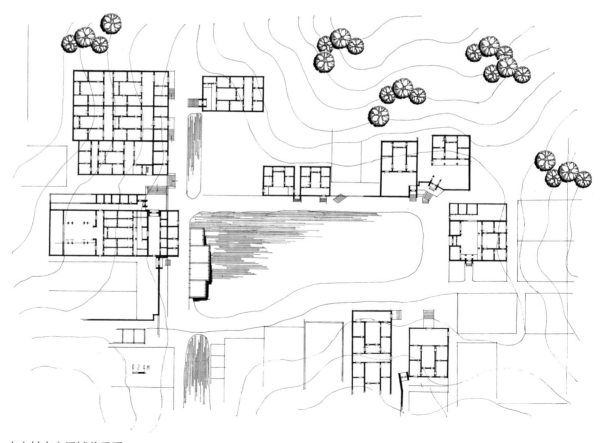

木山村中心区域总平面

木山村古民居 16—17 号南立面

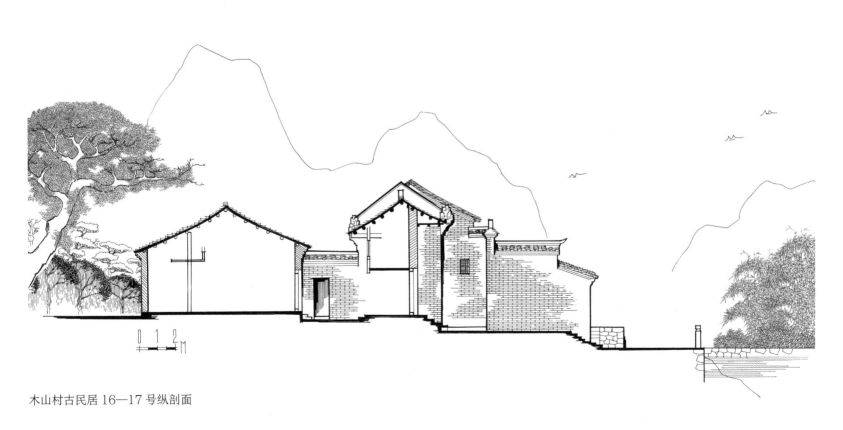

木山村古民居 16—17 号纵剖面

建筑特色

村中保留了大量的明清古民居，从考古学的角度分析，位于西丘正对水塘的一组古民居和位于北丘正对水塘的古民居都是建于水塘边上的二级台地，需要登上十四级台阶才能到达院门口，从封建等级制度来看，九级为帝王，七级为宰辅，这里的十四级台阶分为两段，各为七级，在封建社会虽有僭越之嫌，但于深山之中，估计也不会有官府深究。建筑体量低矮，开间布局窄小，砖的尺寸也偏小，仅为 25 厘米 ×4.5 厘米 ×8 厘米，且砖的呈色不一致，普遍出现了曲翘等现象。山墙全系硬山封火墙，翘脊的装饰极为简朴，加上门窗的装饰以隔扇窗为主，仅有极少的纹饰，因此，这类古民居当系明代中晚期的建筑。东丘、南丘，以及北丘第二排的古民居多数位于水塘边的一级台地，其建筑体量相对要高大得多，砖的尺寸约为 27 厘米 ×7 厘米 ×12 厘米，开间布局亦宽敞且砖的呈色一致，无曲翘等现象，有些砖的色度已接近灰白，应当属于清代晚期的青砖，马头墙出现了很多精美的雕饰，门窗的雕饰也较为复杂。

据采访当地村民得知，明清之际，木山村因濒临漓江、交通便利而富甲一方，外出做官的人也很多，挂在厅堂门额上的匾数量不少。后来由于战乱和时代的变迁，大量的古民居或因糟朽而倒塌，或因村民富裕而被改建为钢筋水泥楼，木山村的原有风貌受到了破坏。

保护价值

在如今的木山村中，保存完好的明清古宅共有 20 余座。它们向我们展示了一段鲜为人知的沧桑往事。鉴于目前该村古民居保存完好、群落较大，应加强对该村的保护。

木山村古民居 145 号侧立面

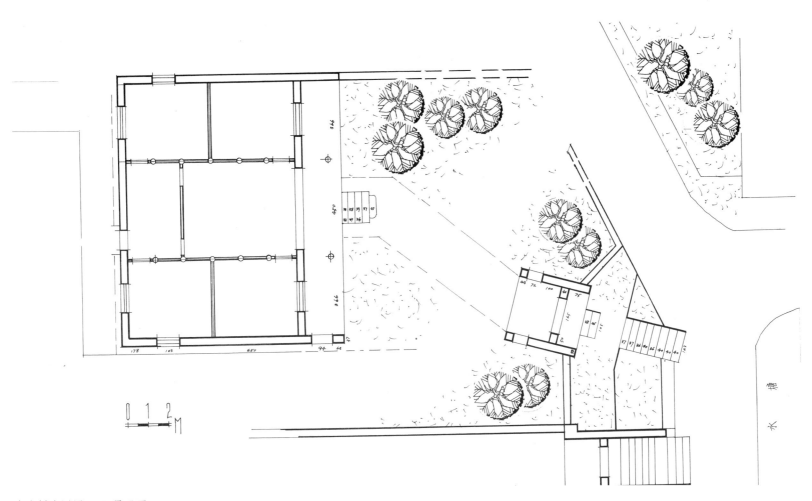

木山村古民居 145 号平面

木山村古民居 25—26 号门楼

木山村古民居 25—26 号位于木山村西北角的一处二级台地之上，高大
的台阶把这组古民居推向了画面的上方，仰视角度彰显出古民居的非凡
气势。台阶条石的勾勒、砖墙的肌理表现、灰批上日久年深的水渍痕，
精准、细腻的刻画让人观此画有入古村之感。

木山村古民居 26 号内院

此图为木山村古民居 26 号前院首
进中的门廊，精美的雕花门扇和
梁柱的穿斗结构刻画得细致入微。
通过透视，可以看到跨院和客厅
的局部细节。

木山村古民居 145 号门楼

这是一处造型别出心裁的门楼。
门楼与两侧围墙形成夹角，台基
因路面关系形成不规则多边形，
由于主体建筑处于坡地上，门楼
台基的提高使门楼产生了一种威
仪感。此图通过仰视角度和线条
的表现真实地还原了建筑本来的
面貌和气质。

木山村古民居 26 号雕花窗

此图系木山村古民居 26 号首进正座前檐廊内的木雕花窗，木格榫用斜角榫穿斗成方格组合，格子的间隙镶一朵梅花，整个雕花窗显得简洁雅致。

葡萄古石城

地理位置

古石城，位于阳朔县葡萄镇小耀门村东至小冲崴村之间的一处群山环抱的山坳中，设东西南北四处城门，除小冲崴村位于古石城内的东北角外，还有几个村落如大冲崴村、小耀门村等都在古石城西南侧的外缘。

历史沿革

古石城，虽历史悠久，但无史料记载，因地处穷乡僻壤，交通不便，至今鲜为人知。这里屯过军，四座城门各设分局，现村民仍保有一枚"南门分局"印章。一般认为，古石城建于清代咸丰四年（1854年），因为桂林文物队曾在城内发现当时的碑文。

规划布局

古石城方圆近10平方千米，有东、西、南、北城门四座。原有小城门24座，现保存小城门18座。原有点将台、中军寨，现仅存遗址。古石城下有四座古庙，现存两座。古石城规模之大、地势之险、建筑之奇，实属罕见，它是目前广西境内保存最为完好的古城之一。因随山势走向而筑，古石城东、南、西、北四门的距离、格局类似桂林靖江王城。

建筑特色

古石城南门建在海拔400多米的山坳上，两边是高耸入云的陡峭山峰，南门在山坳中心，门呈拱状，分内拱、外拱两层，中间顶端有门耳和门闩插孔。外拱高2.75米、宽2.6米，内拱高2.6米、宽2.8米，内外门洞纵深3.4米；城墙高4米，左右向两边山脊长蛇般绵延，城墙为大方料石砌筑，十分平整坚固。城墙立于崖上，地势十分险要。

最雄伟的要数东门，东门乃四门之首。门高3.28米，宽2.92米，门洞纵深4.62米。东门地势更为险峻，古道台阶顺坡而下，高山直插云端，山面悬崖绝壁，猿猴不可上。城墙如龙蛇摆阵，向两边山峰攀援。

北门地势稍稍平坦，是一处开阔的山坳，因此它的城墙比其他城门的城墙要长得多。

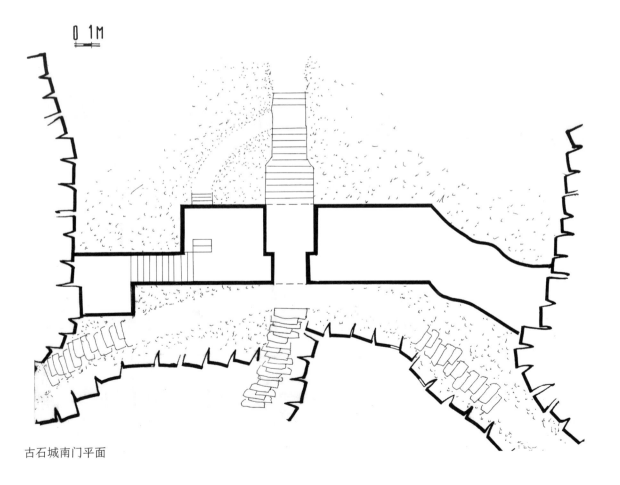

0 1M

古石城南门平面

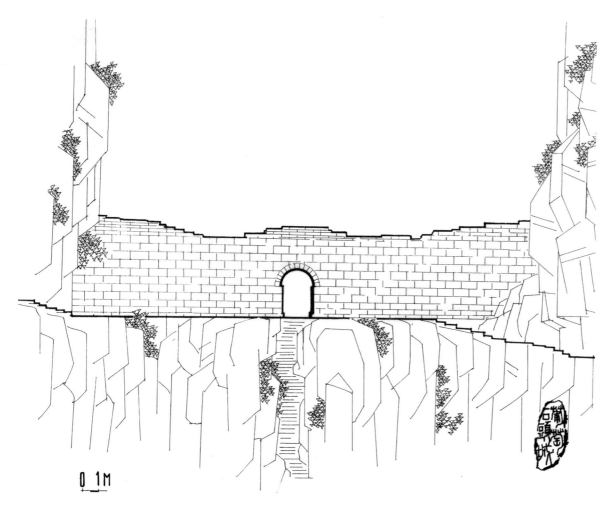

古石城南门立面

西门与东门、北门、南门大致相似，不同之处是西内门不为拱顶而为平顶，呈桥板状。其中，外桥板长 4.3 米、宽 1.06 米、厚 0.34 米，重约 3 吨，是整座古石城最宽大的一块石头。当时没有吊车链环，不知古人是如何将这块巨石托起架到石门上的。

这里抬头望到山，低头看到石，四周无处不是山。古石城建在山上，大城藏小城，连这里的村庄房舍也是石头建筑。石头房屋、石门坎、石头水井、石板路，石头围基、石头垒墙，石头叠石头，不用半点灰浆水泥。

保护价值

古石城位于葡萄镇与漓江西岸之间，地处桂阳公路的黄金旅游带上，城内山势险峻，景致奇特，四大城门保存完好，具有较高的保护价值和旅游开发价值，建议相关部门尽快做好古石城及周边石头寨的保护规划和旅游开发规划。

古石城西门仰视

西门又称小耀门，位于半山腰，从小耀门村方向进入西门，山势极陡。此图选择了进入西门之前的仰视角度，古道两边的岩石簇拥着古道，较好地把视线引向画面中的西门。该构图呈现了古石城"一夫当关，万夫莫敌"之气势。

古石城东门外貌

古石城东门建于半山的两坳之间，门外有一处平地，是村民外出的主要城门。此图选择了从东向西看城门的角度，重点刻画城门，以写实的手法勾勒出料石的砌筑方式，同时对植物环境进行了适当取舍，使城墙更具厚重感。

葡萄石头寨

地理位置

石头寨，主要范围包括阳朔县葡萄镇杨梅岭村委下辖的大冲崴村、小冲崴村、小耀门村及杨梅岭村，因这四个村的建筑都是由石头建造的而得名。它与上文提到的葡萄古石城的位置有一定的交叠关系。

历史沿革

四个古村寨始建于何年，无据可查。但据位于小耀门村登山道旁的重修路碑记得知，清道光二十五年（1845 年），重修过小耀门登山道。另外，在杨梅岭村村头有记载祖孙三代修筑杨梅岭村进村步道故事的石碑，由碑文可知，他们应当是于明末清初来此定居的。

规划布局

这四处古村落散布于峰林地貌之间。其中的杨梅岭村坐北朝南，全村 20 多户人家，被茂林修竹裹得严严实实。村口的深涧有一泉眼，水质甘冽，四季不涸。站在村头，便可听到林间小鸟唧唧，蝉鸣阵阵，亦可闻清泉在石隙中流淌的声音。

从杨梅岭村向西行约 1 千米，可达小耀门村。小耀门村位于古石城西城门山脚下的一处山窝，该村有 30 多座古民居，是这一片区中规模最大的古村落。

从小耀门村前的主路继续向北前行，经过一段登山道，在一处形如布袋的山坳间有一个古村，就是大冲崴村。大冲崴村四周高山耸峙，20 余栋古民居依山而建，是这一片区建筑景观最具特色的古村。

小冲崴村则位于古石城的东北侧，需要从小耀门村穿越古石城方可到达，两村相隔约 2 千米。小冲崴村虽然四周环山，但古民居建于缓坡之上，村前地势开阔平缓，是这四个村中人口住户最少的古村。

建筑特色

四个古村寨都以当地盛产的一种青灰色片状岩石作为基材建造而成，道路也是用大块片状石板铺就的，数百年仍坚固如初。步级则是由厚实的条状片岩叠砌而成的，岩石天然的蜂窝表面，遇雨不滑。最令人称绝的是，村民利用这种岩石碎块，干浆叠砌，高及檐口，没有丝毫的灰缝，把整个墙面砌得非常稳固。还有村民用大块薄板状片岩盖屋顶，使整个建筑富于整体美。据当地村民说，四个村寨自古以来都是用这种方法建造房屋的，住宅、寺庙、家祠、拱桥，甚至牛棚、猪圈，无处不显露出石头建筑艺术的震撼力。房屋的造型多是依山就势，格局多以两进三开间为主，建筑立面随意多变，不加任何雕饰，古朴自然，与周围环境浑然一体。

保护价值

在如今的四个古村落群中，除了小耀门村新建的几幢砖混楼房外，各处的建筑风貌基本保存完好，作为桂林市域范围内唯一的一处用石材建成的古民居群，具有较高的保护和研究价值。

石头寨杨梅岭村鸟瞰

此图以鸟瞰图的形式，采用风俗画手法，把杨梅岭村依山而建的石头寨表现出来，村前的古道是村民日常出行的唯一通道，向左通向葡萄镇，向右通往古石城南门方向。

石头寨小耀门村古民居

这座位于小耀门村前的用石头建成的宅院，造型十分奇巧。手绘较好地表现了毛石墙的建造肌理。通观整个画面，恬静质朴，散发出山村迷人的魅力。

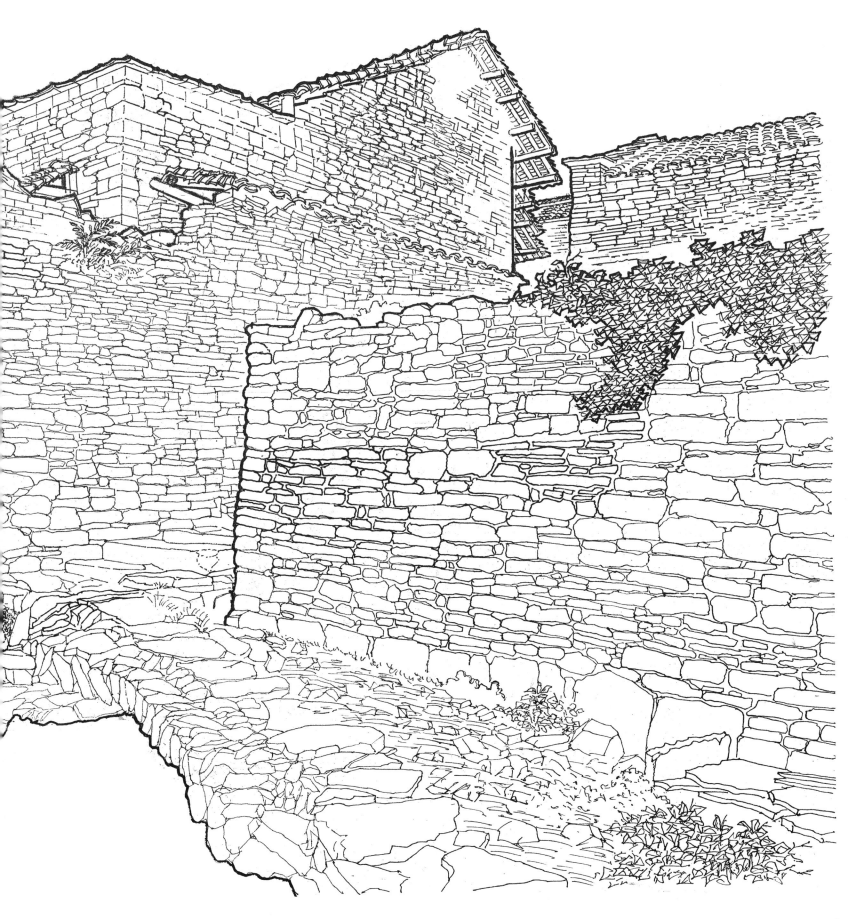

石头寨大冲崴村古巷

民居的墙体、村中的道路，乃至挡土墙都是用毛石砌筑的，视觉上给人古朴之韵味。画面左上方的留白，能更好地凸显石头建筑的砌筑肌理。

石头寨大冲崴村古民居院门

这是石头寨大冲崴村最高处的一处宅院门楼。片石砌筑的院门建于陡崖之上，毛石砌成的围墙与毛料石铺就的路面，彰显出石头的天然肌理。

葡萄周寨村万福桥

地理位置

万福桥，位于阳朔县葡萄镇周寨村，横跨在宽 6 ～ 10 米的周寨河之上。

历史沿革

万福桥始建年代未见史料记载，据该桥的建筑工艺可知，该桥应始建于清代初期，清光绪二十年（1894 年）村民曾集资重修。

规划布局

万福桥四周大部分为高低错落的水田，桥西为周寨村所在地，河西岸古木参天，桥四周群山环列，属于石灰岩峰林地貌。

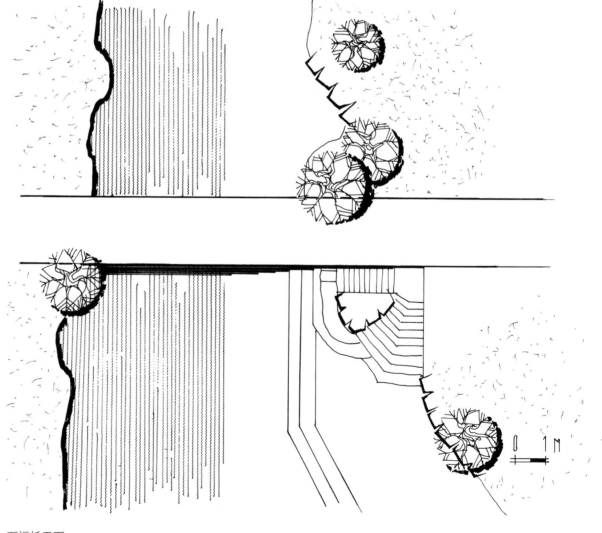

万福桥平面

建筑特色

万福桥为单孔石拱桥，全桥用方料石错缝砌筑而成，桥通长 53 米、通高 6 米、宽 4.3 米，拱跨 11.2 米，拱高 5.25 米，桥面略呈弓背形。原桥两端设有条石台阶，1997 年村民为了便于行车将两端的路面加高。

桥西竖有重修桥记石碑一方，碑面高 110 厘米、宽 73 厘米，碑额楷书阴刻，字径 11.5 厘米，碑文亦为楷书，字径 3 厘米。碑文云"尝闻建桥以渡行人，圣人所重，为人好作……我周寨万福矶……大清光绪二十年庚子仲春月"。桥西北侧立有重修井碑一方，尺寸为 90 厘米 ×57 厘米，落款时间为"道光十二年"。

保护价值

该桥为阳朔县白沙至六塘古道中仅有的几座桥梁之一，桥体跨度大，且位于遇龙河景区附近，有较高的历史价值及旅游景观价值，应加强保护与修缮。

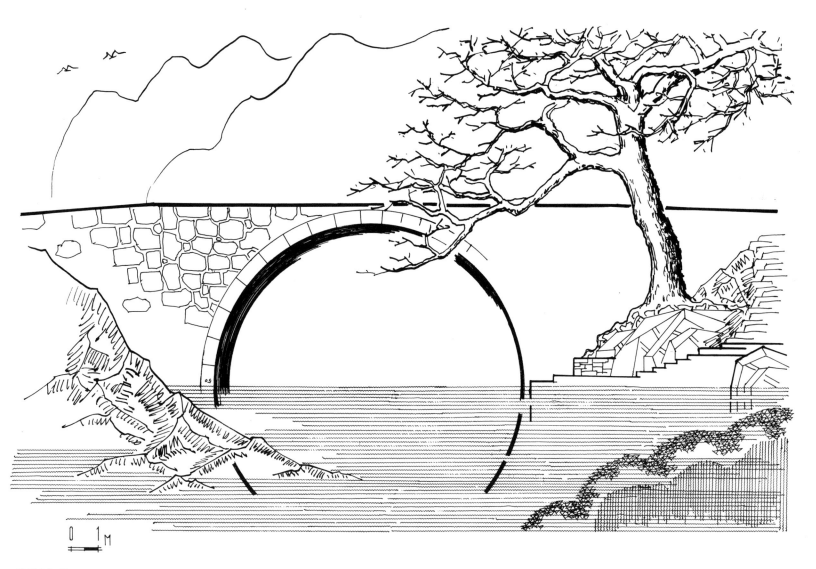

万福桥立面

万福桥外貌

万福桥是遇龙河上游的一座古拱桥，这座硕大的单孔石拱桥位于进村路口，村民日常洗涤均在桥下进行，此图选择了站在桥西北侧的洗涤码头，以微仰的角度看拱桥。两村妇在码头洗涤，桥身上的附生榕树如华盖般罩住了石拱桥，这些细节通过手绘一一表达，使古桥顿时鲜活起来。

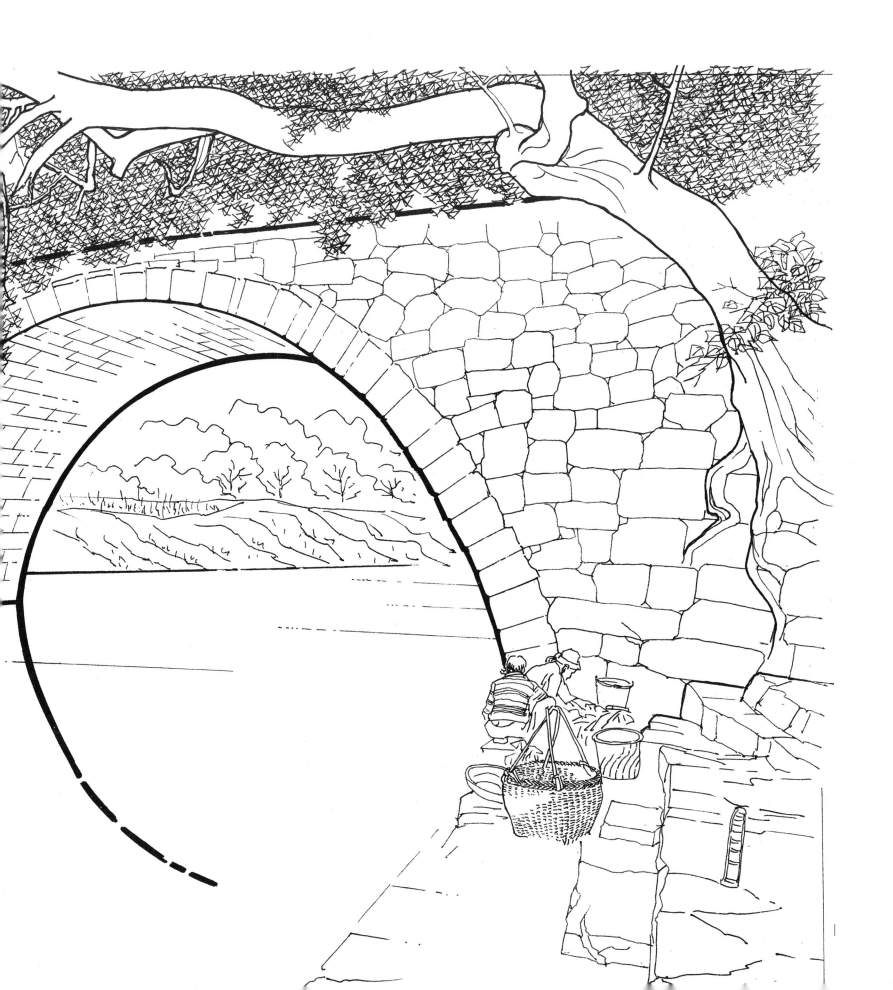

福利东山亭

地理位置

东山亭，位于阳朔县福利镇东郎山东麓的桂梧古道上。此处原为宋代繁盛的"黄道街"遗址，是上通桂林、湖南，下达平乐、梧州的陆路要衢。

历史沿革

东山亭始建于 1926 年。

建筑特色

桂梧古道十里一亭，同一类型的还有古风亭、龙光亭等，均是广西独特的民初大式凉亭建筑。但东山亭的建筑工艺考究、立面造型大气，甲于四乡八里。

东山亭为硬山式抬梁构架、长方形通衢凉亭，清水砖马头墙，南北山墙呈"品"字形牌楼状，双坡小青瓦。建筑为南北走向，长 10 米，宽 6.8 米，通高 7 米。南北两侧相互对开半圆拱形门，一条古代石板官道由北穿亭南去。东西侧墙为青砖叠涩硬檐，檐下开设三个等距离券拱砖窗。亭内墙上镶有《东山亭记》碑刻一件及供行人歇息的石凿条凳，碑刻高 0.75 米、宽 1 米，真书字径 0.025 米，为福利镇清末举人莫永成撰文，福利镇五重岩清末秀才苏焕然书丹。碑刻记载了这里的地貌风物及东山亭的修建经过。亭内另有捐资碑及石茶缸等文物 11 件。凉亭南北门洞均有石刻亭联，南门联为："得时则振辔高驱扬眉阔步；此地有崇山峻岭修竹茂林。"

保护价值

由于东山亭具有较高的历史价值和建筑艺术价值，阳朔县人民政府于 1984 年将其列为县级文物保护单位。

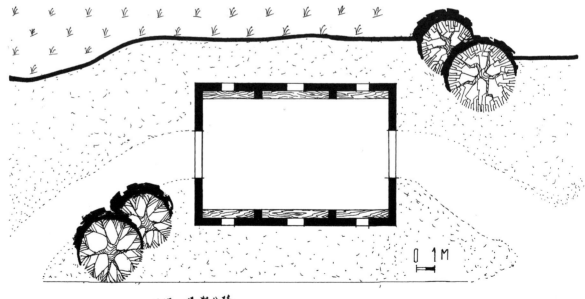

兴坪　阳朔公路

东山亭平面

东山亭正立面

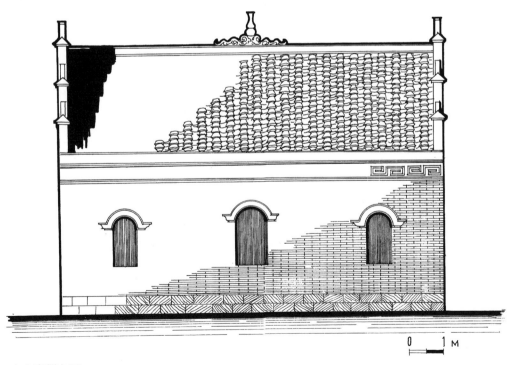

东山亭侧立面

福利镇东山亭外貌

此图将东山亭置于画面中心，以古樟树为衬托背景，重点突出了东山亭的造型。

金宝乡永安风雨桥

地理位置

永安风雨桥，又名金宝大木桥，该桥位于阳朔县金宝乡至高田镇公路东侧。

历史沿革

永安风雨桥始建于清光绪年间，近年曾有维修。

规划布局

永安风雨桥横跨于金宝河上，桥东通往古洞塘村，桥西接金宝乡至高田镇公路。四周群山环列，大木桥与古洞塘村之间为一片田野。

建筑特色

永安风雨桥为全木结构的两墩三跨式抬梁结构，桥两端为方形攒尖顶，桥身上覆小青瓦。河中的两个桥墩由粗大的料石砌筑，迎水面呈梭状。建筑融合了桂林侗族和瑶族地区的造桥工艺，桥廊兼具桂林花桥的廊式风格。永安风雨桥在群山秀水间绽放出隽美的魅力。

保护价值

距今有百余年的永安风雨桥，具有较高的建筑和艺术价值，应加强保护。

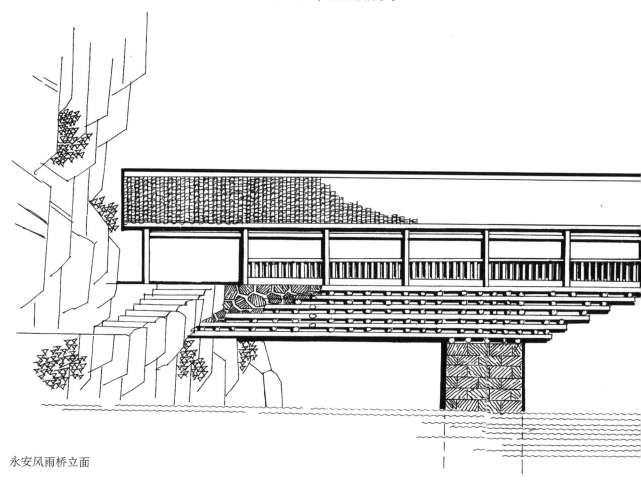

永安风雨桥立面

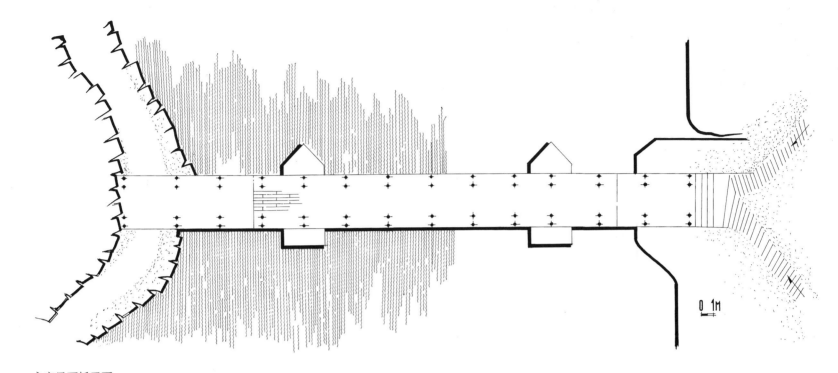

永安风雨桥平面

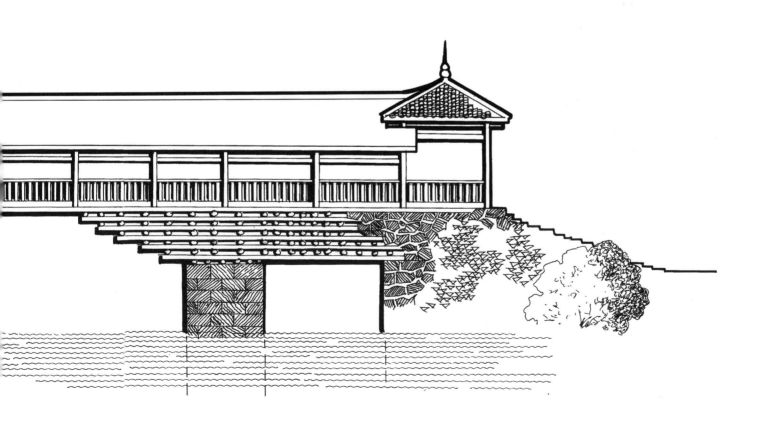

永安风雨桥雄姿

此图撷取站在河边的微仰视角度，几乎全景式地展现了永安风雨桥的雄姿。

画面左侧大片的乔木遮去了部分桥廊，凌空几根枯枝增添了古桥的苍凉意境。平静的水面把人带进了梦里乡愁，唯美的画面令人十分向往。

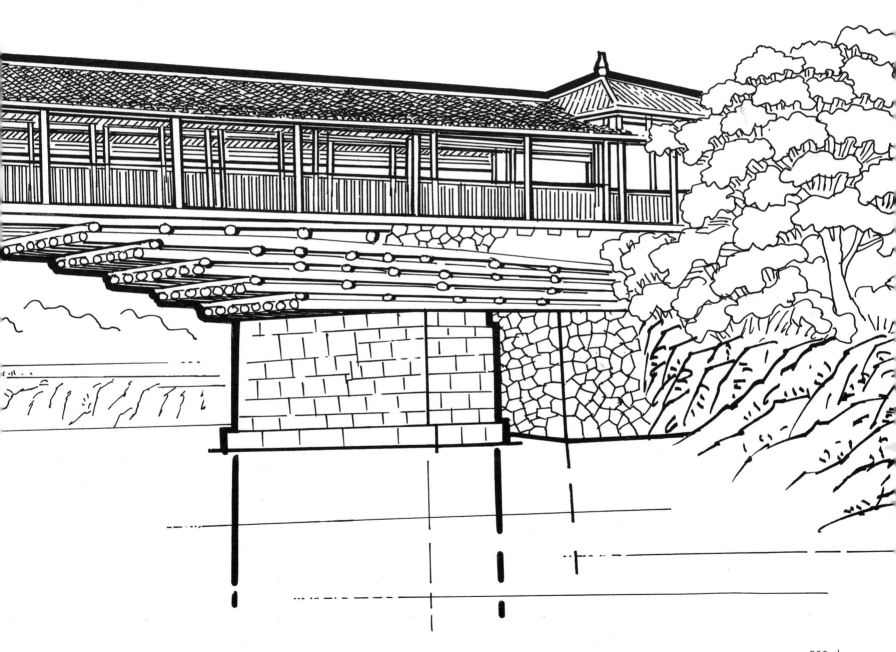

金宝门楼将军桥

地理位置

将军桥，位于阳朔县金宝乡大利村委门楼村。

历史沿革

将军桥始建年代不详，重修于清光绪十一年（1885 年）。

规划布局

该桥横跨于村前一条宽约 12 米的小溪之上，河两岸多为平坦的田园，西北 500 米处为门楼村。这里远处群山环列，东有河背岭，西有将军山、童子山相峙，西南为三姐妹山和马山，属于山岭间坡地地貌。

建筑特色

将军桥为单孔石拱桥，全桥由大块方石错缝砌筑而成，通长 22.1 米、宽 4 米，桥面至水面通高 6.9 米，拱跨 11.2 米，拱高 6.3 米。桥面两侧有仰天石，桥南北设 16 级和 18 级台阶，桥面长 4.2 米，较平，桥身被灌木覆盖。桥东南侧有一眼泉水和一口古井，为方便村民取饮用水及洗涤衣物，特修筑有条石步级及驳岸，南北各有石板路相连，其中南侧古道长 50 米、宽 1.5 米，保存尚好。桥南立有《重建门楼硚碑记》，碑面高 1.27 米、宽 0.79 米。

保护价值

将军桥是上通临桂、桂林，下达阳朔、平乐之古道津梁，有较高的历史价值及研究保护价值，应加强对该桥及周边环境景观的保护。

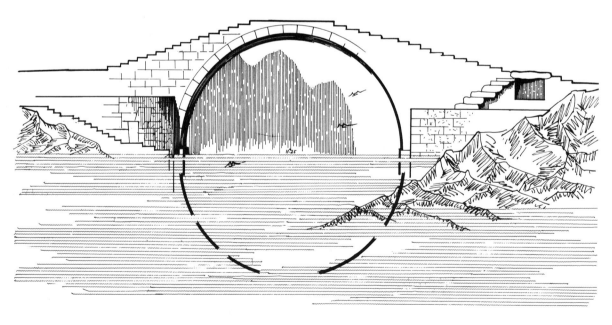

将军桥立面

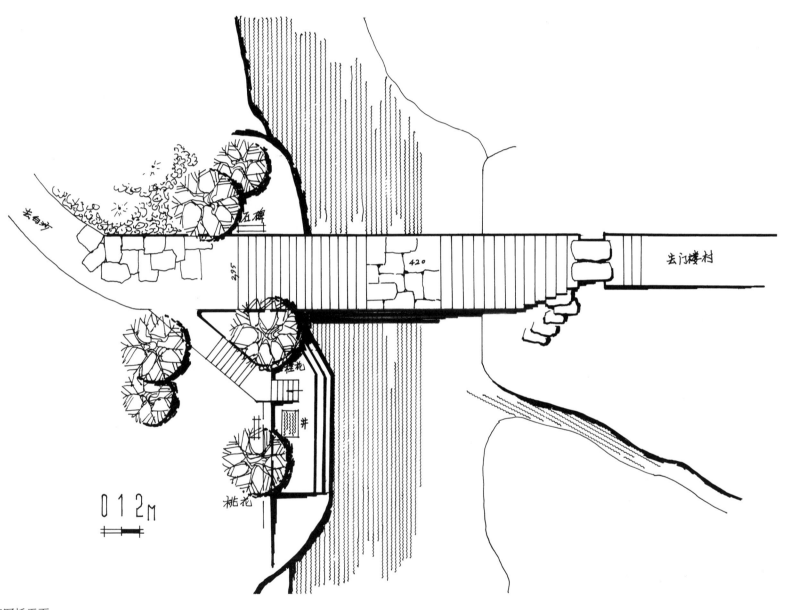

去白汀

去门楼村

五碑

桂花

井

桃花

0 1 2 m

将军桥平面

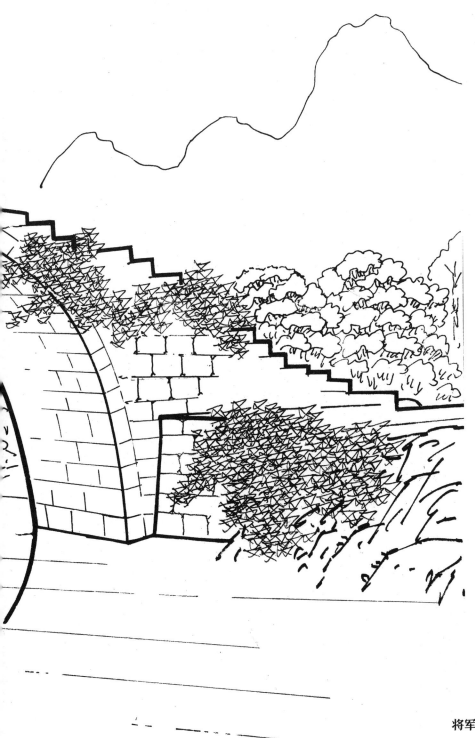

将军桥外貌

此图以将军桥的一侧为主视点，前景为一大片水面，左侧桥台下有一处平坎水井。画面重点刻画桥身，构图稍作仰视以显古桥的气势。桥拱的倒影与水波纹的配合使画面更唯美。寥寥几笔勾勒出的远山把周边的环境特色准确地表达了出来。

第四章

Ancient Architecture
in Quanzhou

全州古建筑

全州妙明塔

全国重点文物保护单位

地理位置

妙明塔，位于全州县城南的湘山寺内，是桂林年代较久、保存较完好的一座佛塔。

历史沿革

据清康熙四十七年（1708年）湘源逸士张澹烟重修湘山寺时编撰的《湘山志》卷一记载：唐至德元年（756年）丙申夏四月，湖南郴州周氏法号为宗慧的出家人释全真云游至湘源县（唐时全州古地名）时，见县城西北隅的湘山山峰奇秀，林木森森，是礼佛宣讲大乘教义的绝佳场所，便在湘山南麓创建了净土院，这是湘山寺建寺之始。从乾隆时期《全州志》绘录的全州城图上可以看到，寺庙已更名为湘山寺，但具体更名时间不详。自此，湘山寺的名字沿用至今。该寺自创建以来，经历代迭改，寺庙内的建筑也在屡毁屡建的过程中不断地扩建，到宋代时，建制规模宏大，香火旺盛，寺庙内的建筑也在屡毁屡建的过程中不断地扩建，到宋到如今，寺内遗存有妙明塔、摩崖石刻多幅及洗钵岩泉、石雕等。

妙明塔初建于唐咸通二年（861年），由刘瞻主持建造。咸通八年（867年）全真法师圆寂后，其遗骸被保存于塔内，佛座下皆用铜锭铺地。北宋元丰四年（1081年）辛酉夏，邑人开始捐资重建该塔，并于元祐七年（1092年）竣工。南宋绍兴五年（1135年）宋高宗赐名"妙明塔"，明万历、清康熙年间曾两次维修。日本侵略军撤离全州时火烧湘山寺后，此塔只余塔身，围廊尽毁，1994年经广西壮族自治区文物队维修后，恢复了围廊。

规划布局

妙明塔位于全州县城西北隅的湘山东麓，是全州湘山寺的配套建筑之一。湘山寺总占地面积约2万余平方米。从《湘山志》寺庙图载上看，寺内佛殿林立，主轴线自真空阁始一路逶迤而上至湘山脚下，有龙凤门、大雄殿、伽蓝殿、布金楼、妙明塔，两侧佛舍精美，散置于树林中、山峰下。妙明塔建于整个寺院的最后面，由于寺院的地形东西高，所以妙明塔建于整个寺院的最高处。

建筑特色

妙明塔于唐代始建时为五层塔，宋元丰年间改建为七层八角攒尖顶砖木结构阁楼式塔，塔身通高26.6米，底径6.8米，塔内有石阶螺旋而上，塔外四周有木围廊，便于游人登高远眺。塔顶呈葫芦状塔刹，每层八个檐角悬有风铃，风雨来临时铜铃摇晃，全城尽闻。

保护价值

全州妙明塔历经一千多年，仍然留存，在历史、佛教及建筑文物文化上都具有非凡的意义。1994年，广西壮族自治区人民政府将其列为自治区级文物保护单位。2013年，中华人民共和国国务院将其列为全国重点文物保护单位。

妙明塔仰视

妙明塔位于湘山脚下的陡崖之上。
画面中，妙明塔以仰视角度呈现，
塔右侧有古树掩映，塔左侧有丛
林映衬，正中的妙明塔如一柱擎
天，具有极强的视觉冲击力。

地理位置

沛田村，位于全州县石塘镇东北部，距石塘镇政府所在地约5千米。

历史沿革

该村始祖唐志政于明朝景泰年间从现全州县永岁镇迁徙于此，至今已有500多年的历史。

规划布局

沛田村至今还保存着100多座古民居。这些古民居中最早的建于明代，最晚的建于民国初期。其中，明代兴建的房屋墙体厚度达60厘米，这种超厚型的墙壁在南方的现代民居建筑中极为罕见。

建筑特色

沛田村的古民居用金碧辉煌、雕梁画栋来描写毫不为过，其中最有代表性的古民居首推桐荫山庄。桐荫山庄系民国时期全县（全州）县长兼桂全公路局局长唐杰英之宅邸。该山庄于1925年动工兴建，1927年竣工，历时三年建成。该山庄位于沛田村南面，是村中最豪华、最气派、规模最宏大的建筑群。山庄为清水砖马头墙，每块青砖均经打磨，光滑平整。建筑面积约2 000平方米。山庄设练武厅、文书厅、官厅、会客厅、倒座花厅、住宿厅、绣花楼共七厅（楼），各厅之间有曲廊相连。山庄内各厅地板均由青砖铺就，天井地面用刻有图案的大块方料青砖铺成，室内全系木质结构，梁柱下有雕刻精美的石柱础。屋檐下雕龙刻凤，楼阁围栏镶有各式木雕花板。其中，住宿厅尤显气派。山庄前后有六扇大门，为防匪患，每扇大门上方及两侧均设有瞭望窗和枪眼。

此外，沛田村还有四座祠堂，它们分别是建于明代初年的大祠堂和建于明代中叶的人本岭祠堂、鸣岐公祠堂、顶台公祠堂。这些祠堂过去都曾挂有牌匾。每座祠堂均系清水砖马头墙穿斗式木结构，祠堂的屋檐和出挑上都有精美木刻浮雕，或花草鱼虫，或飞禽走兽，或动感人物，形象栩栩如生。而明代初年的大祠堂以梁柱粗硕、墙体厚实为特点，为古建筑研究提供了实物例证。

保护价值

鉴于沛田村古民居群落规模庞大，建筑工艺精湛，保存完好，应加强对该古民居群落的保护，做好相应的开发利用规划。2019年，石塘沛田村被列入第五批中国传统村落名录。

沛田村桐荫山庄立面

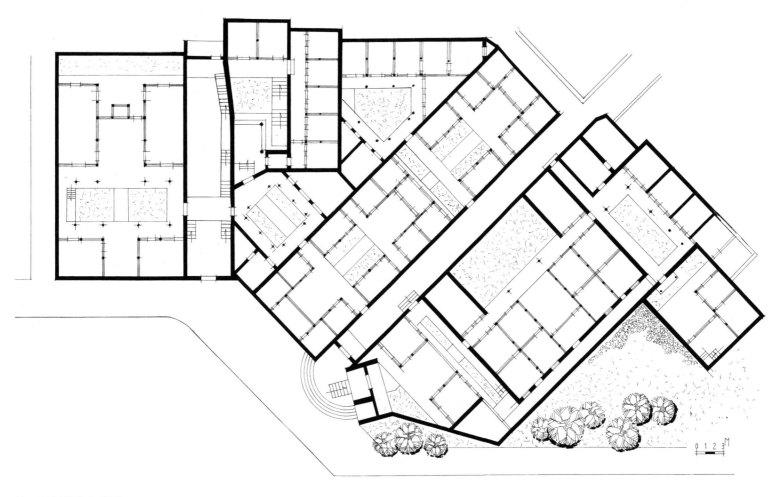

沛田村桐荫山庄平面

沛田村古民居俯视

此图选择了以桐荫山庄为核心描绘沛田村，画面中心的歇山顶是绣花楼。本图通过俯视的表现手法，把沛田村最精美的建筑群落中屋顶的组合形式呈现给读者。在细致刻画古民居的同时，对古民居远处的环境景观亦有上佳的细节交代。

沛田村桐荫山庄外景

桐荫山庄位于画面左侧，画面正中为桐荫山庄主人的清代祖宅，左侧的门楼为进出沛田村的村寨门楼。画面中的青砖瓦房如玉笋排空般的马头墙彰显出当年主人的富足与逸雅。

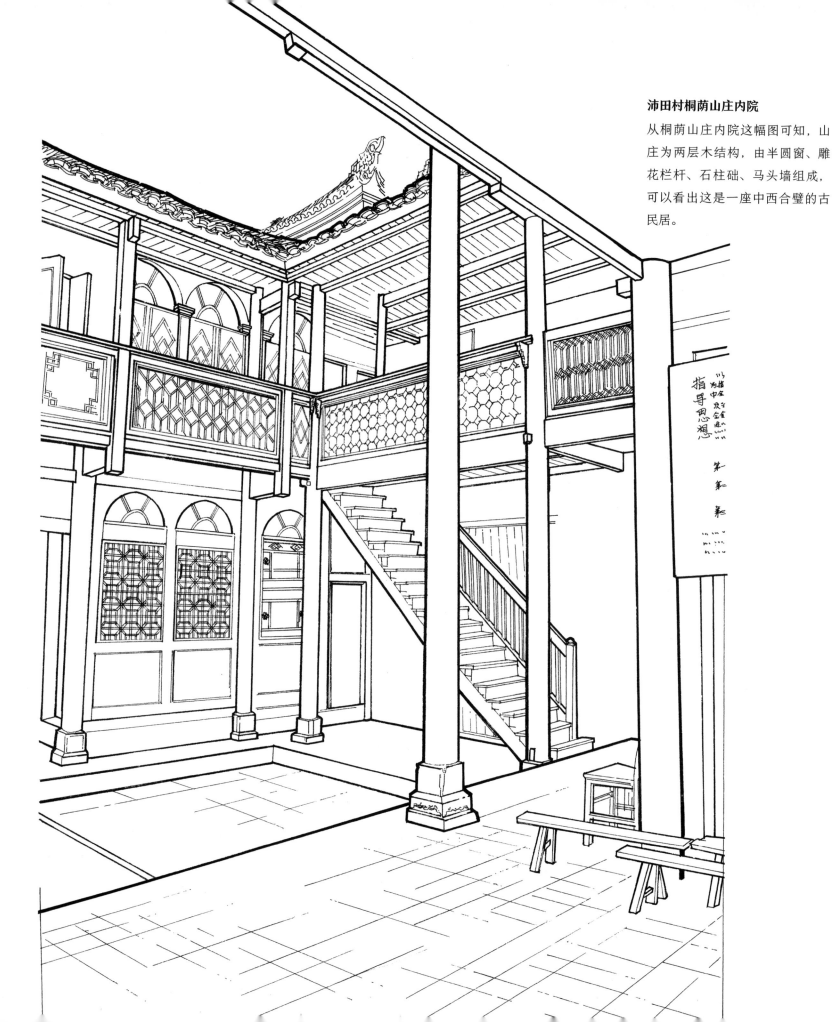

沛田村桐荫山庄内院

从桐荫山庄内院这幅图可知，山庄为两层木结构，由半圆窗、雕花栏杆、石柱础、马头墙组成，可以看出这是一座中西合璧的古民居。

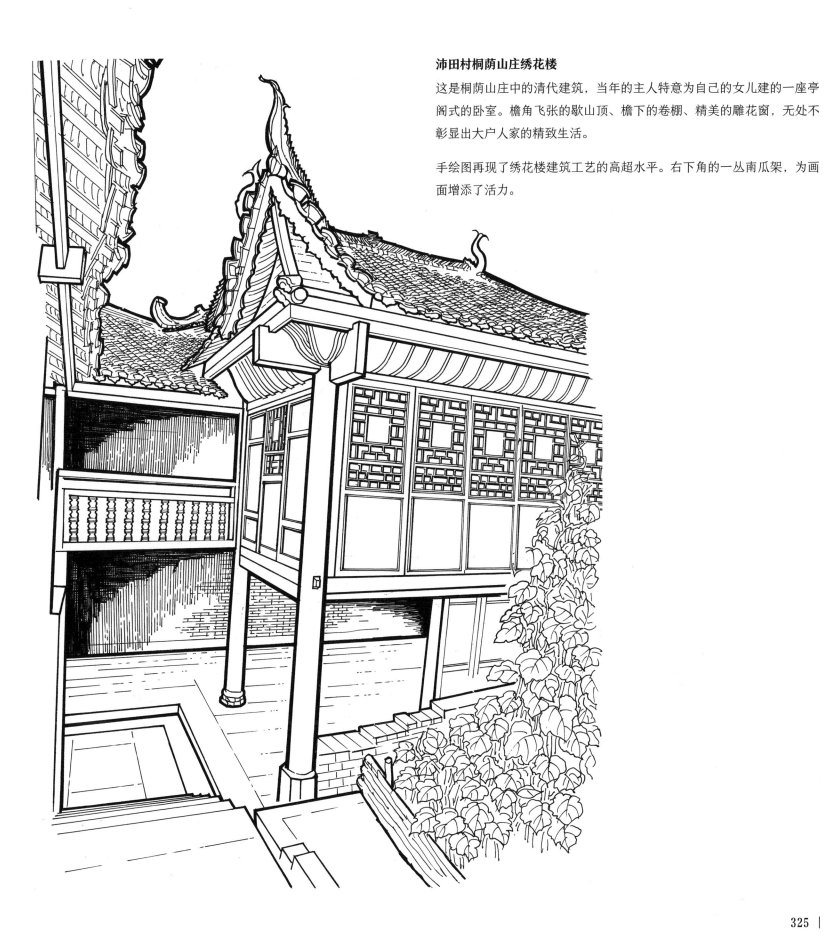

沛田村桐荫山庄绣花楼

这是桐荫山庄中的清代建筑，当年的主人特意为自己的女儿建的一座亭阁式的卧室。檐角飞张的歇山顶、檐下的卷棚、精美的雕花窗，无处不彰显出大户人家的精致生活。

手绘图再现了绣花楼建筑工艺的高超水平。右下角的一丛南瓜架，为画面增添了活力。

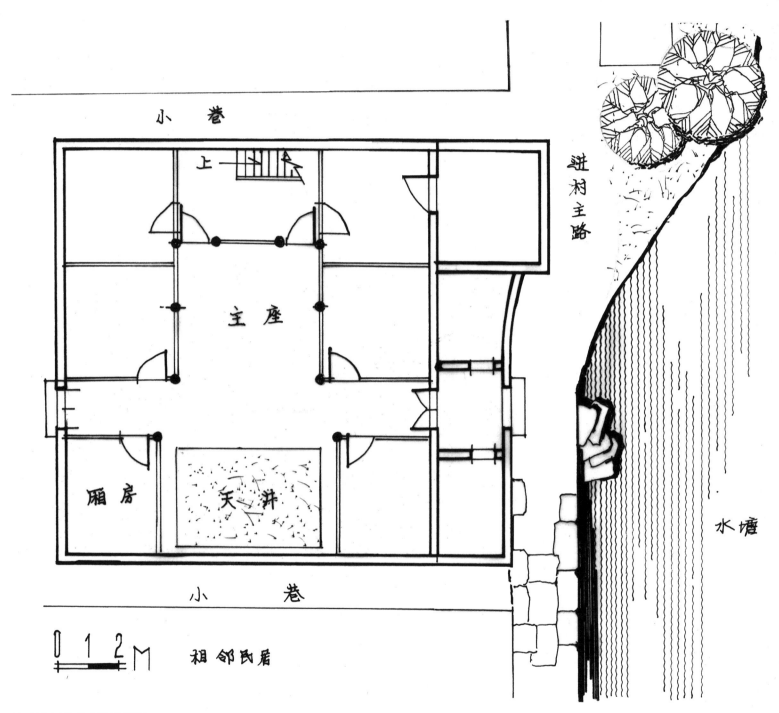

小 巷

上

主 座

进村主路

厢 房

天 井

水塘

小 巷

0 1 2 M

相邻民居

沛田村 118 号古民居平面

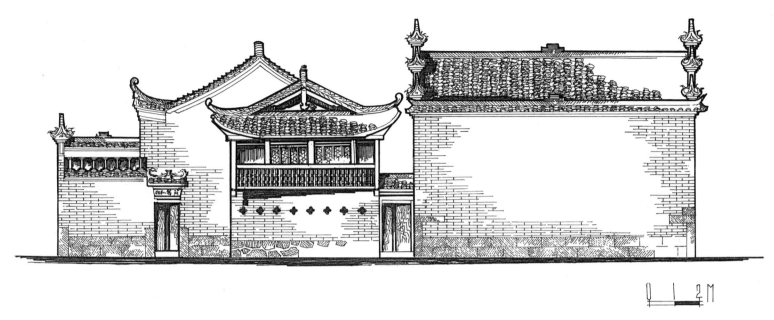

沛田村 118 号古民居侧立面

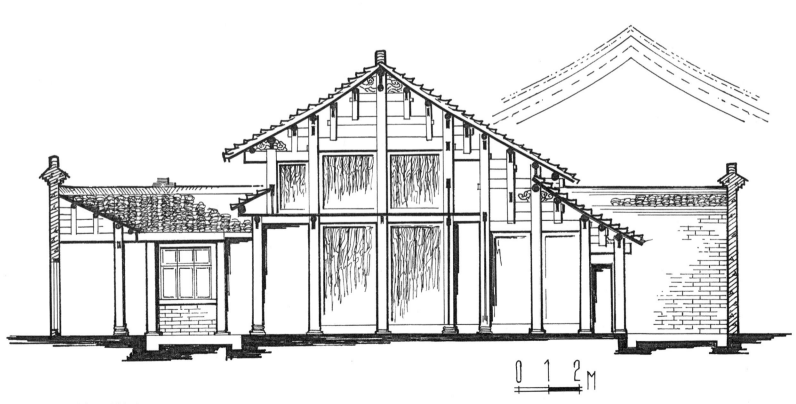

沛田村 118 号古民居剖面

沛田村 118 号古民居

沛田村 118 号古民居位于村前，主体建筑为一座三开间的合院式建筑，采用磨砖对缝的清水墙和硬山式的封火墙。后山墙外拓一个房间，房间上层出挑成木结构的吊脚楼，屋顶做成悬山式屋顶，使桂北民居陡增了几分苏皖建筑的柔美。整个建筑组群外立面高低错落，具有十分强烈的节奏感。

此图以沛田村 118 号古民居为核心，通过细致入微的描摹，展现了极富变化的悬挑屋面结构。主景中的青砖瓦屋与近景中的泥砖茅屋形成了鲜明的对比。大片的水面留白，更凸显出这组民居丰富的立面造型。

东山上塘村

地理位置

上塘村，地处全州县东山瑶族乡东北部。

历史沿革

上塘村归属东山瑶族乡，是广西最早的民族乡之一。元末明初，上塘村先祖从江西迁徙来到东山上塘村一带，从此落地生根，历经 600 余年。如今村中居住着奉、盘、唐姓瑶族人 300 余户，共计 1 000 多人。

规划布局

上塘村古民居环村中一个巨大的水塘而筑，村落沿土丘逐级上升，具有良好的排水功能。村巷基本以水塘为中心，竖向村巷如车辐，横向村巷随形就势。人入村中如入迷宫。

建筑特色

村中的古民居为桂北典型的清水砖硬山式封火墙建筑，青砖灰瓦，戗脊高翘，建筑尺度较恭城朗山村、阳朔旧县村的古民居稍显低矮，呈现出浓浓的古韵。单体组合多为一进三开间带前院或两进三开间带天井的组合。唯有临水而筑的塾馆，为两进三开间另加两层楼的两座偏厦，建筑体量庞大，是村中最令人瞩目的一组民居。从建筑风格来看，塾馆的圆拱窗、庑殿顶具有典型的民国特征。

最令人称奇的是，上塘村四周丘陵连绵，村中的建筑墙体、村巷的道路步级乃至居家生活的水柜均以料石打造，古民居的墙体基脚距地表 1 米以内均为长条形方料石，小的料石有五六百斤，大的有近 1 吨重。在重力运输不发达的时代，大量的料石开采、运输都是极为困难的事情，可见上塘村古人非凡的聪明才智。道路、台阶的铺装也全系粗厚的毛料石板，在历经数百年的踩踏之后，显出了浓浓的古韵。而居家生活的水柜，多为五块石板拼合而成。最精致的莫过于一件清光绪二十四年（1898 年）的水柜，不仅柜体保存完好，其中的一面还雕有精美绝伦的荷花双鹭图案，具有非常高的艺术价值。

保护价值

村中的古民居、古巷道保存完好，建筑工艺精湛，具有较高的历史价值和旅游开发价值，应尽快做出保护发展规划，造福桑梓。

上塘村水井边古民居

视线越过在水边洗东西的三五村妇，可见上塘古村中的古民居。水井虽为近景，却不是刻画重点，对古民居进行刻画才是此图的关键。

上塘村水塘东岸古民居

上塘村古民居主要绕水塘的南岸
和东岸而建，这组位于东岸的古
民居与上塘南岸古民居形成一个 L
形布局。画面中心的古民居得到
了细致刻画，水塘边的小茅草和
散乱的毛石也被描摹得入木三分。

上塘村水塘南岸古民居

上塘村是一个如诗如画般的古村落。在这张手绘图中，大面积的水面把古民居推向了画面的上方，高大的古银杏树诉说着村庄悠久的历史。

永岁燕窝楼

全国重点文物保护单位

地理位置

永岁燕窝楼，位于全州县城正北方向的永岁镇石岗村，距全州县城 16 千米，位于桂林市区至黄沙瑶族乡公路东侧。

历史沿革

石岗村在明清时期曾先后有 72 个人在外做官，曾兴建祠堂 18 座，其中保存最完整且建筑工艺最精美的是燕窝楼。现有的燕窝楼牌楼由明代工部右侍郎蒋淦主持设计，于明弘治八年（1495 年）开始筹建。据说，为了确保祠堂的华丽与牢固，蒋淦差人到越南采购上等楠木作为柱子和枋料，并寻访数位心灵手巧的高手，经过精雕细镂，造出了这座精美的燕窝楼。为了使牌楼永久生辉，他令工匠将所有的木构件用桐油浸泡半个月以上，就连四根大立柱也用上等麻布包裹，浸足桐油，髹以国漆。金漆彩绘木柱青瓦，整个牌楼精美大方又不失稳重。

规划布局

燕窝楼位于石岗村西侧村前，总建筑面积 446 平方米，是蒋氏宗祠门前的木牌楼。

建筑特色

燕窝楼又称燕子门牌楼，因牌楼檐下 324 根用雕花如意斗枋层层出挑，以榫卯穿斗而成，形如"燕窝"而得名。牌楼通高 12 米，面宽 8 米，整个建筑为全木结构，采用明代独特的飞檐单翘榫卯结构，呈"一"字形四柱三开间三层楼式庑殿顶，脊饰宝瓶、鳌鱼吻、雄狮相对并覆以素烧筒瓦，翘角饰飞禽走兽。整个建筑凭四根直径 0.44 米的大楠木柱支撑，柱高 5.6 米，柱础为料石雕成的方座圆面。斗枋精雕细刻，环环相扣，状如莲花，正中的坊心为楷书"科甲传芳"镂雕匾，匾四周的上下梁枋分别镂雕"双狮戏球"和"双龙戏珠"图案。龙狮雕得活灵活现，牡丹刻得栩栩如生。门外的石狮，半蹲半立，憨态可掬，十分惹人喜爱。

穿过牌楼，抬头可见大门两侧的门框上悬有明代万历年间内阁大学士叶向高题写的木刻楹联一对，联曰："累朝荣荫家声远；历代科名世泽长。"

保护价值

作为广西最古老的木质牌楼，数百年来，燕窝楼以仙阁琼楼之美誉受到越来越多专家、学者的关注。

鉴于燕窝楼具有较高的历史价值和艺术价值，1994 年，广西壮族自治区文化厅（现广西壮族自治区文化和旅游厅）对该楼实施了落架维修，同年燕窝楼被广西壮族自治区人民政府列为自治区级文物保护单位，2006 年 6 月经中华人民共和国国务院批准被列为全国重点文物保护单位。

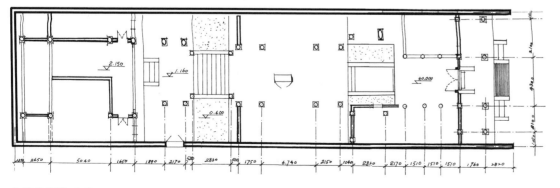

永岁燕窝楼平面

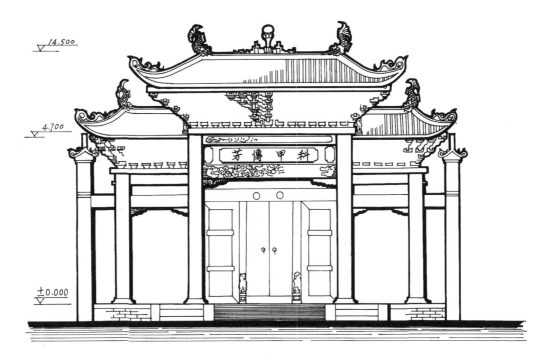

永岁燕窝楼立面

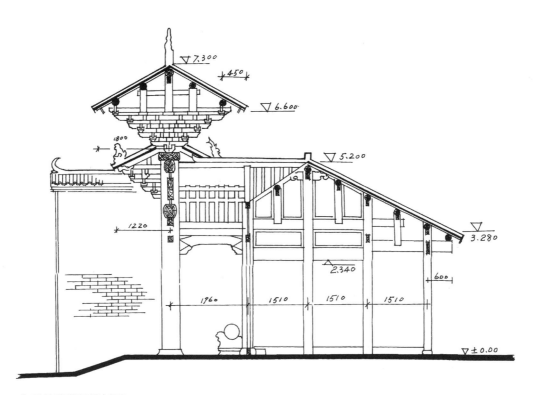

永岁燕窝楼门楼剖面

永岁燕窝楼外貌

此图以站在燕窝楼大门外东南角作为视点，这样可以通观整个燕窝楼的造型和规模。

永岁燕窝楼斗拱近景

燕窝楼的斗拱很特别，为了让大家近距离了解其斗拱造型，故绘制此图。密如蜂巢的斗拱画起来非常费眼力，加上雕饰彩绘的表现，这幅图足足画了三天。

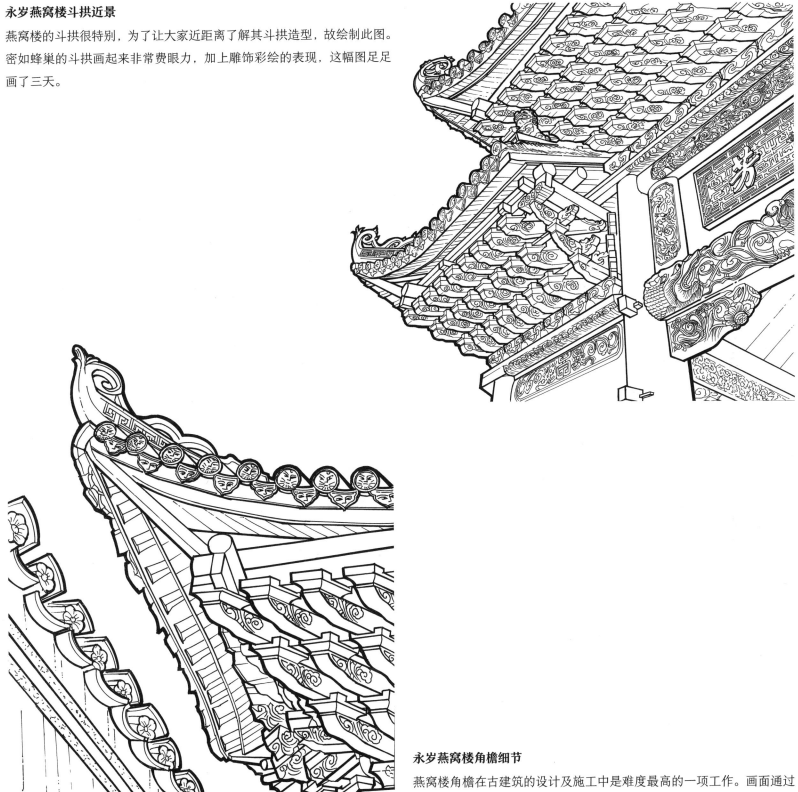

永岁燕窝楼角檐细节

燕窝楼角檐在古建筑的设计及施工中是难度最高的一项工作。画面通过角斗、垫梁，以及戗梁翘角的表现，完美地展现了古建筑中的檐角处理技巧。看似简单的檐角，因细节繁复，画起来很是费时费力。

地理位置

枧塘砖塔，位于全州县枧塘镇枧头村委小学院内。

历史沿革

据碑刻记载，该塔始建于清代嘉庆九年（1804 年）。

规划布局

枧塘砖塔为砖筑密檐式七级六边形风水塔，塔底层面宽 2.45 米，通高 18.5 米。每层檐口叠涩三至四层出檐，用石板做成坡顶状出戟翘角，塔由底层开始向上逐级内收。筑塔的青砖因烧制技术不到位，呈红褐色，砖的规格为 30 厘米 ×16 厘米 ×9 厘米。塔的每层每面均开一拱形龛，塔顶为青砖硬檐叠涩，六面坡攒尖顶出戟翘角，顶中置葫芦形宝顶。

保护价值

近百年来，因地基下沉，该塔向南倾斜了 4～5 度，但基本保存完好。砖塔于 1989 年被全州县人民政府列为县级文物保护单位。

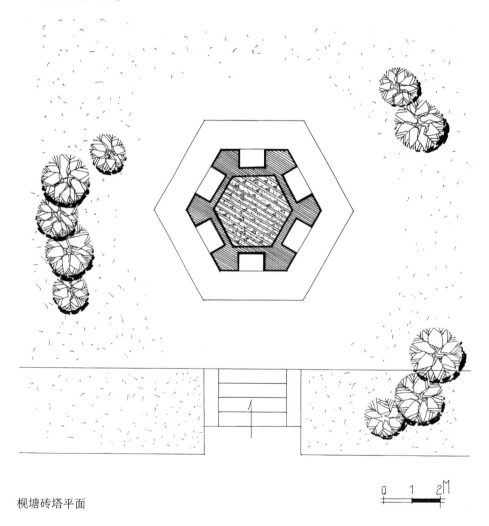

枧塘砖塔平面

0 1 2M

枫塘砖塔立面

枧塘砖塔外貌

该塔为七级密檐砖塔，周边古树
稠密。此图选择距离砖塔较近的
位置做视点，使画面呈仰视角度。
将塔置于画面正中，前后有古树
作衬景，塔身和近景古树写实，
背景古树虚化，这样会使画面层
次更丰富，古塔的立体感更强。

龙水蒋氏庄园

地理位置

蒋氏庄园，位于全州县龙水镇，是一处建筑规模庞大的古民居群，它就是清朝年间名噪一时的蒋启扬的故里。

历史沿革

蒋氏一门从元朝初年自全州永岁镇石冈迁零田，再迁南里，递迁龙水镇至今。以蒋尚翊这一支为例，至秀、振、励、启、琦、英字辈，共有十一位举人，其中以蒋启扬、蒋琦龄父子的官位最高，分别是河道总督和顺天府尹，这顺天府尹的官职相当于北京地区最高行政长官。蒋氏庄园是蒋琦龄于 1861 年乞养回籍后所建。

规划布局

蒋氏庄园位于龙水镇，全州县城至大西江镇公路南侧，地势东高西低，祖居建于坡底的万乡河东岸，随着庄园的逐年东扩，清末至民国时期庄园扩至镇东南的丘陵之上，庄园内的船舫式绣楼即为此时的建筑。

建筑特色

蒋琦龄回到龙水后，先在祖屋东侧兴楼堂馆舍百余间，其中包括大门、二门、三门，上正屋、下正屋、家眷宅、书楼、西花厅以及绣楼、厨房等，总面积有 2 800 多平方米，后来又在新落成的豪宅东侧增筑了一组 3 000 多平方米的建筑，包括仓房、下人房、杂物房、禽畜房等。此时，加上祖屋，蒋氏庄园总共有近万平方米的面积，占了龙水镇的一半。蒋氏庄园，论面积，在桂北地区实属罕见；论气势，高墙深院，壁垒森严；论工艺，精雕细刻朱漆彩绘，真是名副其实的"大观园"。

现在，所有建筑几乎拆毁殆尽，仅剩绣楼及极少的水面。从保存至今的祖屋来看，其建筑风格为清水砖硬山封火墙，磨砖对缝的工艺十分考究，而绣楼的歇山式屋顶则更具苏杭私家园林的韵味。

保护价值

应加强对现有建筑遗存的保护，结合北侧大西江镇的炎井温泉做好相应的保护发展规划。

蒋氏庄园平面

龙水蒋氏庄园绣楼

绣楼是蒋氏庄园现存的唯一一处古建筑。绣楼前原有水池，如今已成平地。此图选择了绣楼的正面，通过透视角度，把绣楼的梁架结构和门窗雕花完美呈现出来。图中的树木经过取舍，使绣楼的细节表达更完美。

龙水虹饮桥

地理位置

虹饮桥，位于全州县龙水镇龙水村东南侧，距龙水镇约 3 千米，是桂北现存的一座较为罕见的风雨桥。

历史沿革

这座古桥由村民捐资兴建于清代乾隆年间，前些年毁于洪水，后重建。

规划布局

虹饮桥横跨于万乡河之上，桥西一条村道与全州县至大西江镇公路相连，桥东的一条古道与龙水古村相连，两条路与虹饮桥连通，形成 U 形环道。万乡河西岸多为农田，东岸为古村民房，远处群峰环列，一派乡野风光。

建筑特色

该桥为穿斗式梁架结构上覆小青瓦顶的长廊式风雨桥，桥通长 80 米，宽 4.2 米。全桥由 5 个料石墩支撑，桥身为全木结构，桥面铺有厚实的木板。桥廊由 128 根圆木做主柱支撑，它们分成 4 纵列 33 组举架，共计 32 开间，桥廊通高 5 米，两侧设有栏杆，栏杆外为风檐。两柱间有木板凳，供来往行人歇息或避风雨。桥中央设有四角歇山顶式亭阁，高 7 米，通风敞亮，飞檐翘角。桥身两端是砖石构筑的清水砖三重马头墙，高 7 米，形似将军帽。黄昏时，夕阳西下，桥下江阔水深，波光粼粼。整座桥宛如彩虹饮仙液漂在江面，故古人称此桥为"虹饮桥"。

保护价值

鉴于该桥具有较高的历史及建筑艺术价值，全州县人民政府于 1989 年将虹饮桥列为县级文物保护单位。

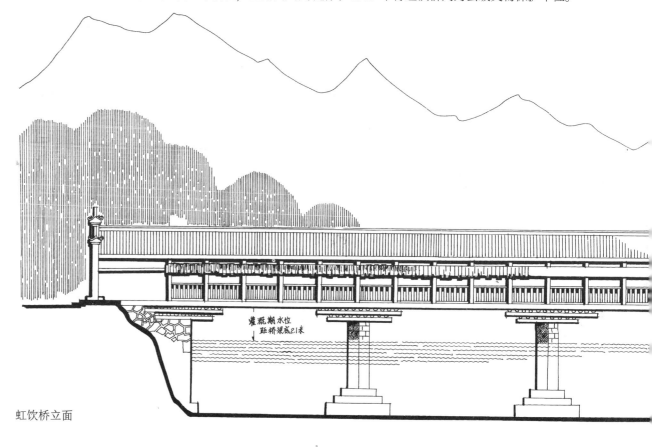

虹饮桥立面

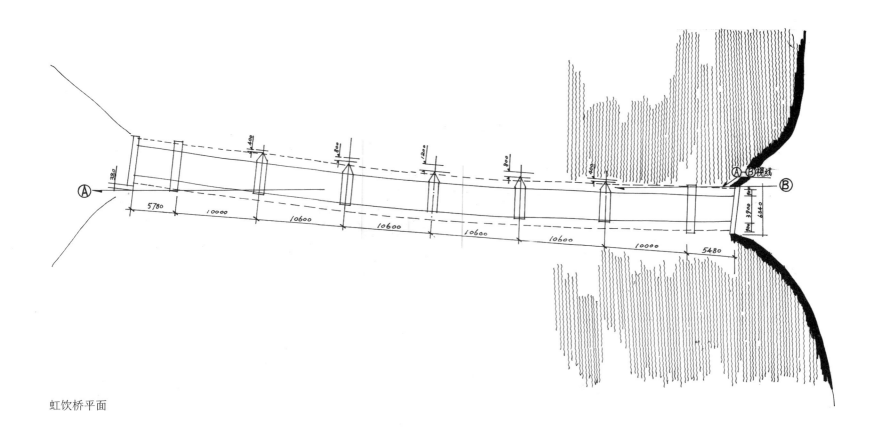

虹饮桥平面

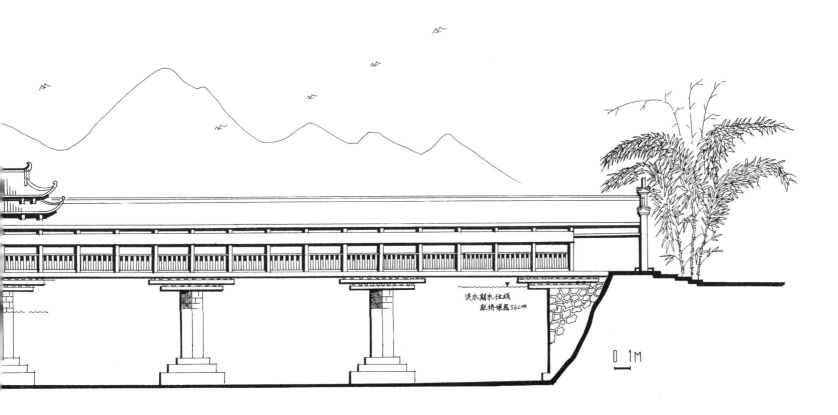

洪水期水位线
距桥梁底56cm

0 1M

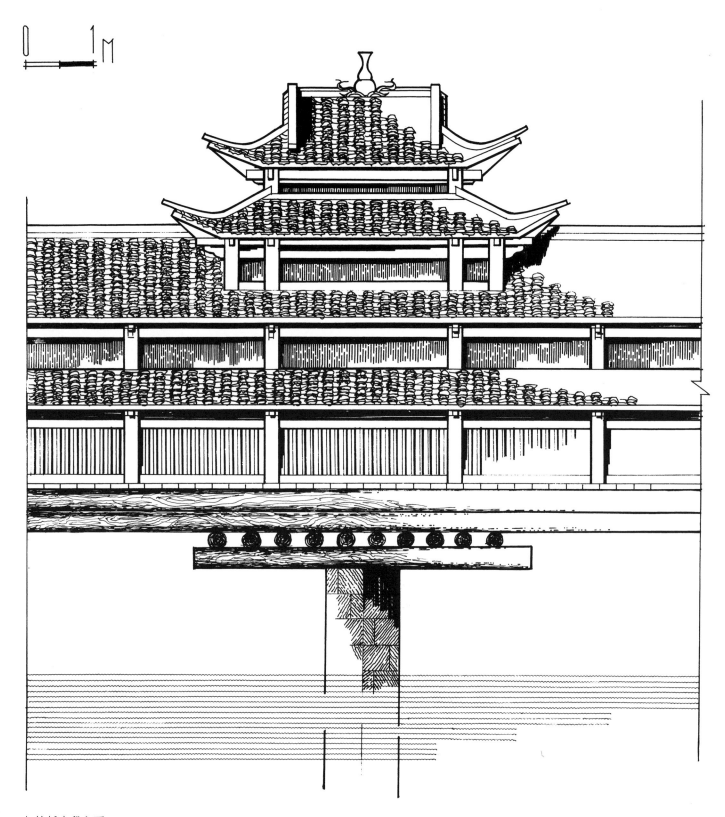

虹饮桥中段立面

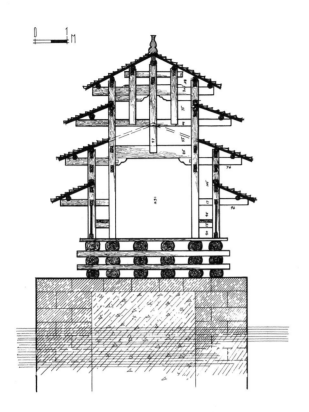

虹饮桥桥廊剖面

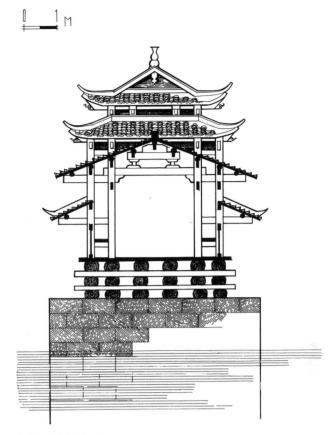

虹饮桥桥廊剖面

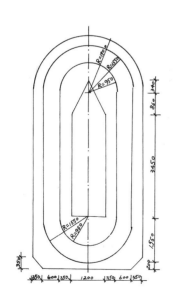

虹饮桥桥墩平面

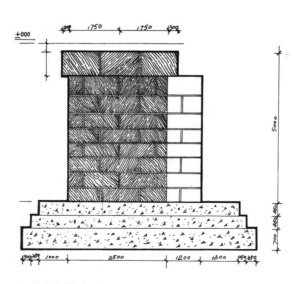

虹饮桥桥墩立面

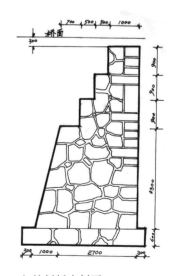

虹饮桥桥台剖面

虹饮桥透视

此图是站在低于桥面的河堤上，通过仰视角度画出桥梁、桥身的穿斗结构。近景部位占了整个画面四分之一还多，桥末端只占约五分之一，所形成的透视感给人强烈的视觉冲击。精准的梁架结构为施工人员提供了翔实的结构细节。桥墩的倒影令画面更具气势。

大西江水口庙桥

地理位置

水口庙桥，位于全州县大西江镇文家村的米椎山旁。

历史沿革

据了解，水口庙桥始建于光绪年间，20世纪70年代曾有过维修，至今仍保存完好。

规划布局

水口庙桥横跨于村前小河之上，桥西侧为米椎山，桥东临进村道路，四周为农田，远山环列，景色优美。

建筑特色

水口庙桥为石墩式木构架廊式风雨桥，全桥通长14.13米，宽3.49米，通高3.5米。该桥为单墩两跨式，35厘米高的料石作为抬梁，桥两端筑青砖封火马头墙。西端的封火墙正中开门，东端封火墙无门。道路从东侧第一开间穿行而过。料石桥墩迎水面呈锐角，桥面廊架为4纵列4举架16根木柱5开间，桥面到檐口高为2.16米，桥面至现状水面高2.2米。

保护价值

水口庙桥历经百年，依然保存完好，至今仍是村民通行的主要津梁，亦是村民夏日纳凉憩息的聚集地，应加强对该桥的保护。

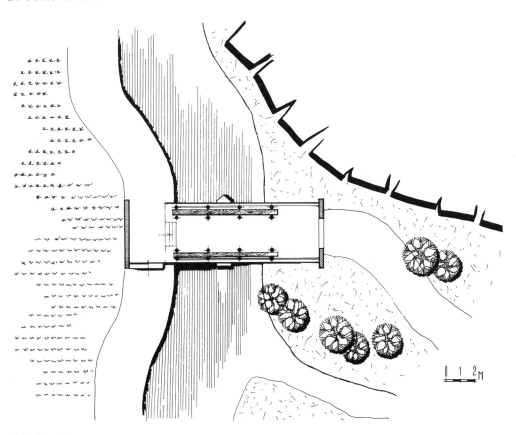

水口庙桥平面

水口庙桥立面

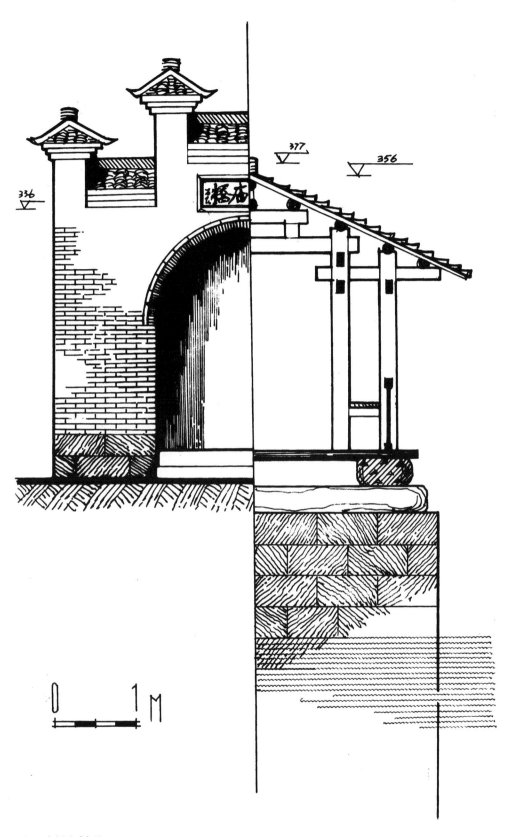

水口庙桥立剖面

水口庙桥全景

此图把水口庙桥放于画面的下半部，主要考虑该桥背倚米椎山的特殊环境，但重点刻画水口庙桥的桥身与桥

墩的结构关系，近景为进村的主路，河对岸的竹丛与古桥浑然一体，使画面更完美。米椎山的丰茂植被则被

弱化处理，使水口庙桥更具立体感。

大西江善继桥

地理位置

善继桥，位于全州县大西江镇的良田村。

历史沿革

善继桥始建于何时，史料缺载。据碑刻记录，宋代时，良田村蒋氏从全州庙头歌陂迁居于此，清乾隆年间设立善村会，由此得知为解决过河问题，估计在明代开始建桥，至清代建成现状规模，1934年、1939年相继进行过落架大修。

规划布局

善继桥横跨于良田河之上，自古以来作为进村的主要津梁一直使用至今，河东的村前有道路直通香林寺。从这条路向西穿过善继桥风雨廊即为良田村。村后山峦重叠，河东为田园风光，远处群山环列。

建筑特色

善继桥为四跨三墩抬梁式人字坡顶风雨桥。该桥通长35米、宽3.64米，桥面至脊高3.58米，桥净跨5米。桥面中间以三个方料石桥墩作为支撑，桥墩呈梭形，迎水面檩木呈锐角，墩长4.55米、宽0.95米，桥面到檐口高3.35米。桥廊设四排并行的12组共48根杉木作立柱，在立柱间横木上架设长条木板供行人休憩，外侧设护栏。桥两端建有"品"字形青砖硬山式封火墙，中间开拱形门洞供人畜通行。两端驳岸与桥墩之间铺设两层圆木，组成垫层起到减震、减荷作用，垫层上铺设大圆木组成大桥跨梁和桥面。桥头有石碑，通高1.01米、宽0.58米，上有《善继桥碑序》，楷书阴刻，字径2厘米。

保护价值

该桥跨度较大，造型古朴，历经百年依然保存完好，至今仍为村民进出的主要通道之一，同时与河西岸的古树构成了一道亮丽的景观，应加强保护与修缮。

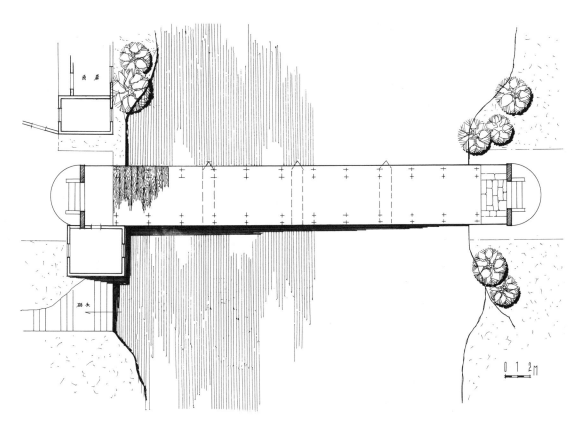

善继桥平面

善继桥立面

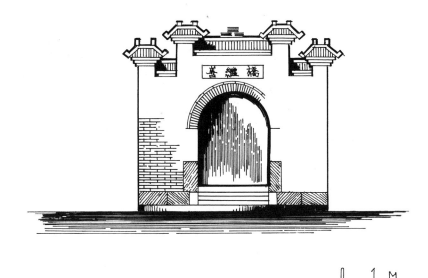

善继桥山墙立面

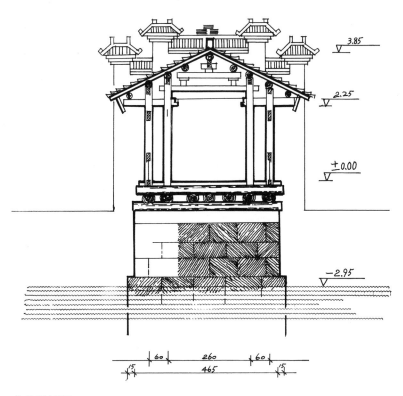

善继桥剖面

善继桥外貌

这是一幅站在桥东南侧看善继桥的手绘图。通过微仰视的角度，可以看见桥内梁架的穿斗结构以及桥墩和水面的关系。远景一株古枫杨树给画面增添了活力，通观整个画面，令人有荡气回肠的震撼感。

善继桥廊内

本图重点表达该桥的廊内梁架结构，对设计和施工人员来说是极佳的范本。

文桥大石脚桥

地理位置

大石脚桥，位于全州县文桥镇定美村大石脚自然村。

历史沿革

大石脚桥始建年代无史料记载，以该桥的建筑工艺推断，约为清代。1963 年，该桥曾有过重修。

规划布局

大石脚桥横跨于鲤仁源之上，桥周边多为阡陌纵横的良田，远处为丘陵地貌。

建筑特色

大石脚桥为平梁式风雨桥，两面坡小青瓦顶结构，桥梁通长 25 米、宽 3.48 米，桥廊高 3.65 米，两跨一墩，桥墩为船形平面，两头尖形，长 4.4 米。桥梁在两端驳岸与中间桥墩之间平架大圆杉木为横梁，横梁上铺木板组成桥面。桥廊由 4 排并置的 7 组立柱共 28 根杉木柱构筑成桥廊，在桥两侧两排木柱间横木上架设长条杉木板，供行人休憩。

保护价值

该桥部分大梁破损，立柱整体歪斜，护栏大部分无存。但桂林汉族地区的廊桥式建筑保存的数量不多，应加强保护维修。

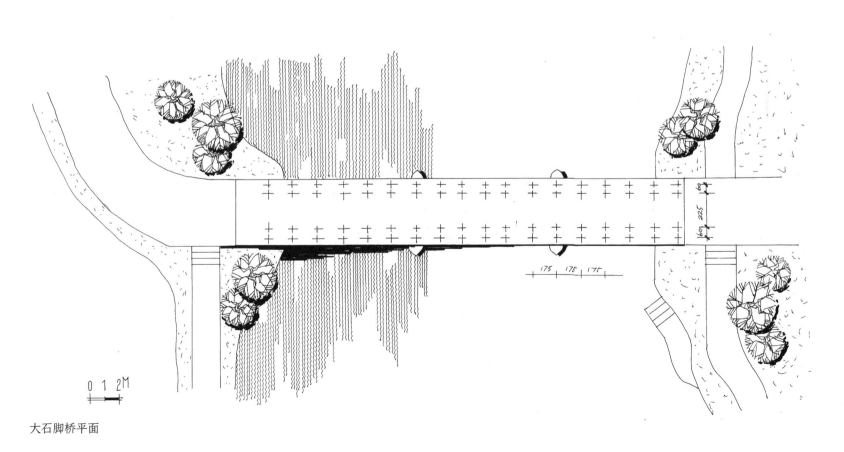

大石脚桥平面

大石脚桥立面

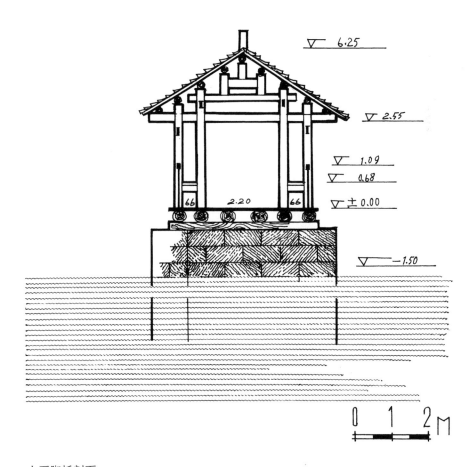

大石脚桥剖面

大石脚桥外貌

此图选择了从桥东南的河堤看大石脚桥的角度，从这一视角能更好地看见整个桥的梁架结构和河对岸的小石山。画面左侧的灌木采用白描写实的手法，令灌木充满了活力。手绘图对木结构的风雨桥进行了认真刻画，作为衬景的小石山则用细线条表达。整幅画远、中、近景处理得当，天空和水面大面积留白，较好地突出了主题。

文桥黄家亭子桥

地理位置

黄家亭子桥，位于距全州县文桥镇锦福村黄家自然村东北约 200 米处，横架于团脚江上。

历史沿革

黄家亭子桥又称大名山瓦桥，始建于清光绪二十八年（1902 年），为当地村民筹资兴建，1919 年曾大修过一次。

规划布局

黄家亭子桥东南 300 米处有一座寺庙，桥头两端与石板古道相连，南侧还有一石板道沿江岸延伸，桥周边为稻田和村庄。

建筑特色

黄家亭子桥为两跨一墩式木结构廊桥，桥廊由 10 排 4 列加上四个角檐柱共 44 根直径 20 厘米的杉木柱作为支撑梁架。桥长 20.2 米、宽 4.2 米，桥面到屋脊高 4.2 米，两列内柱之间宽 2.5 米，桥面铺筑一层厚 34 厘米的石板。桥廊两侧有木围栏和条凳，中部一侧设有神龛，下置一香钵。桥廊顶部中段做局部抬升，形成单开间歇山顶桥亭，亭顶至桥面高 6.0 米。廊桥两端屋顶亦为歇山式结构。两端桥堍筑有石阶。桥墩由料石构筑，平面为梭形，迎水面呈锐角分水，桥墩长 4.2 米、宽 0.7 米。

保护价值

黄家亭子桥设计精巧，结构严谨，造型美观，梁架间垫板上雕刻有花纹装饰图案。桥廊中的桥亭增强了桥的立面视觉效果。黄家亭子桥虽小巧精致但坚固耐用，为团脚江两岸村民以及湖南至广西古道上的行人往来提供了便利，应加强保护与修缮。

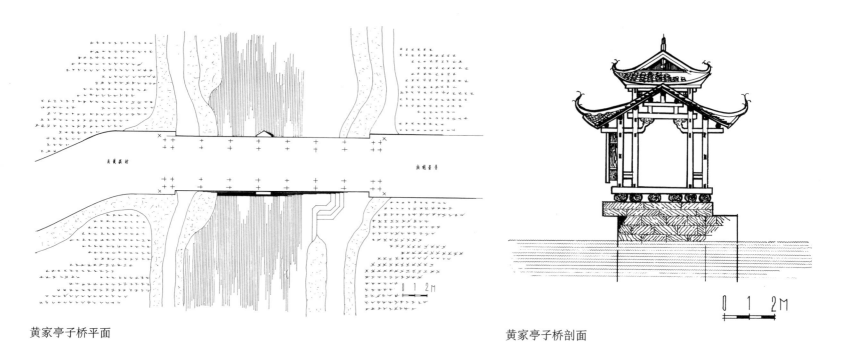

黄家亭子桥平面

黄家亭子桥剖面

黄家亭子桥立面

黄家亭子桥外貌

亭子桥居于画面中心部位，画面下方为水面，画面上方为天空。天空留白，河面用少许细线画出水波纹，重点突出了桥的形态，因此极具视觉效果。

黄家亭子桥局部

这是桥亭的局部图，绘画视角为微仰视角。通过此图可知桥亭屋顶的翘角及檐下卷棚的细节，画面线条流畅，造型精准，明暗关系、层次感清晰，画面整体清新雅致。

文桥郑家桥

县级文物保护单位

地理位置

郑家桥，位于文桥镇文桥村东北约 200 米处。

历史沿革

采访村民后得知，郑家桥始建于清代。

规划布局

郑家桥横跨于大河源江上，桥西通郑家村，桥东连接古道，桥四周为农田，远处群山环列。

建筑特色

郑家桥为料石墩平梁式长廊风雨桥，桥下有两个梭形料石桥墩作为支撑，墩上叠架出挑原木做梁，通梁横跨两墩之间的最上层，通梁之上覆以木板作为桥面，桥面上立木柱做"人"字形两面坡穿斗式梁架结构，上覆小青瓦顶。该桥为 4 纵列 18 组举架共 17 开间。两柱间架木板作为坐凳供行人憩息，桥全长 28.9 米，桥面宽 4.5 米，廊架通高约 3.5 米，桥面距水面 1.75 米。

保护价值

郑家桥历经百余年的风雨侵蚀已局部糟朽，近年为便于交通，在距离郑家桥 1 米外的河面上新修了一座钢混水泥桥，原有的景观风貌受到了一定的破坏。郑家桥造型美观，已于 1989 年被全州县人民政府列为县级文物保护单位，应加强对该桥的保护和修缮。

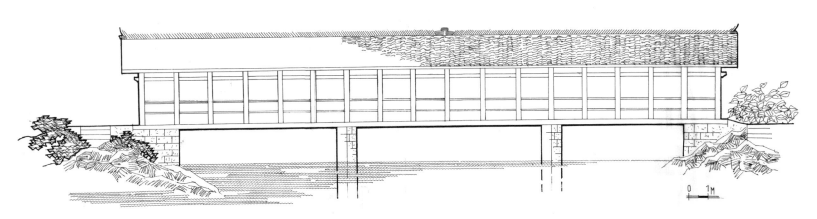

郑家桥立面

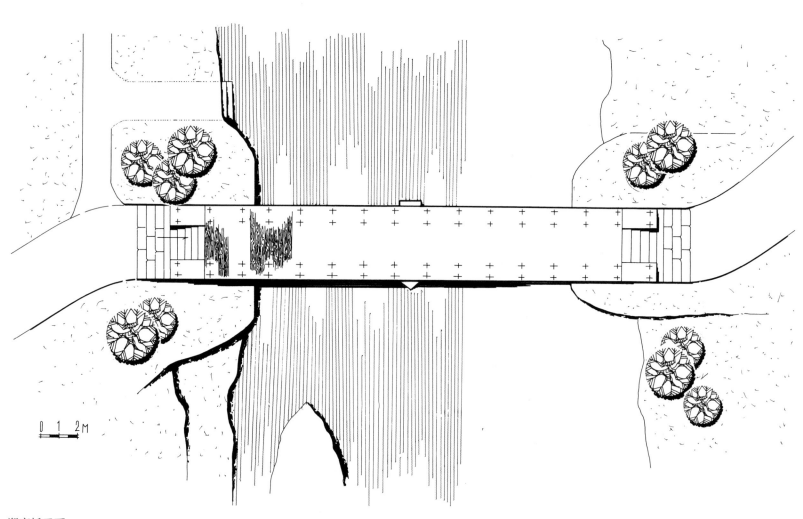

郑家桥平面

0 1 2M

文桥郑家桥外貌

郑家桥为两墩三跨式风雨桥，造型简洁、古拙。此图在构图上选择了微仰的透视角度，把廊桥内的梁架结构
表现了出来，使简单的廊桥看起来更富有细节变化。除了桥墩、桥身和河堤做了认真刻画，桥周边景观及河面、
天空均大面积留白，这样更能凸显桥的立体感。

文桥东峰桥

地理位置

东峰桥，位于文桥镇宜湘河的下游，在文桥镇北约 1 千米处。

历史沿革

据采访村民得知，东峰桥始建于清代。

规划布局

东峰桥横跨于宜湘河之上，桥西接文桥镇，桥东为农田，河两岸树木繁茂，远处群山环列，景色宜人。

建筑特色

东峰桥为料石三券拱长廊式风雨桥。桥上为木柱穿斗式梁架结构，"人"字形两面坡上覆小青瓦顶。桥两端为悬山式砖砌券拱门，呈对穿过街楼式。桥为 10 组举架 9 开间，共 40 根木柱，另加桥两端砖筑过街楼式入口。桥全长 35 米，桥面宽 4.2 米，廊架通高 5 米，拱跨宽 6 米，拱顶距水面 2.4 米。桥面至水面 3.1 米，两柱间横架木板作为坐凳供过往行人憩息。

保护价值

东峰桥年久失修，券拱门曾被毁坏，现已按原貌用红砖修复。东峰桥造型独特，保存基本完好，应加强对该桥的维护与修缮。

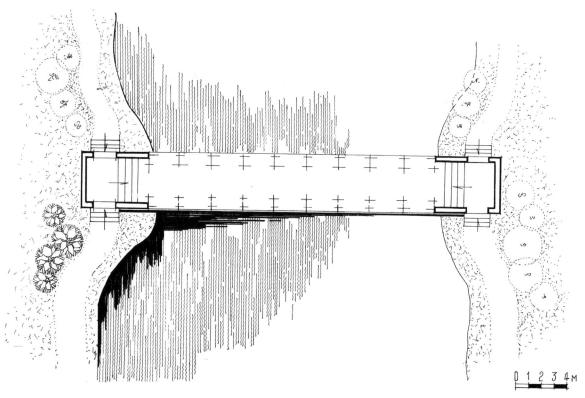

东峰桥平面

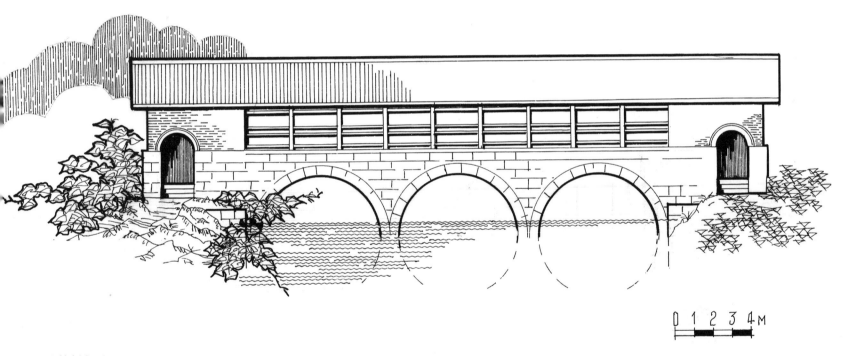

东峰桥立面

0 1 2 3 4м

东峰桥外貌

东峰桥左侧入口对着文桥镇方向。整座桥占据了画面的一半以上，重点突出了东峰桥的桥身。三个连续的桥拱极富韵律，桥身刻画细腻。画面左下方的灌木丛巧妙地衬托出了东峰桥的古雅之美。整个画面构图丰满，观之耐人寻味。

文桥大缘桥

地理位置

大缘桥，位于全州县文桥镇西南方向的杨福村前，溪边有稻田，四周群山环绕。

历史沿革

该桥始建年代不详，据调查得知，可能明代已有此桥，1932年曾做过维修，1943年对桥头护墙进行过修缮。

规划布局

大缘桥横跨于杨福村前的大江河溪流之上，桥呈东西走向，两端有石板古道相连。距北端60米处有一乡道，道旁有三株高大、古老的樟树。

建筑特色

大缘桥为两跨一墩式木结构廊桥，桥墩及护岸为料石构筑，廊桥两端为清水砖镶耳形马头墙，料石门框。桥通长14.92米，宽4.26米，桥面至脊顶4.5米，桥面至水面1.7米。24根直径为18厘米的杉木支撑廊架，形成纵4列、横6排，共5开间的桥廊。桥面用木板铺设，两列内柱之间宽2.95米，梁架之间由花形木垫板作为支撑。桥廊两侧设有高0.73米的木栅围栏，紧靠围栏一侧设有木条凳。桥中部开间一侧设有神龛，龛内供奉有"文武二圣"神像。脊檩木上书"中华民国二十一年岁次□□修桥"。

桥墩长3.75米、宽1.16米、高1.7米，迎水面呈锐角分水尖，平面为梭形。桥两端的砖筑镶耳形硬山墙，墙厚0.36米，马头造型线条流畅。北侧镶耳形墙的料石门框，高2.7米、宽1.83米。北侧门楣上竖向书写楷体"大缘桥"三个字，门框上刻有楹联："避日乘凉留过客，停肩歇足便行人。"北桥台两侧有料石阶梯，南侧护墙无门，墙内立有《重修大缘桥序及乐捐芳名并开支清单碑记》，年款为"中华民国癸未三十二年季冬月二十七日立"石碑。桥台两侧与乡村古道相连，道宽约1.4米。

保护价值

大缘桥的廊桥造型是桂林境内汉族地区常见的一种风雨桥形式，由屋顶、桥面、桥墩和护岸组成，极富地方特色。桥墩、护岸用料石垒筑而成，其余为木结构，采用榫卯穿斗结构形式，梁架相互勾连，结构严密。桥身不加粉饰，显得简朴、自然。

大缘桥对连通村寨起到了重要作用，是湖南至广西之间古道上的一座重要桥梁，为行人提供休息、乘凉、避雨之所，也是附近村民休闲聊天的好去处。如今，杨福村老村、新村、洋田村、邓家村等村民日常工作、生活中仍在使用该桥，应加强对该桥的保护与修缮。

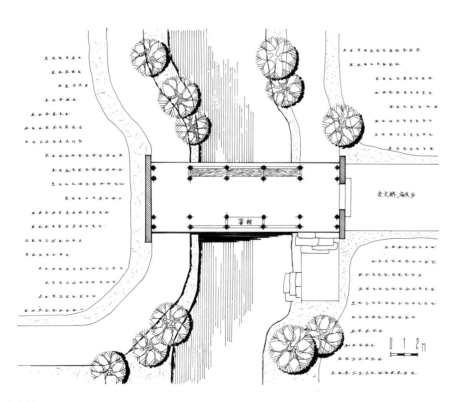

大缘桥平面

大缘桥立面

0 1 2m

大缘桥外貌

此图选择从村口向村外方向的大缘桥入口作为近景，尽可能地把桥墩、桥身与河面的关系表达精准，对河岸的近景灌木做了退让处理，使大缘桥的造型得以完美呈现。

大缘桥透视

此图把大缘桥置于画面的二分之一处，整个桥为侧透视，完全能看清桥东端的镬耳形马头墙和桥身、桥墩的结构关系。右下方的近景为大面积的灌木和桥右上方的一株古树打破了画面的呆板，同时也还原了大缘桥周围的真实环境。

文桥凌云桥

县级文物保护单位

地理位置

凌云桥，位于全州县文桥镇谏禄村下村的景溪上。溪边临水而筑的民居简约、古朴，周围景色清幽。

历史沿革

据碑刻记载，该桥重建于明万历八年（1580 年）。清康熙十四年（1675 年），村民又募捐修建桥亭，清咸丰年间，桥亭被匪寇焚毁半截。至清同治三年（1864 年），村民再次募捐，才将桥亭修复。后来，该桥遭洪水冲毁，2004 年，当地村民倾力重修。

规划布局

凌云桥横跨于景溪之上，河上游两岸民居错落有致，每到夏日，停坐桥廊，凉风习习，倚栏眺望河面恍入江南水乡，令人心旷神怡。

建筑特色

凌云桥通长 22 米，宽 6 米。桥上部桥廊为抬梁式穿斗结构相结合，共计 11 开间，正脊中部饰以葫芦宝顶，两侧设有长木凳，外侧有护栏。桥廊两端有重檐歇山顶桥亭，桥亭通高 4 米。桥身为双孔石拱桥，桥拱高 1.8 米，拱跨 3.5 米。

保护价值

凌云桥历史悠久，设计科学，构筑牢固，造型美观，是汉族聚居地区不可多见的廊桥，1989 年被全州县人民政府列为县级文物保护单位。

凌云桥立面

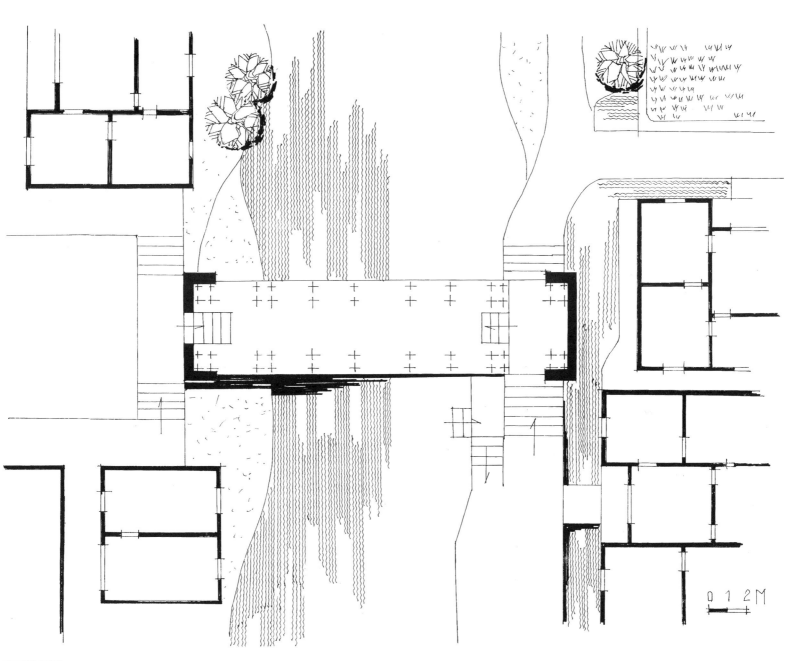

凌云桥平面

凌云桥外貌

景溪两岸古民居夹峙，右下方的古石板道通过透视线延伸，在路尽端变
为入桥步级。凌云桥作为中景，刻画极为细腻，河两岸民居用简单的线
条勾勒，整个画面完美聚焦于凌云桥。

兴安古建筑

第五章

**Ancient Architecture
in Xing'an**

兴安乳洞岩桥

地理位置

乳洞岩桥，位于兴安县乳洞岩前约 100 米处，从兴安县双拥路向南行约 10 千米即可到达。

历史沿革

据史料记载，乳洞岩桥始建于宋代，曾多次重建，现存的乳洞岩桥无建造年代记载，从造桥的工艺技术来看，应为清代康、乾时期。据《徐霞客游记》记载，明代崇祯年间，中国明代著名的地理学家徐霞客曾到乳洞岩考察。

规划布局

乳洞岩桥因位于乳洞岩而得名。乳洞岩因洞内有诸多钟乳石悬挂于洞顶，故名乳洞岩。乳洞岩洞口宽广，有十余米，洞内有一股清泉流出，形成一条小河，乳洞岩桥横跨于乳洞河之上，向西过桥约 50 米，即为飞霞寺。桥北为田园风光，桥南为乳洞岩，桥向东约 500 米为兴安县双拥路至灵川县海洋乡方向的村级公路。

建筑特色

乳洞岩桥为单券石拱桥，通长 5.8 米，通宽 4.3 米，通高 2.2 米，水平至券顶 1.9 米，拱跨 4.3 米，近年修通面把桥面仰天石取消，加装了石雕栏杆。

保护价值

乳洞岩桥造型古朴，河两岸古树茂密，乳洞岩景色绮丽，桥旁的古寺香客众多，是兴安县城附近一处十分古雅的旅游胜地，应加强对乳洞岩桥的保护与修缮。

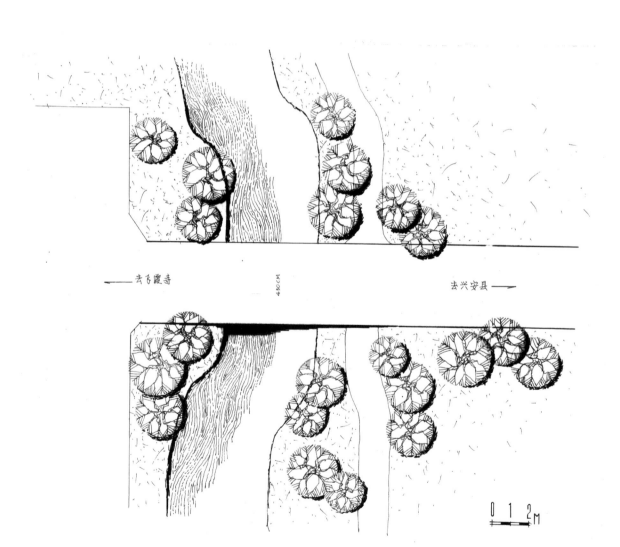

去飞霞寺 ←   430CM   去兴安县 →

0 1 2 M

乳洞岩桥平面

乳洞岩桥立面

乳洞岩桥外貌

乳洞岩桥四周古树葱郁，此图更
多地表达古桥与周边的环境关系，
桥上石雕栏杆为近几年新修。图
左位置再往前 50 米处为飞霞寺，
图右是往兴安方向的古道。

地理位置

榜上村，隶属于桂林兴安县漠川乡，距兴安县城 30 多千米，是漠川乡政府所在地。榜上村背倚青山，村前小溪环绕，村旁有漠川河蜿蜒而过，山环水绕，景致优美。

历史沿革

榜上村最初名为莲花村，该村先祖陈俊，湖北黄冈人，四品战将衔，于明朝洪武八年（1375 年）随靖江王至桂林。靖江王为了平息周边战乱，确保灵渠水运动脉安全，命陈俊屯兵驻守漠川，扎营于湘桂粤古道上的莲花村，此后的莲花村一度成为繁华的古道驿站。

莲花村易名榜上村，一是由于该村先祖历来重视教育，人才辈出，曾培养出 7 名进士、18 名文举人、2 名武举人和 7 名贡生；二是因为陈姓后裔忠诚于朝廷，功勋卓著，历代受皇上封爵。

榜上村古民居石柱础

如方塔状逐级内收的石柱基座、逐层外凸的柱础上身，造型十分奇特。柱础虽无图案，但这样的造型在桂林地区极少能见到，看似简单的块面切割，其制作工艺的难度却不小。

榜上村碉楼檐罩

榜上村碉楼檐罩，系木结构的歇山顶，从窗上方出挑做成悬空雨檐，檐角飞张，翘角曲线流畅、柔美，极大地增强了碉楼的观赏性。此图重点刻画檐罩，画面右下侧的墙上有一丛附生植物，增强了碉楼的历史感。

规划布局

榜上村的建村选址传承中国传统风水学说之理念，背靠青山，左右两侧有青山如巨龙环抱，村前地面开阔如屏，一派田园美景，两条河流如玉带在村前交汇，村中千年古樟树和银杏交相辉映。该村依山而建、傍水而立的古民居、炮楼、古井、古墓、古牌坊形成天人合一、人与自然完美和谐的意境。

建筑特色

榜上村古民居群为清朝至民国时期所建，为岭南桂林一带的建筑风格，黛瓦、马头墙、高墙窄巷、石板路、层楼叠院、高脊飞檐、曲径回廊、吊楼、花窗、木雕、石刻、彩绘，体现出古人的建筑智慧。

保护价值

漠川乡榜上村不仅有较大的古民居群落，还有陈克昌大墓、蒋家堰的节孝坊、四十弓田的化龙石拱桥等，很多外地游客来旅游探奇，具有一定的知名度，应加强保护，做好古村保护和旅游发展规划。2009 年，榜上村古建筑群被列为自治区级文物保护单位，2012 年榜上村被列入首批中国传统村落名录。

榜上村碉楼远眺

站在碉楼西南侧的一楼屋顶眺望
碉楼，虽为远眺，但因为该碉楼
有5层楼的高度，所以仍为微仰
视角。该图把碉楼置于画面正中，
令人观之有顶天立地之感。其手
绘难度在于拱形窗罩和歇山顶挑
檐，由于曲线多变，刻画难度很大。

榜上村古巷与碉楼

这是榜上村最经典的一处景观，古巷两侧的古民居夹峙，画面右侧一座高耸的碉楼，一条古石板道向画面深处延伸，极具透视感的构图为这幅画增色不少。建筑的材质肌理表达精准，画面虚实处理得当，古韵十足。

地理位置

秦家大院位于兴安县白石乡水源头村，坐落在群山环抱的都庞岭山系之中。水源头村村后有太子山，左有麒麟山，右有宝塔山，前有披风山，山下有口鸳鸯井，古村四周有成片的银杏林。

历史沿革

明朝洪武年间，山东一名被贬的秦姓官员举家千里跋涉，迁至桂北地区，据村民说，他们是唐朝名将秦琼的后人。后来，秦氏的一支看中了白石乡水源头村四周的山形地势——四周环山，群山皆面对水源头做俯首朝拜状，于是选取这个"风水宝地"落下根基，经过多年繁衍，渐成规模，在太子山下，依山就势建了成片的大宅子，形成一个村落。因村前的鸳鸯井是这一带的水源头，故村子得名水源头村，因为该村全都姓秦，当地人又称其为"秦家大院"。目前，村里有住户120户，村民400多人。水源头村历来学风鼎盛，人才辈出，曾经出武状元1名、文科进士20名，素有"进士村"之美誉。

规划布局

数百年来，秦家大院保留了非常完整的明清建筑群，4大组群共23座。整个村为前街、中院、后园的布置格局，街巷主次分明，房屋鳞次栉比，瓦檐交错，四周要隘处皆有门楼和闸门守护，村旁有古石桥、古塔点缀。一砖一瓦，一桌一椅，古朴典雅。门窗雕花，栩栩如生，历经几百年的风吹日晒雨淋，仍保持原貌，呼之欲出的图案让人叫绝。

建筑特色

走进秦家大院首先需要经过总大门，门楼上挂着一块大大的牌匾，上书"秦家大院"四个大字，门口左右各蹲一尊石狮。走进大门，向右是三排并列有序、规模宏大的古民居，门坊上分别用篆书写着"元亨利金""户拱三星""本固枝荣"。门坊制作精美大气，门头檐下做成双行蜂窝斗。大门向左是西花厅，门坊上书"紫气东来"。这些古民居全是青砖大瓦房，檐牙高挑，雕梁画栋，一派古色古香的韵味。古民居的墙壁，全以数吨重的青石方料为基，砌上三四尺后，再用青砖砌到屋顶，非常气派。房屋之间的巷道纵横交错，互相连通，井井有条，巷内全铺着1米见方的青石板。建筑群基本呈四合院状，中间有天井，分上、中、下堂屋或上下堂屋，左右均有厢房。木格窗户上雕刻了精美的图案，房中板壁上方镂刻了珍禽异兽、卷草花纹。最奇特的是在"户拱三星"大厅的中堂壁上，有几块雕花板上居然雕有织布机、煤炉煮茶的图案，这说明清中期中国已有铁制煤球炉这一生活用具。所有建筑前檐下的柱础都雕有精美的龙凤纹饰。

堂屋正厅地上全铺着棕黄色的防潮砖，天井里铺满青石板，还镶有雕花的排水石，排水都通向村前的防火水池。正厅的香火牌位全为上下两层，四周雕有各种装饰花纹。民居间还设有高堂、戏院、花厅。这些房子居中开大门，两旁的房屋则大门朝里，构成一个完整的相互照应的整体。庭院前有总大门，后有闸门，四周墙壁自然形成数道防御性城墙。

其实，秦家大院就是一个攻防兼备的"古城堡"。据村中的老人说，抗日战争时期，猖狂的日本侵略者都不敢进该村搜抢粮食。

保护价值

2009 年，水源头村古建筑群被广西壮族自治区人民政府列为自治区级文物保护单位；2012 年，水源头村被列入中国传统村落名录，有必要加强对该村的保护开发规划。

水源头村秦家大院木格窗

此图撷取了一扇对开的木格窗，窗的右侧窗扇呈半开启状，左侧窗扇呈全开启状，隐于窗框之后。透过半开的窗户，可以看见室内的楼板与隔墙。通过手绘的形式，可以更清楚地表现摄影图片中模糊的细节。

水源头村秦家大院古巷

这是一幅秦家大院主巷的手绘图，沿着该巷可以走进村后的山上。把画面右侧这组建筑的首进前檐墙放在近景处，通过合理的透视，可以看见第二、第三进高耸的马头墙。大面积的青砖墙、大块的青石板铺成的巷道，凸显出秦家大院悠久的历史。

水源头村秦家大院古民居门楼

这是秦家大院一户人家的前院正大门门楼，透过大门可见前院厢房。图中的门头叠涩精致，门额上墨书"元亨利金"。这种牌坊式门楼在兴安、全州、灌阳一带比较常见。

水源头村秦家大院古民居外貌

此图以一户古民居为中心，院门受地形条件限制偏于一侧，小小的门楼透出古拙之意。从街巷与民居形成的肌理来看，当年施工时对岭坡做了局部挖填，使街巷有一定高差，利于排水。

地理位置

三桂桥，位于兴安县兴安镇三桂村委，横跨于清水江上。

历史沿革

三桂桥始建的具体年代，无史料记载。据现场对该桥建造工艺的考证，应为清代中晚期。

规划布局

三桂桥周边为农田和丘陵地貌，其上游方向约 150 米处设有拦水坝，其下游方向约 300 米处有铁路桥。桥四周群峰环列，保持了原生态的自然景观。

建筑特色

三桂桥为三孔石拱桥。桥面平铺青石板，两侧有仰天石作为护栏。该桥通长 25 米，通高 3.6 米，宽 3.2 米。仰天石高、宽均为 40 厘米。拱券内顶至水面高 1.6 米，单拱跨度 3.4 米。桥墩平面为梭形，迎水面呈梭尖状。

保护价值

三桂桥设计科学，构筑牢固，至今保存完好，有较高的建筑工艺价值和实用价值，已于 1991 年被兴安县人民政府列为县级文物保护单位，应加强保护和修缮。

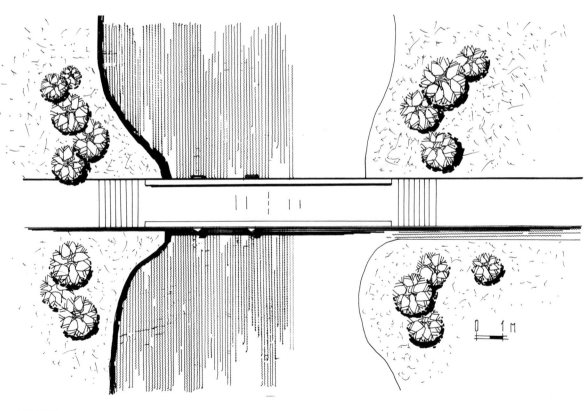

三桂桥平面

三桂桥立面

三桂桥外貌

三券拱的大型古桥在桂林存数不多，此图选取了一个最佳透视角度，完美地展现了三个券拱的造型。作为主
景的桥，用笔工整细腻；作为配景的植物，同样花足了工夫；左侧芦竹的造型极富动感，有了细节，画面自
然更有意蕴。

第六章

Ancient Architecture in Yongfu

永福古建筑

永宁州古城

地理位置

永宁州古城，位于桂林市永福县百寿镇北端，与百寿岩隔河相望，距桂林市 80 千米。当地有句俗语："好个永宁州，江水两边流，五马临江走，三星水面浮。"说的就是当地的风水。"江水"指的就是东门江；"五马"是指永宁州四面有五座山，雄奇俊秀，像高高昂起的马头，首尾相连；"三星"是指古时的三座宝塔，传说是一个县官亲自学了三年风水，在北门对面的东岭山头建的。

历史沿革

永宁州古城，始建于明成化十三年（1477 年），原为古田县治，明隆庆五年（1571 年）升为直隶州，称"永宁"。永宁州古城，在军事上曾是兵家必争之地，五百多年来屡遭战火和灾害威胁，历经多次改扩建。

古城最先为土城，城墙周长约 1 000 米，高 5 米，厚 2 米多。明成化十八年（1482 年），改为石城。隆庆六年（1572 年），古城往西扩宽 80 余米，建城门四座，东门称"东兴门"，南门称"镇宁门"，西门称"安定门"，北门为"迎恩门"。至万历三年（1575 年），城墙增高到 1.3 米，加厚到 0.6 米；万历八年（1580 年），古城又往北扩展 100 米，城周长扩建为 1 277 米，城墙高 6.33 米、厚 3.2 米，城头垛 637 个，窝铺 12 个，兵马司 4 处，四座城门之上还建起门楼；万历十四年（1586 年），在古城东面筑护城河堤 430 余米，城墙再次加厚，并加女墙窝铺。清康熙十一年（1672 年），古城南北城楼曾被大火烧毁，城墙多处崩塌，后修复。民国时期，护城石堤南段被洪水冲塌。1941 年，城墙上部矗矗垛头及砖墙被拆去建百寿国中（现百寿中学）。1949 年，全国临近解放，为了保护人民的生命财产，人民解放军劝降国民党将领周祖晃，使古城免遭炮火轰击，从而完整地保存下来。

规划布局

永宁州古城地处桂林市至柳州市融安的险要地段，仅有一条古道从这里的大峡谷中通过。古城就建在古道的必经之处，两面有天然河流作为护城河，四周数十千米都是高山大岭。其北面 6 千米处有绵亘 10 余千米的险要关隘——三台岭（旧称三厄岭）。永宁州古城就处在三台岭险隘下的古道上，它就像一个关隘，进可攻，退可守，大有"一夫当关，万夫莫开"之势。

建筑特色

目前，永宁州古城只留下了保存完好的城墙，曾经的县衙、宗祠、会馆、庙宇都已找不到踪迹。城内小巷里的屋子多改建成了新房。城外是一条窄窄的土路，大块青石砌成的城墙看上去斑驳纵横，墙头上长满了野草，更增添了苍凉的意境。

永宁州古城的南门，是四个门楼中唯一的一座重檐歇山顶式砖木建筑，其他的都是单檐式砖木建筑。青石砌成的城门上写着"永镇门"三个大字。据门边石刻上的介绍，这座城门本应叫"镇宁门"。因何改名，不得而知。登上城门，极目远眺，天幕下青灰色的城墙一径向西伸展，城池内屋影幢幢，青砖黑瓦，飞檐斗拱，不免令人浮想联翩。

西门叫"安定门"，与南门相比，不太显眼，孤零零地伫立在那儿，显得有些寂寞。城墙上伤痕累累，布满了大大小小的炮眼。有些战争题材的电影，如《大围剿》《李明瑞》《非常大总统》等都在此拍过外景。

北门又叫"迎恩门"，地处一个三岔路口，城门外有条不起眼的土路，是由以前的古道演变而来的，接龙桥就建在北门外不远的护城河上。出了北门往东一直走，视野豁然开朗，东门江似一条青罗带自北向南缓缓流淌。

东门即"东兴门"，临江而建，是旧时的码头，有两条栈道伸入水中。在 20 世纪 60 年代公路修通之前，东门江是当地人维持生计的重要水运通道，永宁州及附近乡镇的土产，通过这条水路可运送到永福、柳州，再转运到其他地方。所以，相比之下，东门修建得相对高大宽敞些，以方便货物运输。

保护价值

永宁古城城墙现存高度 3.7 米，厚 3.2 米，城南北长 467 米，东西宽 173 米，周长 1 277 米，面积约 8.08 万平方米。现存的古城为明嘉靖至清咸丰年间重修，如今，四个城墙及厅楼保存基本完好，城中还保存着部分古房古道，据文物界专家考究，永宁州古城是目前广西乃至长江以南地区保存较完整的明代古城之一。永宁州古城，1981 年被列为自治区级文物保护单位，2013 年被列为第七批全国重点文物保护单位。

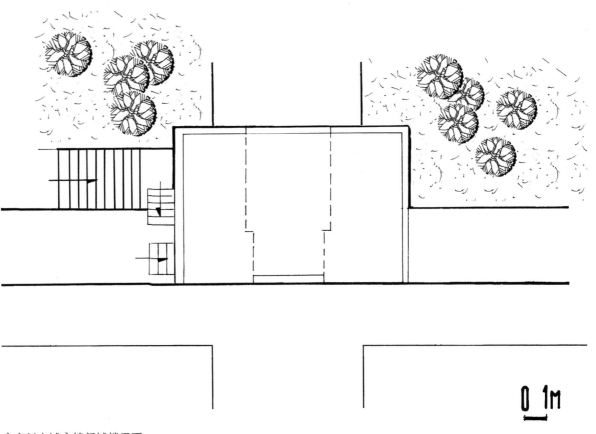

永宁州古城永镇门城楼平面

永宁州古城永镇门城楼立面

永宁州古城永镇门正视

永宁州古城永镇门，是城内民居出行的主要城门，城楼建筑为木结构重檐歇山顶。此图选择了仰视构图，使城门更显气派。城门居中布置，整座城门占据了百分之八十的画面。这幅手绘图用细线画出城门的砖石纹理，用粗线勾勒轮廓，使画面更有立体感。

永宁州古城永镇门背视

从城内古街看永镇门背面，把永镇门置于视点的中心，通过民居的透视依然能感受到永镇门的高大雄浑。把整条街的民居细微地表达出来，是一件十分耗时费力的工作。

地理位置

崇山村，位于永福县罗锦镇，距桂林约 50 千米，村庄四周为田园风光，这里土质肥沃，自古以来农耕发达。

历史沿革

崇山村为清代书画家桂林山水画创始人之一李熙垣的故里，该村建于明朝万历年间，全村有李、莫二姓，李氏从湖北迁入，莫氏从河南迁来。崇山村古民居由李氏家族旧居、李氏宗祠及其他古民居 20 余座组成。李氏家族从清乾隆三十三年（1768 年）李树桥中举后，至 1902 年李增华止，有 14 人中举，贡生 5 名。李熙垣之六子李吉寿一家五人均中举，有"一门三进士，父子五登科"之说。李熙垣为山水画家，为李氏绘画祖师，其画雄奇浑厚，别具风格。1837 年，他由桂林溯漓江过湘江至长沙，又经岳阳、赤壁顺长江到武昌，创作了35 幅画，每画题有一首诗，成《江行图》山水画一册，成为其传世珍品。李家世代长于书画，在清代广西画坛中占有重要的地位。李家后人均擅长画山水花卉，人才辈出，世称"画笔如林"。受祖辈影响，至今村中书画之风仍然盛行。

规划布局

李氏家族旧居位于村东，面对田园远山，景致清雅。旧居由六组宅院并排组成，规模相当，高度一致。崇山村坐西朝东，南北宽约 600 米，东西进深约 750 米，占地约 5 万平方米，建筑面积约 30 万平方米。

建筑特色

村东头李氏家族旧居，为硬山式砖木结构，单层五进四开间，由青砖灰瓦房六组宅院组成。中有巷道，前后设有闸门，六组宅院分列巷道两侧，每栋独门高院，长约 32 米，宽约 16 米，面积约 500 平方米，清水墙勾缝，隔扇门窗，雕刻着如意、梅花等。各宅院石作为台基，条石铺路，石砌天井，三合土地面，逐渐抬升，第一进为高头门楼。各进建筑为横开四间，以青砖或木板壁分开。由北至南第二至第五进均为四开间，有堂屋或客厅，厢房卧室。山墙砌筑工整，为"品"字形封火墙，其廊檐为木制卷棚，五进之间有月门和巷道相通，地面用青石板铺设。

村南田间保留着清代兴建的李氏宗祠，相传建于清朝乾隆年间。小青瓦，硬山式青砖封火墙，墙基用料石构筑，三进三开间砖木结构。大门为拱门，高约 6 米，内有天井，四周有围墙，两边为厢房，前后厅及厢房的檐廊均用条石铺设。

保护价值

在崇山村古民居中，李氏家族旧居及李氏宗祠保存完好。加上村中其他古民居，规模群落相对比较大。建筑的外表虽不高大华丽，但室内工艺精湛，虽个别院落门楼有坍塌，但仍有较高保护及开发价值。建议相关部门做好古村保护规划和旅游开发规划。鉴于李氏一门擅长书画，后人仍沿袭先辈传统，不妨开一所桂林画派研习会所，研究李氏一门的绘画技巧及创作思想，借此来传承中国传统文化，保护好不可多得的古代建筑。2013 年，罗锦镇崇山村被列入中国传统村落名录。

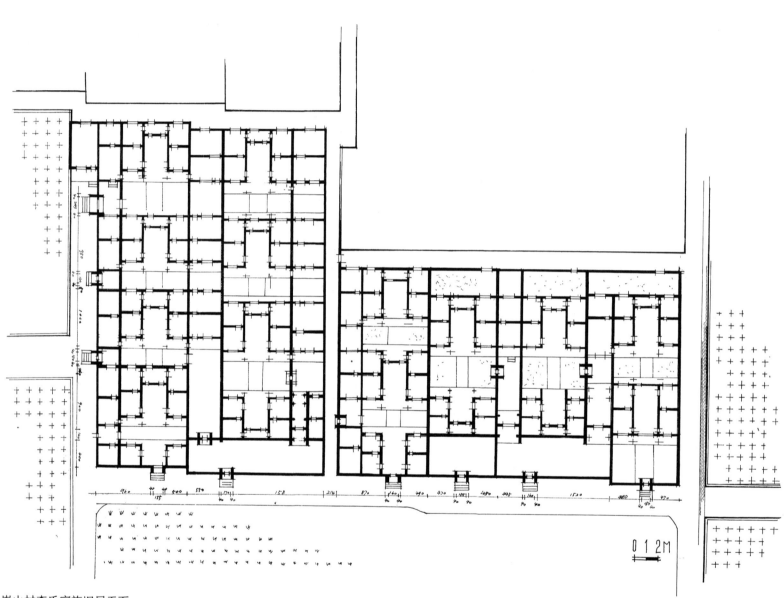

崇山村李氏家族旧居平面

崇山村李氏家族旧居外貌

这是李氏家族旧居的门楼，建筑低矮，无任何雕饰。李熙垣为桂林清代的著名画家，我们不得不钦佩他低调的人格。

崇山村李氏家族旧居前院

李氏家族旧居前院，十分朴实，极简的建筑风格给人一股清新雅致的感觉。

崇山村李氏家族旧居中院

本图透过李氏家族旧居最后一进的前檐廊柱，可见中院隔墙和跨院圆拱门。此图最难画的是砖砌隔墙的镂空花窗和圆拱门，在此前提下，还须讲究透视精准和画面的虚实关系。

崇山村李氏塾馆

李氏塾馆位于村后，高大的门楼建成四柱拱形脊，加上半圆拱门，具有典型的清末民初时期建筑特征。塾馆门前的田畴之中有两垛稻草，彰显出了李氏一门耕读世家的家风。

第七章

Ancient Architecture in Guanyang

地理位置

月岭村，位于灌阳县城北面 30 千米的文市镇。

历史沿革

月岭村始祖为唐姓，至今一脉相传 28 代。村中古民居始建于明末清初，已有 700 多年的历史。这里人才辈出，科举时代考取进士 12 人、举人 23 人，现有 400 余户人家在此居住。

规划布局

月岭村四面群山环列，村前阡陌连绵，是块藏风聚气的宝地。

建筑特色

月岭村有大量古民居建筑，其中六大院是保存最完整、最典型的，相传这是唐氏祖上为其六个儿子修建的宅院。六大院各立门楼，依次名为"翠德堂""宏远堂""继美堂""多福堂""文明堂""锡嘏堂"。每院由六幢建筑组成，每幢都为上下两座结构，前设中门、天井和大堂，后有后堂和内院，分别是住房、厨房、客房、仓库和专供唱戏用的戏楼等，为官府庭院式民居建筑。建筑群落整齐划一，气势恢宏。各院内都有水井、花园。全村及各院围墙道路均用石料砌筑。

除了精美的古民居，村中还有建于清道光十六年（1836）的孝义可风牌坊；建于乾隆年间的步月亭和文昌阁；有县级文物保护单位催官塔；有反映民风民俗的建于清宣统二年（1910 年）的百岁亭；还有将军庙、古石寨、唐孔林墓等古建筑以及步月仙桥、步月岩、白驹岩、沙江晚渡、古井旋螺、上井石泉"双发井"等自然景观。所有的古建筑集民间匠人精湛工艺和智慧于一身，有着深厚的文化底蕴。

保护价值

月岭村古民居是目前广西境内保存较为完整的古民居群落之一，村中古民居、古建筑基本保存完好，但原有古村风貌也有所破坏。建议相关部门做好相应的古村保护规划和旅游开发规划，做好古村的修缮整饬工作，确保古村的文脉延续。2013 年，文市月岭村被列入中国传统村落名录。2017 年，月岭村古建筑群被广西壮族自治区人民政府列为自治区级文物保护单位。

月岭村俯视

这是站在月岭村中一处古建筑的二楼俯视村内古民居。村中的古民居屋顶高低错落，远处的山峦连绵起伏、植被丰茂。本图虽是月岭村一角，但可以发现全村古民居群规模实属不小。

月岭村古民居外立面

这是位于月岭村南端村口的一组古民居。高耸的马头墙与大面积的白粉墙形成了强烈的对比。脱落的墙体灰批和檐口滴水形成的水渍线，是历史赋予它的沧桑印记。

月岭村文昌阁近景

文昌阁位于村南的古道旁，四周为田畴，附近有孝义可风坊。文昌阁是供唐氏族人子弟读书开蒙的塾馆，它与文昌亭组成了一道亮丽的风景线。

月岭村文昌阁仰视

此图选取文昌亭作为前景。透过文昌亭看文昌阁的透视角度，形成了微仰视的角度，显得文昌阁更加高耸。本图重点刻画了亭阁的梁架结构与建筑的外貌形态，远景做了适当的虚化处理，更有效地凸显了古亭的敦厚古朴与古阁的壮美。

文市月岭村孝义可风坊

自治区级文物保护单位

地理位置

月岭孝义可风坊，位于灌阳县文市镇月岭村，距灌阳县城约 30 千米。

历史沿革

牌坊为清代湖南永兴县知县唐景涛奉旨为其养母史氏所立。据牌坊记载，孝义可风坊于清道光十六年（1836 年）正月二十七日完成基础，十二月十一日竣工，并由唐景涛作记。牌坊建成一百多年，至今仍坚固，可见工艺之精湛，实为世人所佩服。

规划布局

孝义可风坊位于月岭村旁的田垌间，一条古道从石坊中穿过，石坊前有文昌阁、步月亭。

建筑特色

孝义可风坊为四柱三开间、三重楼庑殿顶全石榫卯穿斗式结构，通高 10.2 米，面宽 6.55 米，明间跨宽 2.65 米，次间跨宽 1.15 米。牌坊柱基料石底座为 0.52 米 ×2.05 米，台基面宽 8.75 米，纵深 4.9 米。牌坊中间的两根

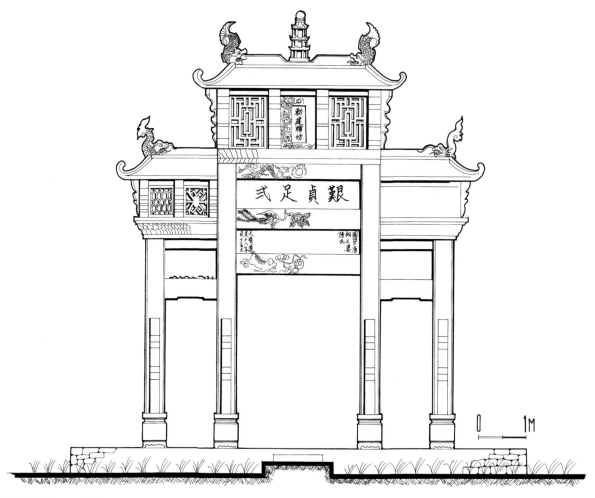

月岭村孝义可风坊立面

石柱通高 5.4 米，两旁的石柱通高 4.5 米，石柱直径均为 0.4 米。石柱南北有抱鼓石护柱，使高架凌空的石牌楼显得更加雄浑稳重。石柱下有 1 米高的石质底座，上部为府衙公案造型，下部为莲花纹饰。明间从下往上计，一层层高 3.8 米，一梁正、背面均雕刻一对麒麟献瑞。一层牌坊正中坊心正面铭刻史氏节孝懿事，背面铭刻史氏简历。二梁两面雕刻双龙戏珠。二层牌坊正中的坊心一面刻有"孝义可风"，一面刻有"艰贞足式"。三梁镂刻"八仙""八宝"图案，三梁之上有龙门梁，刻有莲瓣纹的莲花宝座，寓意冰清玉洁。莲花宝座承挑第四层，第四层为四组斗拱，支撑庑殿顶，两斗拱间有"皇恩旌表"匾额一方。石质的庑殿顶上为鳌鱼吻，屋脊正中刻三层八面玲珑宝塔一尊，第一层浮雕八尊佛像，另一层每面篆刻一字，分别为"欲穷千里目，更上一层楼"。石质斗拱上托屋檐，下立横梁之上。

整个牌坊如同一座石雕博物馆，无论是"二龙戏珠"、"麒麟献瑞"、"喜禄封侯"（喜鹊、马鹿、蜜蜂、猴）、"喜报三元"、"连升三级"、"桂馥兰馨"，还是脚踏祥云瑞霭的"八仙""八宝"等这些古老题材，莫不形神兼备，惟妙惟肖，栩栩如生，令人观之则赞之。石坊造型庄重，设计精美，榫卯相接，浑然一体。

保护价值

孝义可风坊历经 180 余年沧桑，仍保存完好。它蕴含了古代劳动人民的智慧和力量，是研究石刻牌坊艺术的珍贵实物资料，具有较高的历史、艺术价值，1981 年就被广西壮族自治区人民政府列为自治区级文物保护单位。牌坊目前作为月岭村古民居主要旅游点之一，受到了较好的保护，但还是应尽快做出相关的保护规划和旅游开发规划，严禁在景观保护区内建民房。

月岭村孝义可风坊平面

0 1M

月岭村孝义可风坊正视

此图把孝义可风坊置于画面的右半部，高大的建筑体量、微仰的视角，凸显出牌坊的不凡气势，远处的文昌阁有效地烘托了孝义可风坊的时代环境。整幅画构图立意准确，主次分明，对主体建筑的刻画细致入微，堪称精妙之作。

月岭村孝义可风坊侧视

此图主要想从另一个角度展示牌
坊的主体结构。繁复的牌坊屋顶
及结构、硕大的台基，以及抱鼓
石护柱，彰显出当年建造过程中
的工程量之大。画面中主体建筑
线条硬朗，远景建筑线条纤细，
画面主次分明。

地理位置

文市有两座红军纪念亭（又称东岸亭），分别位于灌阳县文市镇灌江两岸的老渡口码头上。

历史沿革

文市红军纪念亭，始建于清道光八年（1828 年）。1934 年，中国工农红军占领灌江浮桥并渡过灌江。1982 年，灌阳县人民政府拨款对亭子进行维修，并将其更名为红军纪念亭。

建筑特色

两座红军纪念亭一模一样，均为四柱式悬山顶凉亭，两山为木制博风悬鱼。亭顶覆以小青瓦，飞檐翘角，亭脊两端塑鳌鱼，脊中置葫芦形宝瓶。亭子面宽 4.8 米，通高约 7.5 米，四柱为 0.4 米 ×0.4 米的方料石，通高约 3.5 米。亭两侧对应设厚料石长条形石凳，供过往行人休息。

规划布局

自古以来，人们横渡灌江全靠舟楫，待渡其间，灌江南北岸边的亭子为行人提供了一处遮风避雨及纳凉休憩的绝佳场所。尤其是江北的亭子，建于江岸的高崖之上，有一曲三折的料石步级直达江边的码头上，亭依石崖，古树婆娑，极具景亭之意趣。

保护价值

文市红军纪念亭用料大气，亭子造型古朴雄浑，具有较高的历史价值和保护价值，1982 年灌阳县人民政府将其列为县级文物保护单位。

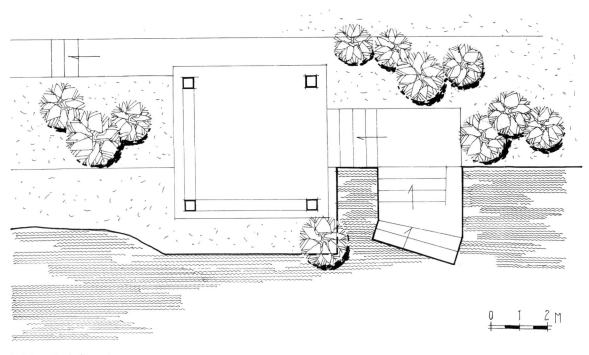

文市红军纪念亭平面

文市红军纪念亭立面

文市红军纪念亭外貌

这是位于灌江北岸的红军纪念亭，古亭建于高耸的河堤之上，河边的码头与河堤下的河床间有一株大树把古亭衬托得恰到好处。此图将红军亭置于画面的左上方，从河边码头有步级通往古亭。

新街江口村

国家级传统村落、县级文物保护单位

地理位置

江口村，隶属于灌阳县新街镇，距灌阳县县城 12 千米，因马山江、安乐源江、灌江三江汇聚一处而得名。

历史沿革

江口村是清末爱国官员唐景崧的故里，是都庞岭下的千年老街，一直是乡镇驻地。

规划布局

江口村沿马山江河岸布置，随地形高低依形就势，依托三江汇聚的水路交通开行互市，形成一条商贸互市的圩镇，曾繁盛一时。

建筑特色

江口村实为一条商贸古街，街长 1 千米，两侧皆为店铺。每户人家当街的大门口均有铺台，属前店后宅格局，建筑多为一至二层，青砖黛瓦，错落有致，如今在一些商铺侧墙上尚存依稀可见的商号名称。安乐源江位于古街口，跨过安乐源江上的古石拱桥，即可进入江口古街。街尾是唐氏宗祠，唐氏宗祠为两进深三开间布局，硬山式马头墙，精美的石雕柱础，木格花窗，墀头灰批出精美的纹饰。整个祠堂高大气派，具有典型的桂林古民居建筑的艺术特点。

保护价值

江口古街的建筑具有强烈的地域文化特征，但几近废弃，已无人居住。唐氏宗祠已于 2001 年被列为县级文物保护单位，近年得到修缮。2012 年，江口村被列入首批中国传统村落名录。建议当地相关部门做好保护及利用规划，切实加强江口古街、古建筑的保护。

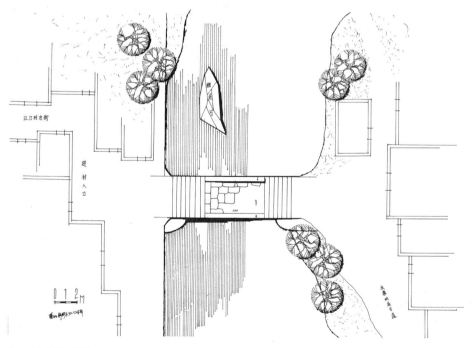

江口村古桥平面

江口村古桥立面

江口村唐氏宗祠

唐景崧故居中的唐氏宗祠，建于村前的一处坡地之上。此图通过仰视的视角，把一处桂北常见的祠堂表现得气势雄伟，而对台基下灌木丛和远处古民居的真实描写，使它们与祠堂建筑形成了浑然一体的画面。

江口村古桥

这是当年唐景崧进京赶考出村必经的一座古代石拱桥。朴实的古桥与周
边的古树、古民居构成了一幅原生态画面，唯缺当年行走的赶考之人。
古桥虽为主景，但手绘图对古树、古民居也做了真实、细致的描摹。

平等鼓楼群

自治区级文物保护单位

地理位置

平等鼓楼群，位于龙胜各族自治县平等镇。

历史沿革

在龙胜境内，北宋以前就有侗族人居住。根据侗族的《祖先入村》歌，北宋天圣二年（1024年），平等已经成寨了。至明代崇祯年间这里还有侗族人迁入，姓氏不断增加，最终形成了一个有陈、杨、吴、石、胡、罗、伍七大姓氏的多姓氏家族混合的侗族聚居地。

作为我国的少数民族之一，侗族人世居山区，交通不便，但祖祖辈辈勤劳勇敢、心灵手巧且热心公益事业。他们建造的鼓楼、风雨桥、戏台、凉亭、井亭等公共建筑具有非常显著的民族特征，其中鼓楼更是堪称侗族建筑艺术奇葩。

鼓楼在侗语中有多种名称，如"百"。因鼓楼的大梁上都悬有一面牛皮鼓，故汉语称之为"鼓楼"。鼓楼作为村寨中的政治、文化、社交和生活中心，具有族姓标志、聚会议事、击鼓报信、礼仪庆典和娱乐休闲等诸多功能。村寨通常以族姓为单位在各姓氏所居地的中心建一座鼓楼，有的姓氏因人口多则建多座，故而形成了一寨多楼的鼓楼群。

规划布局

平等鼓楼群地处山区丘地，群山环抱。整个侗寨面积2平方千米，大寨原建鼓楼8座，现存7座，周围小寨鼓楼现存6座，共13座，均耸立于寨子中心。其中，清代鼓楼遗9座，民国鼓楼4座。

建筑特色

就鼓楼的建筑而言，从立面造型可以分为塔式鼓楼和阁式鼓楼。塔式鼓楼平面布局为正方形，造型严谨、规整对称，形如古塔。阁式鼓楼平面布局以长方形居多，灵活自由、庄重朴实，形似殿堂，又与民居相似。鼓楼通常采用全木结构的抬梁穿斗工艺，整个建筑不用铁钉，层数有三、五、七、九不等，最多的有十余层，层与层之间无隔板，下大上小，极为壮观。屋顶的式样有悬山式、歇山式、多角攒尖顶式，以及诸种形式混合而成的式样。

平等村现存的13座鼓楼建筑特点如下（据平等鼓楼群景区石碑简介）：

1. 伍氏鼓楼。建于清雍正十一年（1733年），坐东朝西，面积65.62平方米，高7.4米，为十六柱二层檐四角歇山顶式鼓楼。

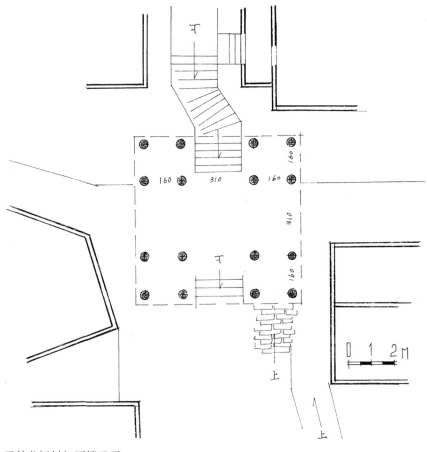

平等龙坪村红军楼平面

2. 陈氏戏台鼓楼。始建于清乾隆三十六年（1771 年），坐西朝东，通高 9.9 米，面积 116.44 平方米，是东面戏台、西面鼓楼的混合式建筑，为十六柱三层檐四角攒尖戏台式鼓楼。

3. 吴氏鼓楼。建于清嘉庆九年（1804 年），坐西朝东，面积 85.2 平方米，高 8.7 米，为十六柱三层檐四角攒尖顶式鼓楼。

4. 衙寨胡氏鼓楼。建于清嘉庆二十年（1815 年），坐北朝南，面积 57.82 平方米，通高 10 米，为十六柱五层八角攒尖顶式鼓楼。

5. 罗氏鼓楼。建于清道光八年（1828 年），坐东朝西，面积 87.22 平方米，通高 11.2 米，为十六柱五层檐四角攒尖顶式鼓楼。

6. 石氏过街鼓楼。始建于清咸丰七年（1857 年），坐北朝南，面积 87.22 平方米，高 12.9 米。鼓楼横跨石板街，是最具侗族特色的过街楼，为十六柱五层檐八角攒尖顶塔式鼓楼。

7. 寨官杨氏鼓楼。建于清光绪元年（1875 年），坐东朝西，面积 16.69 平方米，高 6.09 米，为二层六柱硬山顶式鼓楼。

8. 衙寨小鼓楼。建于清光绪十年（1884 年），坐西朝东，面积 10.92 平方米，通高 4.4 米，是平等镇最小的一座二层硬山顶凉亭式鼓楼。

9. 寨官吴氏鼓楼。建于 1919 年，坐西朝东，面积 53.32 平方米，通高 8.4 米，为十六柱四层檐四角攒尖式鼓楼。

10. 杨氏鼓楼。建于 1926 年，坐西朝东，面积 115.92 平方米，通高 7.5 米，为二层硬山顶干栏民居式鼓楼。

11. 松树坳雅方鼓楼。建于 1935 年，坐西朝东，面积 36.2 平方米，通高 7.6 米，为十二柱三层檐八角尖顶式鼓楼。

12. 松树坳鼓楼。建于 1935 年，坐东朝西，面积 63.22 平方米，通高 9.85 米，为十六层柱三层檐硬山顶式鼓楼。

13. 寨江鼓楼。建于 1947 年，坐东朝西，面积 64.72 平方米，通高 8.5 米，为十六柱三层檐四角攒尖顶式鼓楼。

每座鼓楼以榫卯穿斗，不差毫厘。梁枋穿插，应用了力学原理。干栏浮雕龙飞凤舞，飞阁重檐，瓦檐遍饰彩画，顶覆小青瓦，脊立宝葫芦，各层翘角多塑龟鹤，寓保佑平安与吉祥如意。

此外，在龙胜县平等镇龙坪村尚有一座杨氏鼓楼，该杨氏鼓楼现名红军楼，始建于清嘉庆四年（1799 年）。鼓楼面积 39.7 平方米，楼通高 10 米，柱径 44 厘米，为十六柱五重檐四角攒尖顶式木结构鼓楼。一楼为过街式通道，二楼为聚会、娱乐场所，是典型的桂北侗族过街式鼓楼。梁枋间尚存墨书"大清嘉庆四年十月梓匠人吴传万题款"。

保护价值

平等鼓楼群是桂林地区不可多得的侗族建筑艺术宝库，不仅数量多，且集中在一处，有较高的建筑研究价值和旅游开发价值，平等鼓楼群于 1994 年被广西壮族自治区人民政府列为自治区级文物保护单位。而龙坪村红军楼作为侗族地区具有典型代表风格的鼓楼建筑，1981 年被广西壮族自治区人民政府列为自治区级文物保护单位，2009 年经中华人民共和国国务院核定被列为全国重点文物保护单位。

平等龙坪村红军楼

红军楼位于龙坪村的陡坡之上，手绘图选择了从龙坪村向陡坡外方向作为视点，目的在于能看见红军楼每层
屋顶的结构。手绘图重点刻画红军楼，周边古民居则以简洁的线条表现，以此凸显红军楼的雄壮之美。

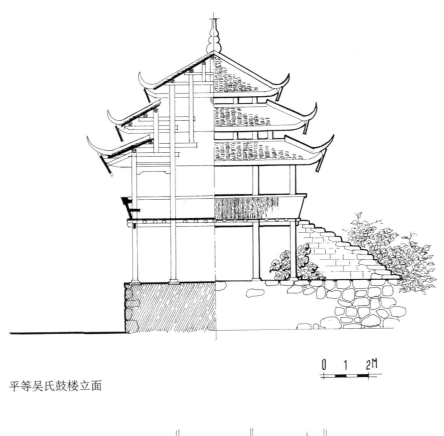

平等吴氏鼓楼立面

0 1 2M

平等吴氏鼓楼平面

民居

稻
田

民居

175   345   165

355

175

公　路

平等吴氏鼓楼

吴氏鼓楼位于平等主街西侧，背倚商业街，该图采用微仰的透视角度，可以看清二楼内的梁架结构及三层屋顶的造型。为了突出主题，对鼓楼以外的建筑物做了舍弃，鼓楼背景的老街建筑用细线条勾勒，使鼓楼更有气势。

平等伍氏鼓楼

伍氏鼓楼位于平等村，为重檐歇山顶。画面以鼓楼为中心，左右有民居夹峙，前临水塘，与民居形成一个整
体空间，水面和天空做留白处理。整个画面构图饱满，真实地反映了鼓楼周边的侗寨环境。

平等孟滩风雨桥

自治区级文物保护单位

地理位置

孟滩风雨桥，位于龙胜各族自治县平等乡平等村委会官寨南端的平等河上。该桥的造型为典型的侗族长廊式大型风雨桥。

历史沿革

清光绪三年（1877 年）始建，1928 年重修桥身，1933 年修建东西两端桥头亭，1993 年全面整修。

规划布局

孟滩风雨桥呈东西走向，横跨在平等河两岸的半山腰上。

建筑特色

孟滩风雨桥为木石结构，共 96 根立柱，分 4 纵列 18 组举架，计 17 开间，集桥、亭、廊为一体，系两墩三跨四亭瓦顶。桥体通长 71 米，宽 3.85 米，通高 12 米，桥墩高 8 米，墩宽 2.6 米。桥墩由长方形料石砌筑而成，平面呈梭形，迎水面为锐角，以便于分水，减缓洪水的冲力。两石墩之上，由数十根直径 40 厘米的圆杉木叠成梁架，层层出挑，架成桥面。桥廊为穿斗式榫卯结构。桥面铺木板，长廊、亭阁并列，重瓴联栏，栏外出挑风雨檐，檐板绘刻人物故事、山川河流、田园风光和花卉鸟兽，护栏内桥廊两侧柱间连接长椅。该桥是龙胜各族自治县目前保存最长、最具规模的风雨桥。

孟滩风雨桥两岸青山绿树，古树参天，桥下水清流急。该桥由附近侗胞于 1877 年捐资、捐料、捐工建成，是侗族同胞用于过河、遮风避雨及休闲聚会的多功能桥。桥上常悬挂吉祥红布，亦是侗族同胞祈求风调雨顺的"风水桥"。

保护价值

鉴于孟滩风雨桥具有较高的历史及建筑艺术价值，龙胜各族自治县人民政府于 1973 年将其列为县级文物保护单位，广西壮族自治区人民政府于 2017 年将其列为自治区级文物保护单位。

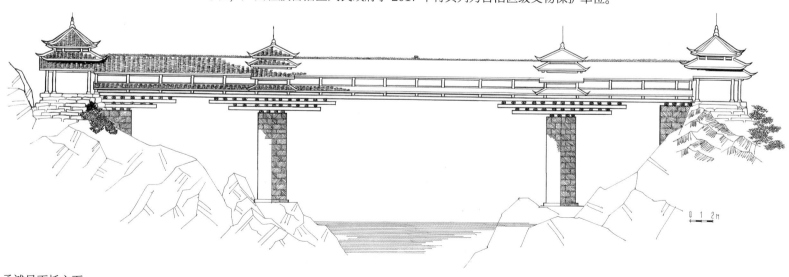

孟滩风雨桥立面

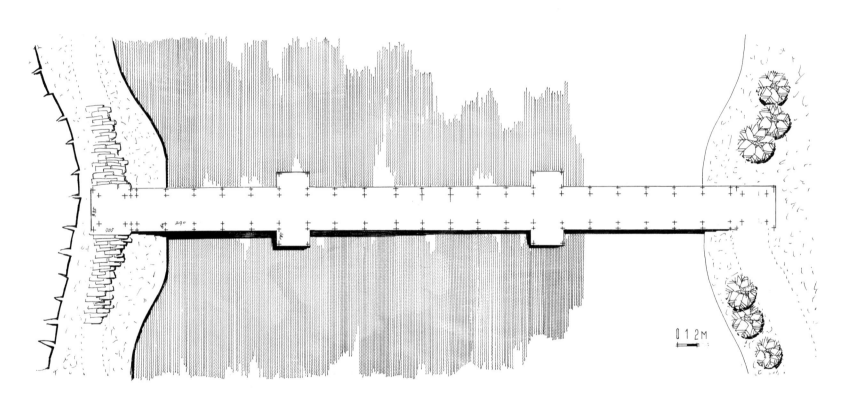

孟滩风雨桥平面

孟滩风雨桥全景

站在桥西侧北坡底，可见两墩三跨的孟滩风雨桥全景，由于右边岭坡的遮挡无法见到西岸桥亭。此图将风雨桥置于画面正中并横跨整个画面，由此可见该桥的跨度不小。

手绘图选择了从寨官村向沿山坡过桥可达龙胜至平等方向的公路边这一视点，将桥身置于画面二分之一处稍上的位置，使画面呈平视微仰视角，以便能清晰地呈现桥墩、桥身与廊桥屋面的结构关系。画面右下方的毛石古道与右上方的古树横斜映衬了孟滩风雨桥的古韵。

孟滩风雨桥局部

此图为从桥东南侧入口看风雨桥，通过这一视点，既可见到桥内梁架，又可见桥亭的造型和桥墩与水面的关系，是孟滩风雨桥近距离的真实写照。

孟滩风雨桥廊内透视

此图的透视灭点基本在图中心，因此，既可看清楚桥内上方层层递进的梁架，又可看清桥面木板铺放的现状。两侧的木柱左右各两列，并最终消失在桥廊的尽头，营造出强烈的空间透视效果。

孟滩风雨桥桥墩

此图撷取了桥中段，为桥墩与桥亭的特写图。由图可见，桥墩建于石矶之上，粗大的桥墩和四角攒尖的重檐亭造型十分协调，虽是局部，却画得十分引人入胜。

孟滩风雨桥桥头亭

此图选择了孟滩风雨桥西端桥头亭，亭西为山崖，亭东为桥身。三重檐的多角屋面组合亭阁体现了侗族工匠的高超水平。通过微仰视的手法，既能看清桥亭屋面造型，又可看到桥身梁柱穿斗布置。画面重点突出桥亭，对周边植被、山崖只做简单描绘，以此衬托出桥亭的精巧古拙。

平等广南兴隆桥

地理位置

兴隆桥,位于龙胜各族自治县平等镇广南村。

历史沿革

兴隆桥,又名沈坡风雨桥,据造桥碑记记载,该桥始建于清嘉庆四年(1799 年);于 1928 年被洪水冲毁,重修时全桥垫高;20 世纪 60 年代,桥梁碑文和桥上文字被拆毁和涂抹,木构架受损;1998 年,当地人捐资对全桥进行了维修。此后,该桥更名为兴隆桥。

规划布局

兴隆桥横跨于广南村约 300 米的长冲河上,四周为岭坡冲积平原,远处分别为交盘山和芝壳山。

建筑特色

兴隆桥为亭廊结合的一墩两跨式风雨桥。该桥通长 38.1 米,宽 4.09 米,高 4.5 米。桥墩为料石砌筑,平面呈梭形,迎水面呈棱尖状,桥墩通长 5.26 米,宽 1.68 米,高 3.23 米。桥墩上架设一层横两层竖垫木出挑。桥两端的片石驳岸和桥墩上架设了两层大圆木和木板,分别组成桥身大梁和桥面。桥廊高 3.3 米,由 4 列木柱组成的 10 组举架搭建而成。桥两端设亭阁式造型。桥廊各组立柱间横木上架设有供行人休憩的长木板。桥中部为重檐双坡顶,顶层抬升稍高于桥廊屋面,一侧设有神台,桥两端分别为二、三层重檐歇山顶,但造型亦有不同。桥廊内铺有石板。

保护价值

兴隆桥造型精巧,结构严谨,外观富于变化,是龙胜县境内一座具有较高设计水平的风雨桥。该桥曾是古代由龙胜县通往平等镇,进入湖南的交通要道,在历史上发挥过极其重要的作用。建议当地部门结合广南村的民俗文化,加强对该桥的保护与修缮。

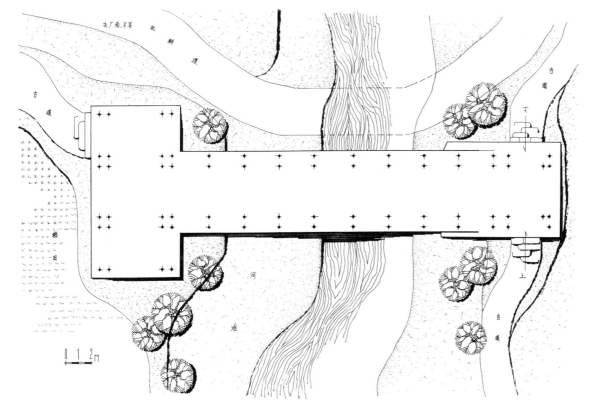

兴隆桥平面

兴隆桥立面

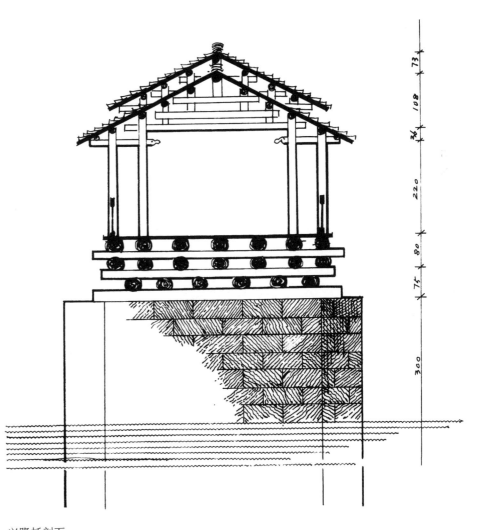

兴隆桥剖面

兴隆桥全貌

此图以从广南村看向进山方向作为视点，呈对角透视构图。近景桥头体量大气，中景的桥体结构表达精准，桥墩、河流走向以及河床坡面交代清晰。

画面左下方为稻田，右上方采用大面积留白，这样会使画面焦点集中在廊桥部位。桥左的远树和桥右的土岭作为衬景，使画面更为纯净而又富于细节变化。

兴隆桥近景

此图以桥中段为主视点，主要表现了兴隆桥的桥墩、桥梁和廊架的结构关系，桥梁挺拔的线条和桥廊梁内廊架复杂的穿斗结构形成了强烈的对比，极富画面感。

地理位置

接龙桥，位于龙胜各族自治县平等镇蒙洞村村口。

历史沿革

接龙桥，始建于清光绪八年（1882年），1922年重修。

规划布局

接龙桥横跨于回龙江之上，是古代从平等镇方向进入蒙洞村的唯一一座桥梁。回龙江自北向南流过平等镇，风雨桥呈东西走向横跨江面。桥西为一片稻田，桥东为高山土崖，过桥北折即为进村古道，古道穿过蒙洞村通向湖南绥宁县。

建筑特色

接龙桥长65.5米，宽3.5米，为石柱式桥墩平梁风雨桥。接龙桥的奇特之处在于桥下有六根从山上开采而来的自然面绿灰岩料石柱，两根料石为一组，形成三墩四跨，上架横梁逐级出挑呈叠涩状，粗大的通梁横跨于两墩之间的最上层，通梁之上覆木板作为桥面，桥面上立112根木柱，作28组举架23开间。桥两头入口为对穿过街楼式，屋顶为三重檐四面坡屋顶，上覆八角亭顶盖；桥中段的第13开间以金柱逐级抬升，作三重檐楼阁式八角亭顶盖，下面两重檐均为四面坡屋顶结构；而桥头至桥中段的三重檐之间，以金柱架空作单檐攒尖顶式顶盖。整个桥头为木柱"人"字形两面坡穿斗式梁架结构，上覆小青瓦顶，为遮风雨在桥栏杆外出挑飞檐。每个开间的两柱间架木板作为坐凳供行人憩息。廊架通高约3.5米，桥面至水面高约2.5米。

保护价值

平等蒙洞接龙桥历经100多年仍保存完好，从桥的立面造型来看，采用了攒尖顶、八角顶及二面坡雨檐和人字坡屋顶等多重造型的结合，使桥的形式富于变化而又和谐统一，具有极高的艺术水平，是桂林区域内不可多见的侗族风雨桥。广西壮族自治区人民政府于2017年将其列为自治区级文物保护单位。

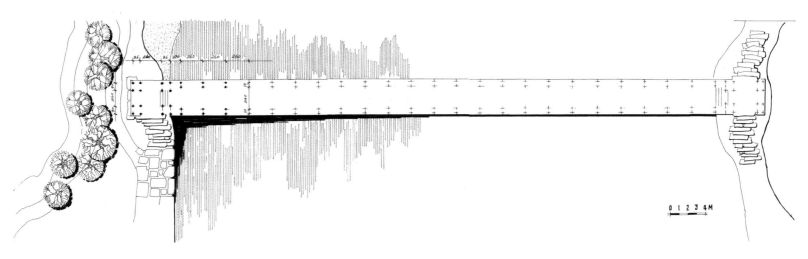

接龙桥平面

接龙桥立面

接龙桥桥头亭

此图为仰视构图，从此角度恰好能看见亭阁内纵横交错的梁架结构。密如蛛网的梁柱，画起来非常费时费力，但这幅图从构图到线条的交代都十分完美。

接龙桥全貌

此图选择了能看清每个开间梁架和桥墩布置的角度，以河对岸的岭坡古树做背景，展示接龙桥如长虹卧波的气势。接龙桥占据画面中心，左侧桥亭高耸，与右边岭坡古树遥相呼应。路面、河流及河滩被弱化处理，天空大面积留白，较好地突出了接龙桥的形体，也使画面更唯美。

接龙桥近景

从桥西南的河边看接龙桥，可见河中耸立的奇特的桥墩由两根石柱上架一根横梁构筑而成。三墩四跨的桥梁气贯长虹。2018 年的一场雨，使河对岸山坡上的古树倒下，砸毁了桥对岸的桥亭，画面真实地再现了灾后的现状。

站在河滩边看接龙桥呈微仰视视角，这样既可以看见桥顶的屋面造型，又可以看见桥内廊架和桥梁结构。桥中段的八角形重檐式亭阁是最难画的地方，亭阁结构复杂、线条多变，经过两天的精细刻画，方得以完成。

伟江红军桥

自治区级文物保护单位

地理位置

伟江红军桥，原名黄叶桥，又名顺风桥，位于龙胜各族自治县伟江乡潘寨村伟江河上。

历史沿革

伟江红军桥始建于清光绪二十一年（1895 年），1924 年、1947 年分别重建过，当地村民于 1965 年正式将该桥定名为"红军桥"。

规划布局

红军桥横架于伟江河上，造型新颖巧妙，结构科学合理，形式别具一格，体现了桂北苗族人的聪明才智和高超的建筑技巧。

建筑特色

伟江红军桥是龙胜境内唯一一座苗族单拱长廊式小青瓦顶风雨桥，通长 38 米、通宽 3.55 米、通高 9 米，桥面至河床高 6 米。整座桥只有一个跨度为 30 米的弧形拱跨，拱桥根据力学原理用粗圆杉木叠架而成，桥拱梁架面上横铺木板，桥上构筑木质两面坡小青瓦顶长廊。长廊走道两旁设有长凳，供行人歇息，桥身正中一侧出挑两个吊柱，作为神台，供奉神像、神器，以祈求风调雨顺、六畜兴旺。

保护价值

鉴于伟江红军桥具有较高的历史价值和建筑艺术价值，广西壮族自治区人民政府于 1994 年 7 月 8 日将其列为自治区级文物保护单位。建议当地相关部门加强对该桥的保护，做好防火措施，严禁牲畜和重力车辆通行，确保红军桥的安全。

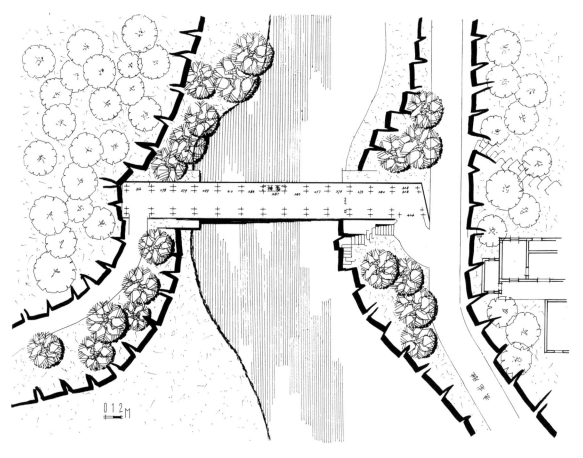

伟江红军桥平面

伟江红军桥立面

伟江红军桥外貌

这是从山道过桥后右转向伟江乡方向的角度，画面左侧为红军桥入口，通过透视既能看见风雨桥瓦面造型，也可以看见廊内梁架和桥梁的结构。

此图重点刻画了红军桥以及桥两岸的岩基结构，对作为衬景的植物，分别做了近实远虚的处理手法，更有效地突出了红军桥的外貌。

伟江红军桥仰视

伟江红军桥造型奇特。该桥以河东两岸的石矶做桥墩，桥梁逐级出挑成45 度向河中心合拢构筑桥梁。为了展示该桥的建造特色，此图特意选择了从桥下仰视桥腹的视点，以展示该桥的结构肌理，从而使画面产生了强烈的冲击力。

马堤八滩黄岩桥

地理位置

黄岩桥，位于龙胜各族自治县马堤乡八滩村，距县城约 19 千米。

历史沿革

黄岩桥建于清乾隆三十年（1765 年），因桥旁有黄色岩石而得名。

规划布局

黄岩桥横跨于鸣河寨前的小溪之上，桥北为鸣河寨，桥南紧临龙胜至马堤公路。桥周围属崇山峻岭地貌，桥上游 10 米处建有堰坝蓄水，现桥下基本断流。

建筑特色

黄岩桥为单孔石拱桥，全用方料石错缝砌筑而成，全桥长 20.6 米、宽 4.5 米，桥拱跨度为 10.6 米，桥面至河床 9.9 米。该桥横跨于峡谷之上，用料考究，建筑坚固，至今保存良好。桥旁原有黄岩桥碑记，石碑现已移至马堤乡政府内存放。

保护价值

马堤八滩黄岩桥是清代及民国时期龙胜通往湖南的必经之路，历经百年依然保存良好，对研究龙胜地区少数民族的交通建筑史具有较高价值。龙胜各族自治县人民政府于 2005 年将其列为县级文物保护单位。

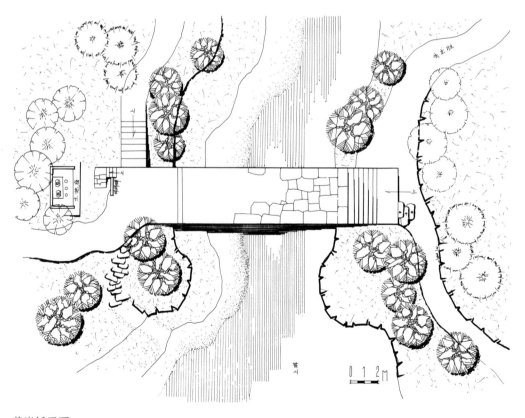

黄岩桥平面

黄岩桥立面

黄岩桥全貌

此图选取了两山夹峙的角度来表现黄岩桥的特殊地理环境，用美工笔皴出两岸的岩石肌理，画面右下方大面积留白主要是为了更好地凸显黄岩桥的造型。河滩、土地庙及山坡上的树木作为衬景，只用细线条表示，这样能更好地表现空间层次。

资源古建筑

第九章

Ancient Architecture in Ziyuan

中峰大庄田锦头村

地理位置

锦头村，俗名井头村，属于资源县中峰镇大庄田村委下辖村，在资源县城东南约 10 千米处。

历史沿革

关于锦头村的始建年代，无确切史料记载。据考古学家推断，村中现存古民居应建于清代乾隆三十年（1765 年）至 1948 年间。

规划布局

锦头村紧临资江，山环水绕，茂林修竹，景色秀美。村中每座古民居的宅院都是两进深三开间带前院、天井的格局。进入宅院的第一道门为"朝门"，亦即引路进入主建筑的头门。据当地的老人说，这里自古以来就有"千斤朝门四两屋"的说法，可见"朝门"在这里的宅院建筑中有着举足轻重的作用，根据现场的考察推断，一则是为了抬高主人的尊贵身份，让外人不能一眼看见正屋内主人的日常活动，增加私密性和神秘感；二则从"朝门"的朝向与周边的地理环境来看，有驱邪避煞、聚财旺丁之意，因为"朝门"不正对大门，朝向也各不相同，而且与主体建筑群相距十余米。我们在桂林一带从事古建筑调查研究十余年，仅在锦头村发现过"朝门"。过朝门为前院，即可看见一堵高大的"品"字形马头墙，在马头墙的正中部位，有一座仿三开间的青砖小瓦牌楼造型门头，跨入门头为"应门"。所谓应门，一般是古代大户人家直开式大门的一种设计。"应门"为全木结构，木柱木门，正对大门的木门多有精美的镂雕花窗，侧门则无雕饰。"应门"的雕花门扇只有在亲友光临或遇喜事时才开启，平时人们只从侧门进出。跨过"应门"即为天井，环天井走廊可达正厅，正厅又称中堂，中堂内多有雕龙刻凤的装饰和匾额。穿过中堂有天井，天井与第二进建筑和厢房相连。在锦头村，但凡有一定规模的建筑组群都会在主建筑群两侧另建一至二排横屋，北侧横屋供内眷和下人居住，南侧横屋堆粮草及作为牲畜圈。

建筑特色

锦头村古民居融合了极具美学效果的各种立面造型，硬山式封火墙为戗脊翘角，照壁为马头墙翘脊，正门门楼立面侧砌出仿三开间牌楼的形式，做工精致，雄浑大气。而朝门则偏于院墙的一隅，采用桂林传统民居中常见的两面坡小青瓦悬山顶，前檐采用木楹石础，"一"字形木门朝内开，两围墙作"八"字形。所有建筑墙体均以青砖或红色卵石砌筑，以黄泥石灰浆拌合作黏结剂，墙体厚实坚固。有的墙表面用"透风""福"等字体作装饰。石墙将房屋分为两层，墙内为正屋，墙外为厢房。正屋为上等木料建造，屋中所有的梁柱窗户均雕有各种人物和吉祥图案，柱础的雕刻更是精美。厢房的建筑工艺也不逊色，同样体现了大户人家的尊贵与显赫。

保护价值

锦头村古民居作为不可多得的朝门式民居建筑，在桂林极为少见，应结合中峰镇红提产业配套做好旅游开发，保护好这一珍贵的文化遗产。

锦头村古民居群局部平面

锦头村古民居朝门平面

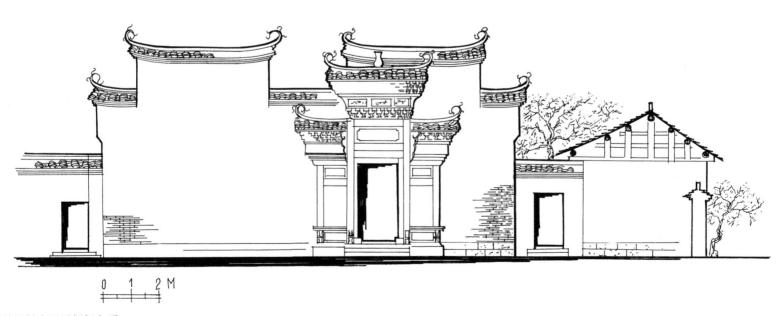

锦头村古民居朝门立面

锦头村古民居俯视

此图为锦头村古村落的俯视图。手绘图将农家小院作为前景，把一组完整的古民居置于画面的中心，以远处鳞次栉比的古民居和影影绰绰的远山为背景，构成了一幅非常淳美的古村画卷。

锦头村古民居朝门俯视

这是从二楼俯瞰锦头村古民居的朝门及内院的一组建筑群落。朝门两侧院墙呈"八"字形，如同县衙门的形状，故称朝门。通过俯视，可看清楚朝门内建筑组团的布局，由此得知该组建筑为三进三开间，首进门头为仿牌楼式门头。

手绘图重点刻画朝门及相应的三进建筑，周边建筑逐渐虚化，这样更能突出主体建筑，使画面更具有层次感。

锦头村古民居门头细部

明清以来桂林民居中的门头做得如此精细的非常罕见。仿牌楼式的门头为三开间三层楼造型，檐下有出挑的砖质斗拱。斗拱特意切削成统一形状，并用纸筋石灰膏批出元宝形。斗拱下有浮塑彩绘，做工十分精巧。密如蜂窝的斗拱，手绘起来十分费工。

锦头村古民居内院

这是一幅站在堂屋内看中门内和中门外之间的应门的画面。从这组建筑的重门深院，可以看出当年主人的显贵地位。

画面真实反映了如今住户的生活场景，中门廊内的鸡舍、梁下吊着竹编箩筐、画面左侧的木谷仓，这些桂北农家的生活场景均跃然纸上。

瓜里白水高仙桥

自治区级文物保护单位

地理位置

高仙桥，位于资源县瓜里乡白水村前的白水河上，距瓜里乡约 3 千米。

历史沿革

据桥头现存的碑文得知，高仙桥始建于清代道光年间。因道光末年的一次山洪暴发，桥墩受损，咸丰四年（1854年）进行过一次大修。1949 年 5 月，高仙桥再次被山洪冲击，桥身歪斜，于 1961 年修复；1986 年，因山洪暴发局部遭损毁，相关部门对其进行了大修。

规划布局

高仙桥高耸于白水河之上，桥东临山崖，桥西为农田，跨过瓜里到车田公路即白水村。以桥为中心，河流上游两岸为峡谷，下游两岸为宽阔河滩。桥旁有修竹茂林，四周高山环绕，景色极佳。

建筑特色

高仙桥为两墩三跨式风雨桥，桥廊为 4 列杉木立柱，共计 26 排举架，25 开间。全桥长 43.5 米、宽 4.2 米，桥廊通高 5.5 米。因累遭山洪暴发的侵扰，如今的高仙桥高耸于河床之上，为方便行洪，桥梁单跨宽达 10 米以上。

高仙桥造型大气雄浑，建筑立面富于变化，桥中段为歇山式坡屋顶，桥两端虽然同为歇山顶，但正脊与桥廊呈"十"字形重叠，屋宇重阁，错落有致。

保护价值

高仙桥造型精美，周边景色优美，于 2017 年被广西壮族自治区人民政府列为自治区级文物保护单位。

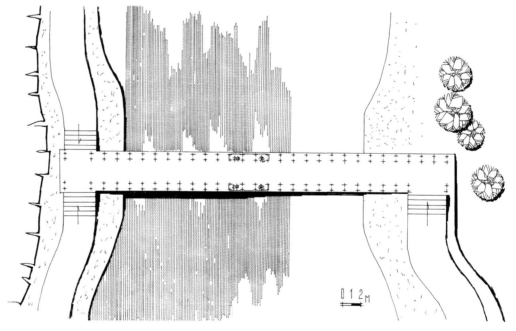

高仙桥平面

高仙桥立面

高仙桥全貌

此图采用全景透视的手法把整个桥的开间布局和廊桥结构完整展示出来，这一构图能让人很好地理解桥亭和桥中段的桥阁造型及结构肌理。古道的坡度逐级抬升，使高仙桥更显高大雄浑。画面右边的古树虽是近景，但不做写实处理，从而重点突出高仙桥的细节表达。

高仙桥局部

此图选取了高仙桥的中段，通过仰视把桥身与廊架的穿斗结构完美地呈现出来。桥周边的环境没有过多的细节，能更好地彰显高仙桥的复杂结构。

瓜里大田风雨桥

地理位置

大田风雨桥，位于资源县瓜里乡大田村委大田村。

历史沿革

大田风雨桥始建于清末。近年来，对该桥桥墩进行过加固性维修，对桥梁也进行过检修。

规划布局

大田风雨桥横跨白水河下游，桥东为瓜里至资源县城的公路，桥西为大田村，四周崇山峻岭，属河谷冲积平原地貌。

建筑特色

大田风雨桥为一墩两跨式风雨桥。桥梁系 4 列杉木立柱共 26 排举架穿斗而成的 23 个开间，桥两端及桥中部局部抬升成重檐式歇山顶。该桥通长 42.4 米、通高 12.86 米，桥面宽 4.12 米，桥面至水面 6.32 米，桥面至廊脊 4.28 米。桥面两侧木柱间设有护栏及条凳，桥中开间一侧设有神龛。桥墩由凿刻工整的方料石砌筑而成，桥墩平面呈梭形，迎水面呈梭尖状。

保护价值

该桥造型大气。因原桥跨度偏大，村民在桥的河滩段增加了一个混凝土柱式的桥墩，建议当地政府加强对该桥的维修与保护。

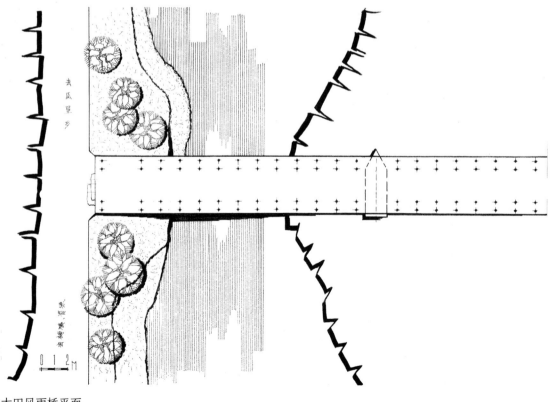

大田风雨桥平面

大田风雨桥立面

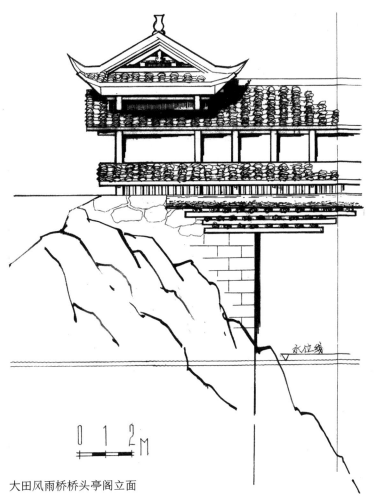

大田风雨桥桥头亭阁立面

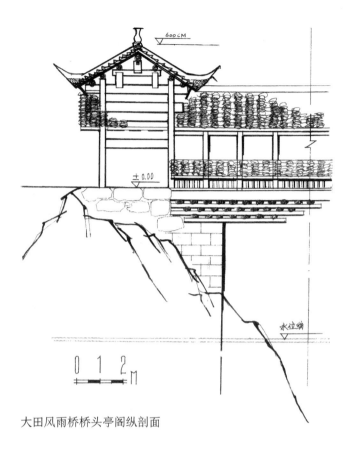

大田风雨桥桥头亭阁纵剖面

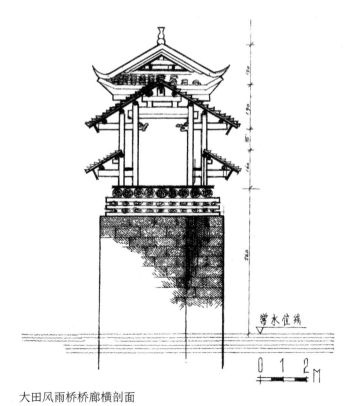

大田风雨桥桥廊横剖面

大田风雨桥全貌

此图选取从大田村看向瓜里乡的方向，以站在桥下河边的角度为视点，呈仰视构图。整座桥占据了画面的三分之二以上，高大的桥墩、密集的梁架穿斗，使大田风雨桥更具视觉冲击力。

河对岸高高的河岸线，衬托出了大田风雨桥的雄浑气势，而河对岸的土岭和远山则被弱化处理，以凸显大田风雨桥的雄伟形体。

大田风雨桥廊内透视

此图为从大田风雨桥廊内中段透视桥内梁架结构，梁架的穿斗结构表达清晰，桥内的梁柱产生的透视形成了
良好的空间感。

两水凤水绾纶桥

地理位置

绾纶桥，位于资源县两水苗族乡凤水村两水完全小学北约 500 米处，横跨于凤水河之上。

历史沿革

绾纶桥始建于 1936 年，但后来由于七七事变爆发，税捐役费多，财力不济，桥未完全建成即停工，以至有桥无亭。到了 1946 年，在首事周玉堂、石匠刘东祥、木匠郑昌虎、砌匠张大德、经理刘宗瞿和邹余式的倡议和努力下，桥亭最终建好。

规划布局

绾纶桥横跨于两山对峙的峡谷上，远看极为险峻，下游几百米处即为凤水与社水汇合处。桥两岸为陡峭山岭地形，龙胜至资源公路从桥头一侧的山腰经过。

建筑特色

绾纶桥为砖石木结构风雨桥。桥墩为单券石拱，桥台筑于河两岸的石矶之上。桥廊为砖柱木结构七开间长廊，桥面铺砂岩质石板，桥两侧筑有高 0.57 米、宽 0.48 米的护栏石，护栏石上还设有栅栏。桥通长 20.94 米，宽 5.75 米，高 14.31 米；拱高 8.41 米，跨径 10.6 米。桥廊以 12 根方形砖柱组合作为抬梁支柱，砖柱边长 42 厘米，檐口高 2.62 米，桥廊高 5.85 米。桥两端为"品"字形硬山式封火墙，墙体用鹅卵石砌筑，黄泥石灰膏作为胶黏剂，石灰膏批荡。墙厚 43 厘米，宽 5.57 米，高 5.85 米。靠公路一侧封火墙居中对开一半圈券拱门，门高 2.43 米，宽 1.41 米。封火墙门外各有石阶与山下小路相通，一端连接资源至龙胜公路，一端通往两水完全小学。

保护价值

绾纶桥所处地势险峻，造型端庄大气，保存完好，现在仍是行人往来的必经之路，有较高的建筑艺术价值和使用功能，应该加强保护。

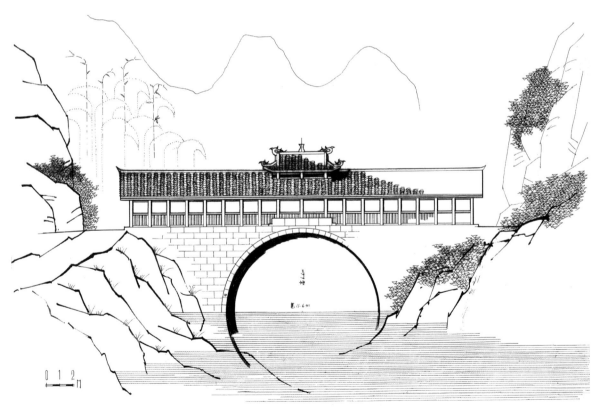

绾纶桥立面

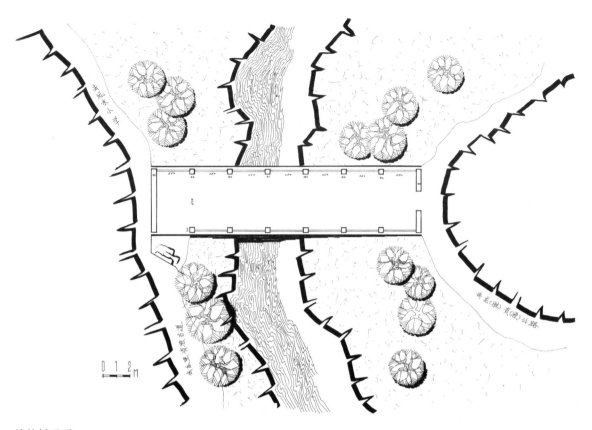

绾纶桥平面

绾纶桥全貌

手绘图采用了俯视的角度，能较好地表现该桥的造型及结构。

梅溪西天江风雨桥

县级文物保护单位

地理位置

西天江风雨桥，位于资源县梅溪镇梅溪村委喻家晓地村，从村委院子外沿山道向西行走 1 千米即可到达。

历史沿革

西天江风雨桥是从湖南到广西古道上的一座大型券拱形风雨桥。该桥始建年代不详，据桥头现存的石碑得知，该桥于乾隆三十七年（1772 年）重修，由大陀村福竹人邹宇贡督导修建。

规划布局

西天江为峡谷景观类河流。风雨桥横跨于峡谷中的西天江之上，四周高山连绵，竹木繁茂，地势陡峭，河谷深邃。一条古道连接桥梁两端，地理环境极为险峻。

建筑特色

西天江风雨桥为单券拱料石廊架式穿斗结构，通长 27.8 米。桥身由方料石错缝砌筑而成，桥廊为榫卯穿斗式木结构，桥顶中部局部抬升形成重檐歇山式桥亭，覆以小青瓦。桥面中段铺设青石板，两端桥廊的桥面为沙土路面，中间桥亭部分桥面为料石铺装。桥廊 4 列 18 组共 66 根直径为 18 厘米的杉木立柱，构成 16 个开间，桥中亭阁占两个开间。该桥廊通高 4 米、宽 4 米，中部桥亭高 5.53 米，桥拱跨 11.6 米。

保护价值

西天江风雨桥气势宏大、造型独特、风格古朴，作为石拱桥与廊桥相结合的实例，是桂林境内不可多得的桥梁建筑典范，相关部门应加强保护与修缮。

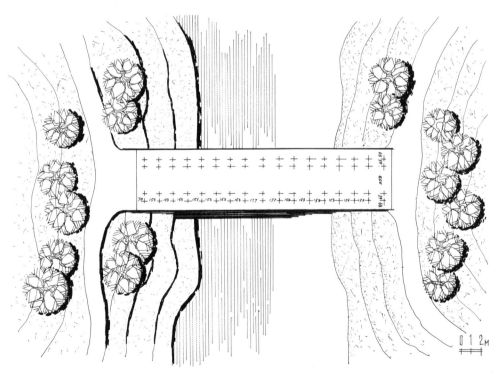

西天江风雨桥平面

西天江风雨桥立面

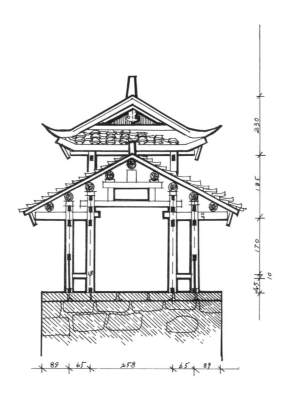

西天江风雨桥剖面

西天江风雨桥近景

站在西天江风雨桥桥头，可见桥面廊架结构及屋顶的造型。人字坡桥廊，中段局部抬升做成歇山顶，展现出浓郁的桂北民居建筑特征。

此图构图选择恰到好处，既能看见桥廊的透视效果，又可俯视桥下河滩和溪流。

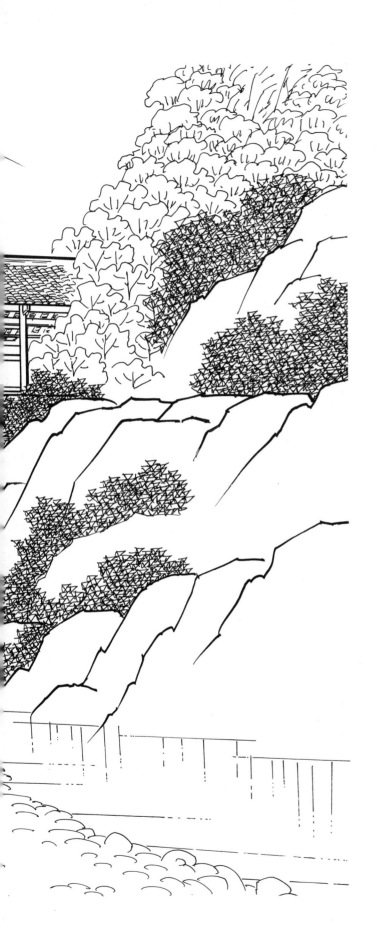

西天江风雨桥远眺

西天江风雨桥横跨于两山夹峙的峡谷半山之中。此图为站在河滩上看该桥的仰视视角，将桥置于画面的上半部，画面左侧为近景的毛竹，画面右侧为山坡陡崖，重点刻画风雨桥，使风雨桥与自然环境完美融合。

平乐古建筑

第十章

**Ancient Architecture
in Pingle**

沙子古民居

国家级传统村落

地理位置

沙子古民居，位于平乐县沙子镇茶江西岸沙子大桥南侧。

历史沿革

沙子镇在唐代已立圩镇，是北通湘楚、南接苍梧的交通要道，古为平乐重镇。清光绪七年（1881年）修建现存圩镇。现今，仍保存有清代风格的商铺100多家，以及近1.8千米长的古石板街。

规划布局

沙子镇自古就有"三弯九塘十八巷"的美誉。沙子镇石板街建于光绪末年，街道中间横铺大块青石板，两旁直铺长条青石板为边，图案井然有序，整齐美观，路面光洁、平坦。

由于古街毗邻茶江，沿江街道的每个单元都有一道用于防洪防盗的拱形闸门。闸门往下便有石梯通向茶江码头。古时，茶江水运发达，当地商人将大宗的物品由水路转入桂江，再由桂江运载到梧州、广州直至出海口；同时，也把广东的食盐、布匹和各种小商品运到沙子镇上岸，再通过陆路运往湖南等地。

建筑特色

就建筑艺术而言，茶江边紧临沙子桥头的一座民国风格的古民居是这里最精致的建筑。该建筑为二进三开间带天井的青砖大瓦房，首进大门为二层，内环跑马楼式回廊。大门正对茶江，门前有小广场。3米多高的料石驳岸挺立河边，大桥与古民居之间有一座古码头，可曲折而下。整座古民居采用磨砖对缝的清水砖墙，历经百年仍光亮如新，每块青砖的火候呈色一致。前檐叠涩出硬檐，以红色水泥加石灰膏浮塑出十分精致的装饰纹样。硬山式封火墙的山脊及屋脊浮塑出红色拐子龙纹饰，大门为凿刻方正的料石门框和料石台阶。这些无不体现主人的财力与建筑工匠的高超水平。主建筑亦为两层，建筑比第一进略高，其外部的装饰工艺与门楼一致。

紧临该建筑南侧的是两组三开间的民国风格古民居，作为桂林市域范围内具有典型特征的古民居，至今仍保存完好。

保护价值

沙子古民居，具有一定的保护价值和历史研究价值，应加强对该古街区的保护利用。2012年，沙子镇沙子村被列入首批中国传统村落名录。

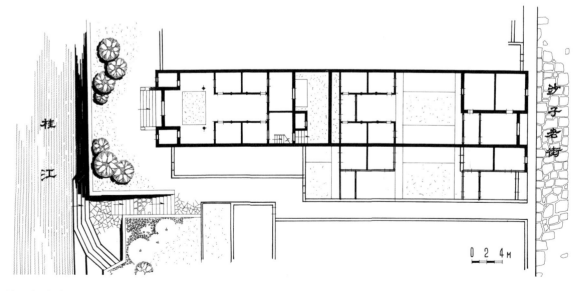

沙子古民居平面

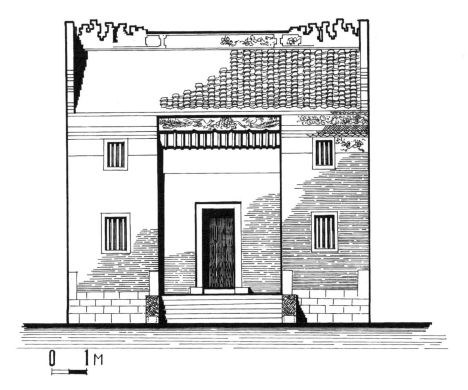

沙子古民居正立面

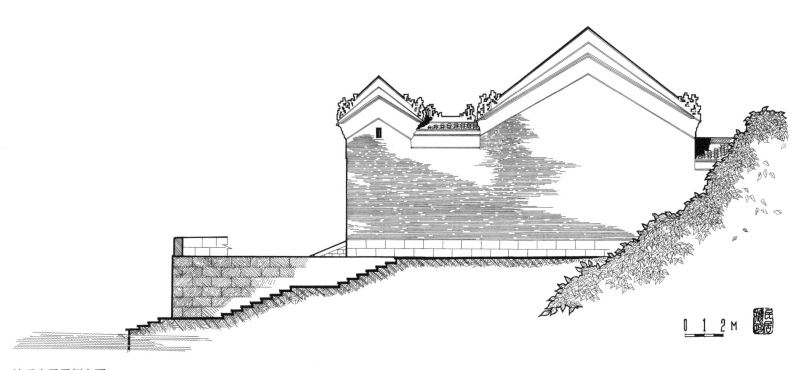

沙子古民居侧立面

沙子古民居

这幅手绘图选择了沙子大桥西南侧沿河的第一排建筑中最精美的一组古民居建筑。画面右侧的这座清末民国初的古建筑，建筑工艺十分讲究。灰批的拐子龙头脊，山墙、檐口的彩绘，磨砖对缝的青砖墙，雕刻工整的料石墙基，无一不需要精描细绘。整个画面一气呵成，天空做留白处理更能凸显出古民居的立体感。

沙子古街当铺

沙子镇古街当铺是民国时期当地最高的建筑。五层楼的青砖封火墙，犹如一座大碉楼。画面近景为一座青砖灰批浮雕皆精美绝伦的民居，中间为天主教堂，背景为当铺。此图线条表达最难画的是教堂的三层花瓣形券拱，曲线层次多、曲度复杂，但再难画的线条都得到了精准的表现。不仅如此，连教堂台阶下的紫罗兰也画得鲜活灵动。

沙子湖南会馆

地理位置

沙子湖南会馆，位于沙子镇古街中段，坐西朝东，隔街与茶江相望。

历史沿革

据初步考证，沙子湖南会馆始建于清代乾隆年间，20世纪80年代，最后一进因年久失修自然倒塌。

规划布局

沙子湖南会馆平面布局为三进三开间、三院落，前院的门楼和最后一进的主殿被毁，仅剩第一进和第二进。沙子湖南会馆主体建筑左右与民居相邻，大门朝向对面街上的民居。

建筑特色

现存的第一进为三开间硬山式封火墙，临街的前檐墙两侧开便门，当中有一扇大圆拱景窗，圆拱窗楣上有一扇面匾，内书"观今鉴古"。圆拱景窗外天井建有葵瓣形花池。正脊灰塑拐子龙纹，将军座上塑一尊宝瓶。两侧山脊做岭南风格的翘角。室内两举架大梁用粗厚的木板拼成"山"字形，其上浮雕造型各异的九狮图。后檐无隔墙，作为开敞空间与第二进互通。

会馆第二进两侧墙为青砖硬山封火墙，平面为三开间布局，当中两列杉木柱作为抬梁支撑人字坡屋顶。该进前后檐及室内均无隔板封闭，空旷的大厅设计主要是为了方便湘籍人士聚会。

保护价值

沙子湖南会馆第一、二进基本保存完好，尤其是第一进的举架浮雕九狮，在桂林地区属于仅见的一处，不仅保存完整，雕工还十分精致，应加强保护。

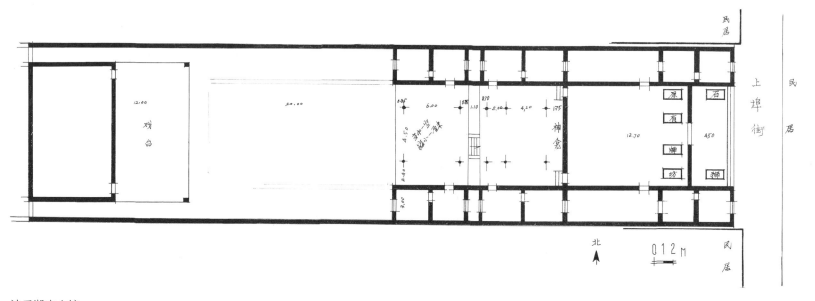

沙子湖南会馆

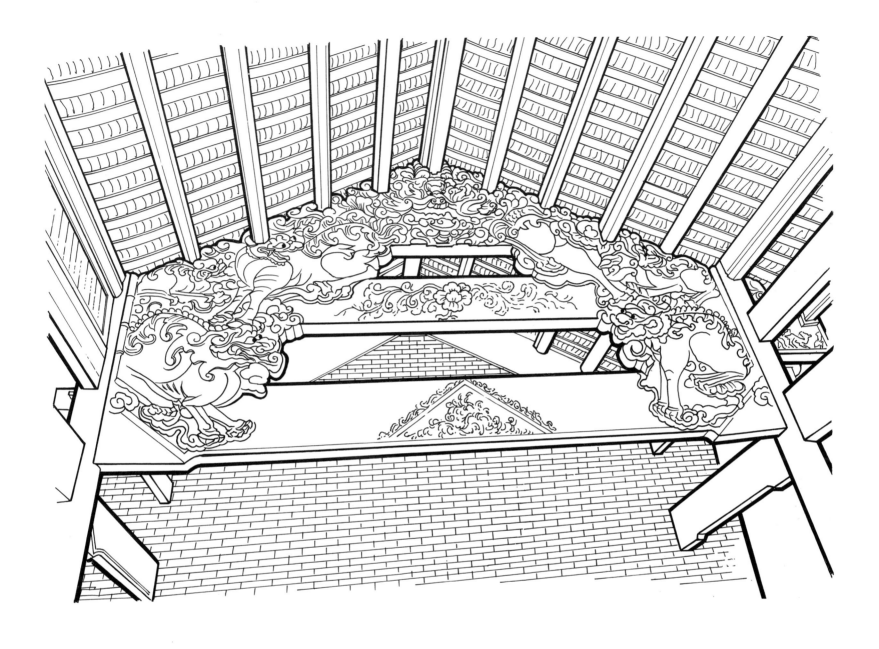

沙子湖南会馆雕花梁架

会馆内整堂的雕花举架十分令人震撼。三层的梁架根据图形拼合成一个等腰三角形举架，四只浮雕的雄狮两
两相对，正中上方一只龙首祥云环绕，狮、龙的造型生动，雕刻线条刚劲有力。

本图采用白描手法，外轮廓用粗线勾边，真实地还原了梁架中的图案造型。

沙子太平石拱桥

县级文物保护单位

地理位置

太平石拱桥，位于平乐县沙子镇老街西南茶江支流汇合处。

历史沿革

该桥始建于清光绪三十三年（1907年）。相传建桥时，沙子街的粤东会馆和湖南会馆财力、势力相当，各自坚持要由本省工匠献技，对峙之下，只得同请两省工匠共建一桥。左湘右粤，湘工石刻深凿粗放，粤工则精雕细刻，各有千秋。又据传，此为风水先生两次罗盘选定之址，但在清基时，东端丈余深仍不见生土，又不能移址，遂由两省工匠共同献计，以松木打桩垫底，桥基立于淤泥、浮木之上，又特加两孔旱拱，用于排洪。至今已近百年，历近百次洪水，桥身安然无恙。

规划布局

太平石拱桥，是菜园村通往沙子镇的主要桥梁。桥两端为菜园，河两岸茂竹修林。东有茶江，四周为石灰岩群山环列，景色优美。

建筑特色

石拱桥为石灰岩材质砌筑结构，东西走向，桥全长24米，桥面宽4.5米，拱顶至水面高7.5米。桥下有三拱。西端主拱为水孔，横跨在茶江支流的两岸，跨径达10米；近街头的东端为两孔旱拱，用以排洪护桥，较之西端的水拱略小，各跨2.1米。桥面的南北两侧置有石护栏，护栏高1.1米、长12米，各由5根石柱和4块石雕屏风组成。石柱面刻有纹饰，顶端分别立雕狮子、麒麟、玉兔和葫芦等造型。石屏风浮雕樊梨花征西、麒麟吐宝书、张果老骑驴、何仙姑采莲等图案，人物造型生动逼真，图案布局简洁大方。

保护价值

沙子太平石拱桥与邻近的沙子石板街、蚂拐古渡等名胜古迹一并成为游览景点。由于该桥具有较高的历史与艺术价值，1982年被平乐县人民政府列为县级文物保护单位。

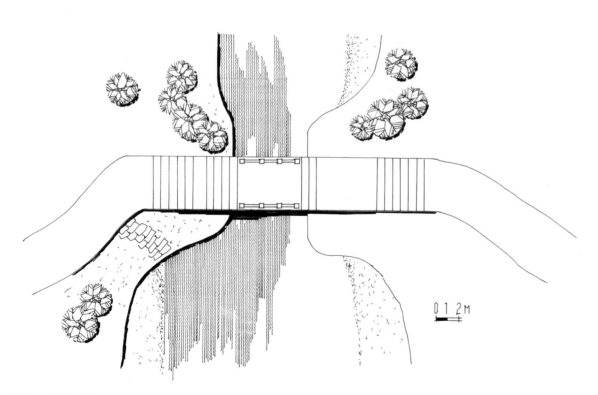

太平石拱桥平面

太平石拱桥立面

太平石拱桥全景

太平石拱桥造型优美，设计科学合理。该桥有一主拱、两小拱，主拱用
于常水位时过水，小拱用于洪水期泄洪。画面完整展示了太平桥的结构，
在近景的灌木和远景的茂竹修木的映衬下，石拱桥显得十分生动。

榕津古街

国家级传统村落、县级文物保护单位

地理位置

榕津古街，位于平乐县张家镇榕津村，距县城 24 千米。榕津古街附近为同安河、东江、西江三条河流的汇合处。三条河流汇合于此后流向桂江，形成平乐县域最长的内河——榕津河。该河全长 78.93 千米，南达蒙山、梧州，北抵阳朔、桂林。榕津古街自古以来是南来北往物资集散、水运装卸的重要港口，因有三株古榕成林，又地处津梁之地，故得名"榕津"。

历史沿革

相传榕津建村于南宋嘉定年间，榕津古街建于宋绍兴元年（公元 1131 年），明代立圩，历来为四方商贾云集之地，主要有粤、湘、赣三省商人定居，曾有湖南会馆、桂林会馆，现均已毁无存，作为汉族聚居地，达 48 姓，操粤语兼方言。古有"张沙两水会榕津，一渡三边送客程"之称。

规划布局

榕津古街占地约 8 万平方米，整条街呈东转北走向，长约 600 米，内有 9 个弯，居中十字街，外有 9 口塘，围成半月形。

建筑特色

街道两侧 200 余户，每户二至三进，户户头进为铺面，全为硬山式一至二层青砖灰瓦房，木制隔扇门窗。街的中段，有三进三开间大屋架的粤东会馆、妈祖庙和戏院、戏台，还有当年大商号廖炳坤等人的石门框、双推趟栊和磨砖对缝的深宅大院。东端为街头，榕津河与沙江河从村边流过，在街头汇合，街头立有"榕江码头"四字石碑，碑前有古井，还有 20 余级石阶码头。北端为街尾，建有过街楼式火神庙，二楼供奉祝融火神，街楼外额有题书"通津履泰"四字横匾。一条 5 米宽石板道贯穿街头街尾。榕津古街现存建筑多为清代至民国时期建筑。火神庙外为连理古榕群，有众多气根形成榕门奇观。古榕之下尚存古戏台，街中保留有"广西第一锣"。

榕津古街建筑极具中国南方的小商埠风格，其代表性的建筑有廖炳坤、廖振国、廖振启等人的旧居及诸会馆。老字号店铺则有"行船走水的吴文广"文广盐铺、"开门放账的叶送峰"德记银铺等，还有廖跃堂当铺、胡益隆酒店、食味天面馆、天天来面馆、敬寿堂药堂、胡记果品店等。1922 年以后，公路开通，陆路运输逐渐发达，榕津古街已日渐失去古时商埠的作用，但店铺、街道、民房依旧存在，只是尚存的建筑已任由岁月的刀锋刻满了沧桑。

保护价值

榕津古街、古榕与附近的冷水石林等，现已初步形成了一处以观古街、古榕及古建筑为主的旅游景点。相关部门应加强对古镇的保护规划、旅游发展规划，加强防火，确保榕津古街风貌不受破坏。榕津村于 1995 年被列为县级文物保护单位，2013 年被列入中国传统村落名录。

榕津古街入口门楼

榕津古街入口门楼为清代岭南风
格，透过门楼门洞，可见门楼上
方的木质楼梁和古街上的一座民
宅。门外 10 余米处即为古戏台。

榕津古街民居门楼

从榕津古街入口门楼向前行约30
米，路的右边有条小巷，巷的中
段有一座精致的门楼，门楼山脊
上的拐子龙头造型带有典型岭南
建筑的文化特征。从榕津老街尚
存的妈祖庙来看，这里原来的居
民应该来自闽粤地区。门洞内，
是邻里之间正在小聚。从门洞内
的设置来看，这里原来应该是一
个大家族的聚居地。

榕津古戏台

地理位置

榕津古戏台，建于榕津古街的"通津履泰"门楼旁，前临 323 国道，距桂林市约 90 千米。

历史沿革

榕津古街始建于宋绍兴元年（公元 1131 年），兴于明清，具有"妈祖文化之乡"和"桂剧文化之乡"的雅号。缘于村民对桂剧的挚爱，于清代中期兴建了榕津戏台。

规划布局

榕津古戏台建于进入古街前的通津门外左侧，背倚榕津河，前有广场。三株古榕如伞如盖般植于戏台左侧，由此形成了一个良好的村民憩息空间。

建筑特色

古戏台为歇山式木结构，台座高出地面约 1.2 米，台座四周用料石围合。戏台前台部分为表演区，后台作为演员化装室。戏台横梁、驼峰雕刻精美，中堂壁上有彩绘图案，舞台上方有做工精美的藻井天花。

保护价值

榕津古戏台保存完好，2013 年，榕津古戏台与榕津古街一起被列入中国传统村落名录。

榕津古戏台立面

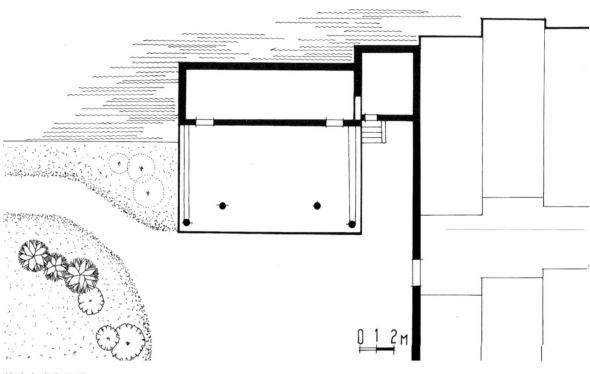

榕津古戏台平面

榕津古戏台近景

近看榕津古戏台,确实精美。戏台为单檐歇山顶,梁柱间的雀替牛腿雕刻细腻,梁上彩绘精美。古榕树作为戏台的衬托背景,彰显出戏台优美的环境。这幅手绘图以戏台为核心,用三分之二的版面画戏台,同时对梁柱间的雀替牛腿进行了精心刻画。榕树虽美,但用细线条表现能很好地衬托戏台。整个画面干净利索而又富于立体感,体现了建筑画必须有的深厚功底。

透过古榕看古戏台

一株古榕如盘龙匍匐,一条小径蜿蜒向前延伸至村寨门口,戏台就夹在
两者之间。手绘图重点刻画戏台,前景中榕树的肌理用细线条绘就,既
逼真又不抢主题;远处的寨门虽刻画细腻但墨色偏淡,作为衬景,画面
浓淡相宜,虚实有别,精妙至极。

青龙魁星楼

县级文物保护单位

地理位置

青龙魁星楼，位于平乐县青龙乡平西村中心。

历史沿革

青龙魁星楼，始建于清乾隆二十二年（1757 年），道光十六年（1836 年）、同治四年（1865 年）曾有重修。该村历来重视读书，仅乾隆年间，就有 10 多名贡生。村中贡生为倡运文风，激励桑梓学子求取功名，造福社会，遂捐资倡建此楼。此楼为广西现存历史最久的魁星楼之一。

规划布局

平西村地处丘陵地带，魁星楼前有水塘 10 余亩，对岸是建筑精美的古民居群。

建筑特色

魁星楼坐北朝南，建筑为歇山式重檐、二层方形砖木结构。上下两檐覆小青瓦，整个楼台由 10 根圆杉木柱支撑，立于石础上，其中有 4 根冲天柱，直升楼顶端，上覆小青瓦歇山顶。

魁星楼由戏台和行亭两层组成，通高 15.3 米。下为戏台，台高 1.65 米、长 9.3 米、宽 8.3 米，台基以青砖围砌，四角固以方块青石。台面铺设木板，两侧围有 1.4 米高的木栅。戏台中堂壁以屏风木壁相隔，前台深 5.6 米，为戏台，供演出用；后台深 2.6 米，系化装间。戏台空间高 6 米，在木质屏风居上有一圆形"麒麟踏云"图饰，戏台上悬"推陈出新"四字楷榜横匾，两旁有联"坐看台前两山秀，默契羲文千古心"。两侧有马门，门匾左书"方壶"，右书"员峤"。化装间的后墙，绘有八卦图。由后台曲梯登临戏台可至上层行亭，四壁为活动方格棂窗，高 4.6 米、宽 5.7 米、深 4.7 米，中立神龛，供祀主文运的魁星像，周围曲廊环绕，魁星楼因此得名。行亭天花板至屋脊空间，高 3.5 米。每层四角飞檐翘角，每个翘角都塑有一尊神像，合称八仙。

保护价值

鉴于青龙魁星楼具有较高的历史价值和建筑艺术价值，平乐县人民政府于 1996 年将其列为县级文物保护单位。

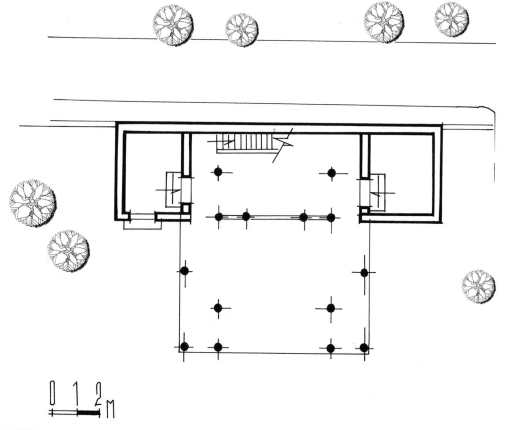

青龙魁星楼平面

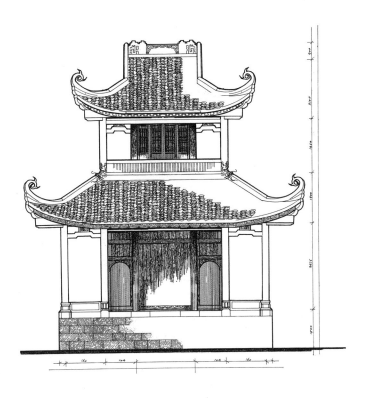

青龙魁星楼正立面

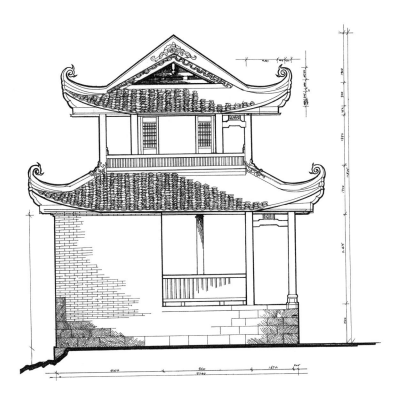

青龙魁星楼侧立面

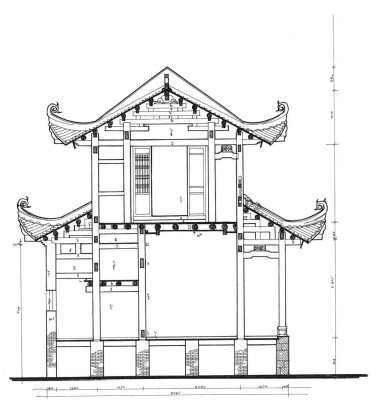

青龙魁星楼剖面

青龙魁星楼仰视

此图为站在戏台东南角看戏台，采用仰视角度，以便呈现戏台内的梁架结构。如此精致的清代戏台在桂林已不多见，因此在刻画戏台时自然要十分用心。

青龙下盂村

地理位置

下盂村，隶属于平乐县青龙乡，距青龙乡约 3 千米。

历史沿革

下盂村翟氏先祖翟仁恩公祖籍山东青州府诸城县。唐末天祐二年（905 年），翟仁恩奉命率兵驻扎"西粤乐邑乐里"（现在的青龙、阳安、张家一带），后因朝廷更替，江山易主，不愿报效新主，和当年的陶、李、莫三姓的始祖一道解甲归田。翟仁恩便在"西粤乐邑乐里"定居了下来。

规划布局

下盂村，地处石灰岩石山地区，群峰作屏，稻田成片。全村古民居以水塘为中心布置，其中翟氏宗祠位于水塘北岸西侧，为两进带前院的清水砖磨砖对缝硬山式封火墙、梁架穿斗式建筑。祠堂前的水塘边有一眼常年不涸的泉水，是全村的饮用水源之一。

建筑特色

下盂村水塘四周铺有卵石道，道路一侧多为三开间两进深带前院的清代风格清水砖磨砖对缝式民居。与水塘平行的民居，其院门与山墙形成一定的折角，朝向偏向水塘一隅，而位于水塘前后的民居，其院门一律直对街巷，这大概与中国民间风水理论中水塘可聚财之说有关。水塘正中有一个卵石垒成的土丘小岛，岛上有几株乌柏，每当初冬霜降，其叶红艳如血，与攀附在树上的薜荔藤的绿叶形成鲜明对比。在水塘边无论站在任何一个角度，水面、小岛和古民居都会构成一道绝妙的风景。水塘旁的一幢两层楼古民居的建造工艺尤为精湛，磨砖对缝的硬山墙与两层高的门楼硬山式马头墙配合得相得益彰。犬牙交错的戗脊翘角、建筑中门窗的精美雕花，无一不体现出下盂村古民居的精致。

保护价值

下盂村古民居兴于清中期至民国时期，村中的古民居多有塌毁。现唯有水塘周边的古民居较为完整，且具有一定的建筑艺术价值，只可惜，该古民居群目前尚未被列为文物保护单位。

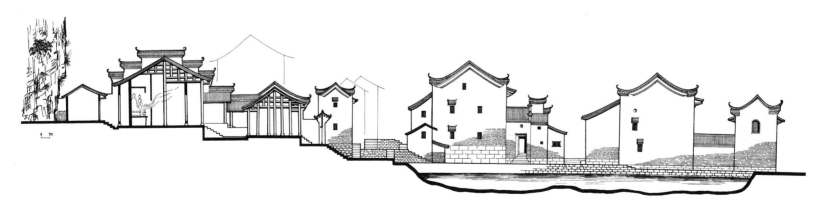

下盂村古民居群立面

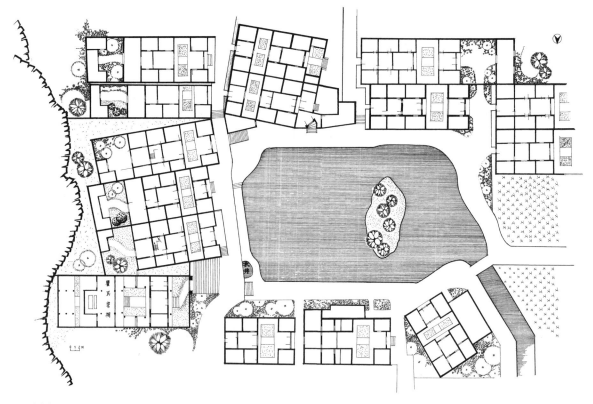

下盂村古民居群平面

下盂村古民居

这是站在翟氏宗祠前的水塘边向南看的视点，手绘图中心部位的古民居门楼高耸，建筑工艺十分考究。手绘图右侧的古民居亦保存完好。画面重点突出这一古民居组群，树木、水面作为衬景用笔着墨均做弱化处理。

下盉村翟氏宗祠

下盉村古民居环绕村中水塘而建，翟氏宗祠位于画面的左侧，影影绰绰的翟氏宗祠让人有想一探究竟的冲动。整幅画虚实有度，疏密有致，远山近水处理得宜，令人回味。

张家申明亭

地理位置

申明亭，位于平乐县张家镇老埠古村入口处，距离榕津镇 6.4 千米。

历史沿革

申明亭始建于清朝乾隆五十七年（1792 年），至今已有 200 多年历史。亭内墙壁上有乾隆五十七年的县府劝诚碑及嘉庆二年（1797 年）十二月所刻"申明亭"榜书石匾。历代仅对申明亭做过屋面检修，古亭整体保持了初建时期的原貌。

规划布局

申明亭建于老埠古村外的坡地之上，背倚老埠村，前瞻坡底的田畴。亭左不远处有一条小河。一条古道穿亭而过，这是古时从阳安、青龙前往榕津的必经之地。

建筑特色

申明亭为一进三开间硬山式梁架穿斗结构。亭之两侧为磨砖对缝的清水砖墙，亭内前后各两根六方形通天石柱作为抬梁。小青瓦的屋面及三层叠梁的翘角造型尺度合理。整个建筑设计简洁大方，施工工艺考究。

保护价值

申明亭施工考究，整个建筑目前仍保存良好，这是桂林境内不多见的凉亭造型，有一定的保护及研究价值。

申明亭正立面

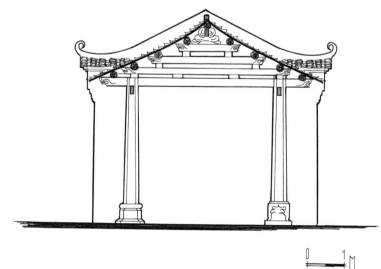

申明亭剖面

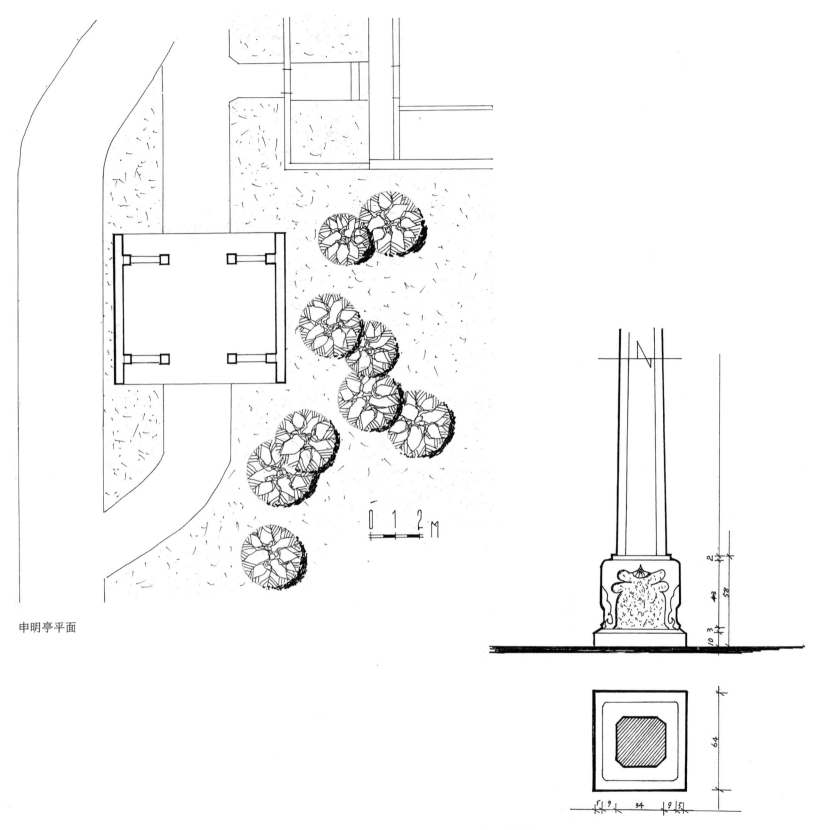

申明亭平面

申明亭柱础

申明亭透视

申明亭位于老埠古村进村路口，有粗大的料石柱、精美的石柱础、磨砖对缝的清水墙。一个村前的凉亭，建造工艺如此精致，用料如此大方，这在桂林地区极少见。此图不仅透视讲究，细节表达精准，而且配景也十分唯美。

福兴季鱼塘枫木石拱桥

地理位置

枫木石拱桥，位于平乐县福兴乡季鱼塘村后的小溪之上。穿过季鱼塘村，见一座山庄时向右转，穿过一片小树林即可到达该桥。

历史沿革

据考证，枫木石拱桥大约始建于清光绪年间，至今已有一百余年，且从未经过维修。

规划布局

该桥距平乐县城约 8 千米，一侧傍山，三面临农田，远处群山连绵，河床较深，水流较小。

建筑特色

枫木桥为单孔石拱桥，券拱石凿刻工整，砌筑工艺考究。拱桥通长 9.4 米、通高 2.35 米，桥面宽 3 米，其中仰天石宽 0.3 米、高 0.35 米，桥面长 4.85 米，桥券拱到水面高 2.54 米，拱跨 5.25 米。

保护价值

枫木石拱桥设计科学合理，至今保存完好，目前仍是村民外出往返的主要通道，应加强保护与管理。

枫木石拱桥立面

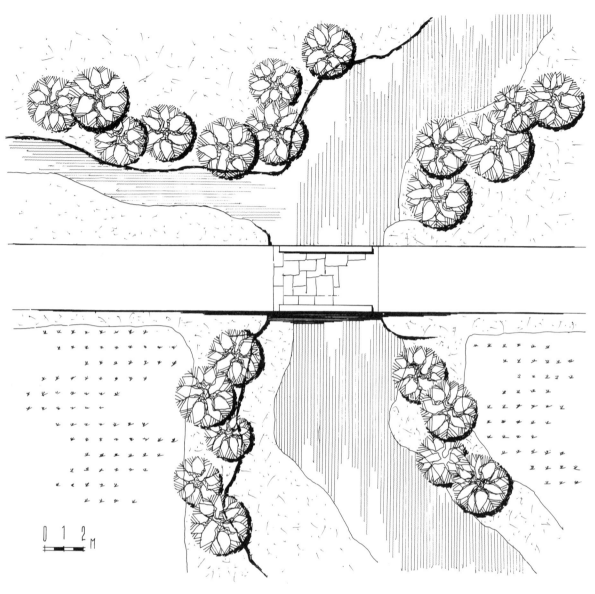

枫木石拱桥平面

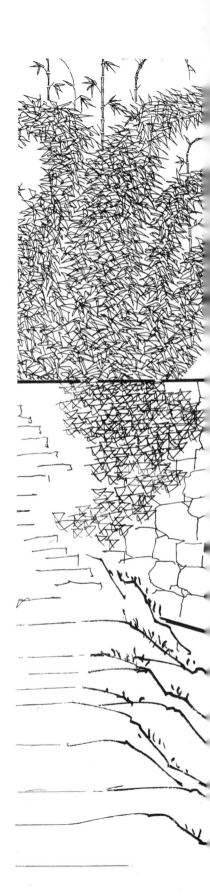

枫木石拱桥外貌

枫木石拱桥虽建于乡野，但施工工艺考究，周边环境雅致。此图在突出古桥外观造型的同时，不遗余力地刻画周边环境，使画面达到了赏心悦目的效果。

恭城古建筑

第十一章

Ancient Architecture
in Gongcheng

恭城文庙

地理位置

恭城文庙，位于桂林市恭城瑶族自治县拱辰街西山南麓，距桂林 108 千米，是广西保存最完整的孔庙，也是全国四大孔庙之一。

历史沿革

恭城文庙即孔庙，又称学宫，是祭祀孔子的庙宇。据清光绪十五年版《恭城县志》记载，恭城文庙始建于明永乐八年（1410 年），原址在恭城县城西北凤凰山，明成化十三年（1477 年），当时的县令夏玮把文庙迁至县西黄牛岗，嘉靖三十九年（1560 年）又迁至西山（现址），后部分毁于兵燹，清康熙九年（1670 年）进行了修复。道光二十年（1840 年），有人认为文庙规模小，出不了状元，于是官府派遣王雁洲、莫励堂两位举人趁赴京赶考的机会，绕道到山东曲阜参观孔庙，以曲阜孔庙为模板设计绘图，由知县彭正楷领衔筹集巨资，并从广东、湖南等地请来工匠重建，新的文庙历时两年余始告竣工，并成为广西最大的孔庙，但咸丰四年（1854 年）又毁于兵燹，咸丰十一年（1861 年）重新修复。此后，又曾修葺二十多次。

规划布局

文庙坐北朝南，南偏东 6 度，俯视茶江，背靠印山，依山而建，逐层布置，显得庄严肃穆。全庙占地 3 600 平方米，建筑面积 1 300 平方米。其建筑依次为照壁宫墙、礼门、义路门、棂星门、泮池、状元桥、大成门、露坛、大成殿和崇圣祠；东西两侧分别建有左右碑亭、东西厢房、名宦祠、乡贤祠、东西庑殿。门、院、殿宇贯穿在一条中轴线上，左右对称排列，层次分明，布局严谨。平时由两边耳门出入，东向门叫礼门，西向门叫义门，门外立禁碑一块，上刻"文武官员至此下马"，以示孔庙的庄严。正面是照壁，没有开大门，据说只等有人中了状元，才在照壁中间开大门，称状元门，能从大门步入棂星门的人，非状元莫属。1949 年后，为方便群众游览，状元门才打开。

建筑特色

棂星门相传是汉高祖命祀棂星移用于孔庙，以"尊天者，尊孔"为本意。该门全部用青石砌筑，上面刻有"棂星门"三个大字，还有双龙戏珠、双凤朝阳等浮雕。棂星门的 6 根大石柱顶端有 6 只小石狮互相窥视着。

过了棂星门便是泮池，又叫月池，由右料石砌就，周围以青石为栏，有石拱桥跨过池面，称状元桥，意为状元才能通过。桥面有一块刻有云纹浮雕的青石，寓"青云直上"之意。桥两侧各置碑亭一座，亭内立御制碑，东为《至圣先师孔子赞并序》，西为《四配赞》，其文由康熙皇帝所撰，由《康熙字典》之主审官、文华殿大学士张廷玉书"奉敕敬书"，碑有赑屃承托。与碑亭相邻的两侧分别是更衣室、忠孝祠、宿所和省牲斋。

过状元桥步上两层平台，便是大成门。高大的屏风式大成门由 11 扇门扇组成，木质结构，门扇上镂空的花鸟虫鱼雕刻，栩栩如生。大成门东面是名宦祠，西面是乡贤祠，是供奉历代先贤、先儒的地方，计有 143 个灵位。

大成门后面是天井，前有宽大的平台，叫杏坛，又叫露坛，传说是孔子讲学的地方。

露坛之上是大成殿，为文庙的主体建筑，面阔五间，进深三间，通高 16.8 米，四周回廊，金殿面积 370 平方米。

为抬梁式大木构架，榫卯结合，23桁架。大门14扇，门窗、檐口均饰以木雕。屋面飞檐高翘，重檐歇山，脊施花饰，泥塑彩画。正脊当中塑"五代荣封"，场面壮观；琉璃瓦盖，金碧辉煌。中置琉璃宝顶，西端配有游龙、鳌鱼，精美华丽。大成殿正中的神龛是供奉孔子灵牌的地方。大成殿之后是崇圣祠，是供奉孔子五代祖先的殿堂，崇圣祠与大成殿在建筑构造上很讲究，大小高低有分别。

保护价值

恭城文庙建筑保存完好，有较高的历史价值和建筑研究价值，2006年恭城文庙被列为全国重点文物保护单位。

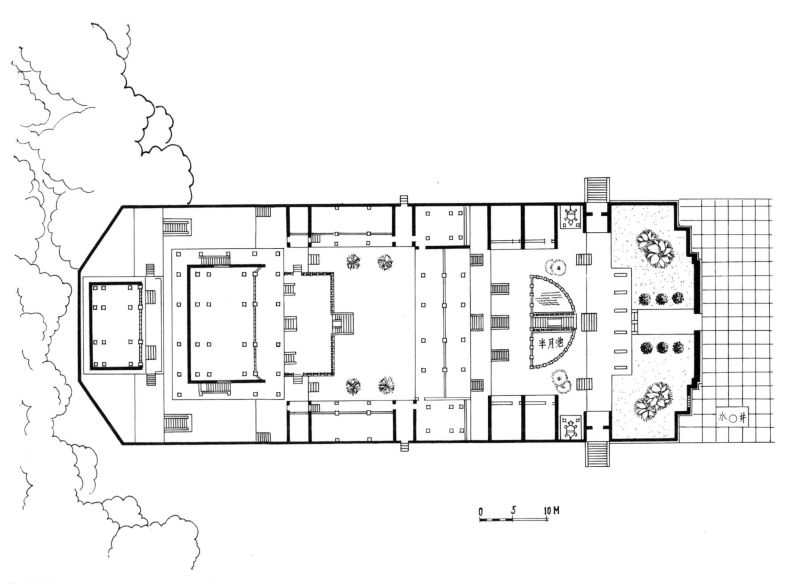

半月池

水口井

0　5　10 M

恭城文庙平面

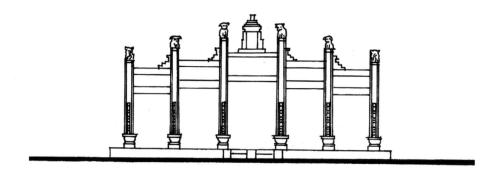

恭城文庙棂星门正立面

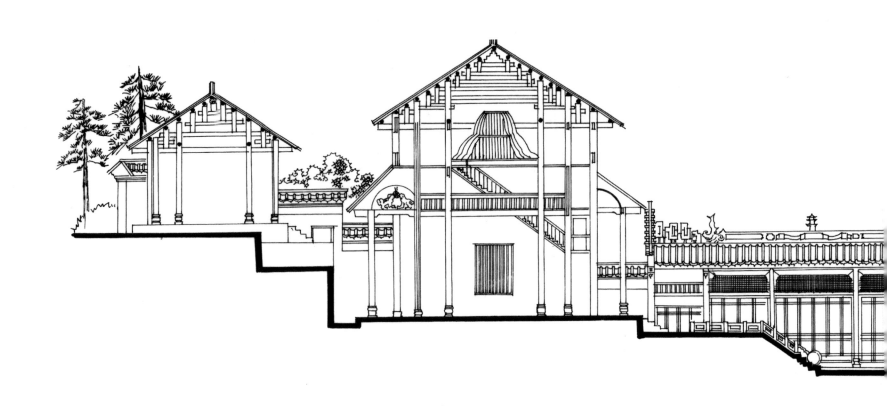

恭城文庙剖面

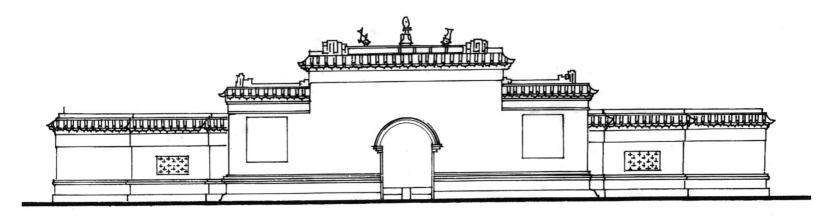

恭城文庙大门正立面

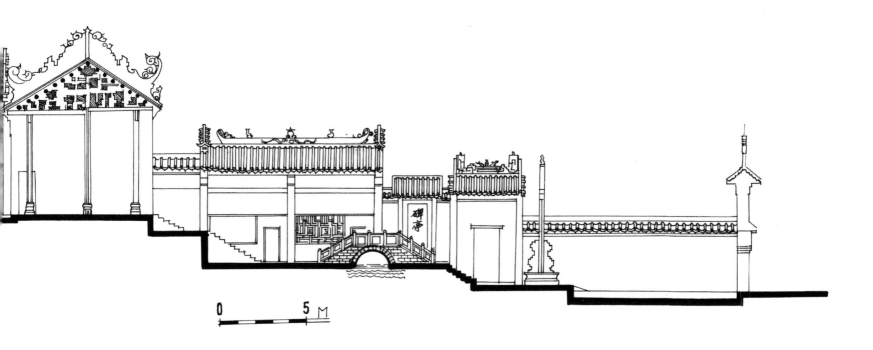

0 5 M

恭城文庙俯视

俯视图可见文庙的棂星门牌坊、状元桥、大成门、大成殿及主轴线两侧的碑亭、名宦祠等。此图重点刻画大成门、大成殿，周边建筑如实描绘，整幅图一气呵成，画面内容主次分明。

文武官員至此下马

恭城文庙大成殿角梁

站在文庙大成殿一楼的楼梯下仰视西侧角梁结构，粗大的角梁出挑至外檐，硕大的驼峰阴刻双勾窃曲纹。此图选择仰视视角，可以更好地呈现角梁的梁架结构以及卷棚的造型。

画面布局颇具气势，梁架结构细节清晰，堪称南方大木作梁架的经典。

恭城武庙

全国重点文物保护单位

地理位置

恭城武庙，坐落在印山南麓。印山一山分二脊，一东一西，一左一右。左为文庙，右为武庙，文武两庙浑然一体，相得益彰。

历史沿革

恭城武庙，又称关帝庙，是祭祀三国时名将关羽的庙宇。恭城武庙始建于明万历三十一年（1603年），曾部分遭兵燹，康熙五十九年（1720年）重修，咸丰四年（1854年）又遭战乱毁损，同治元年（1862年）再次重修。

规划布局

恭城武庙整个庙宇占地面积2 100平方米，建筑面积1 033平方米。恭城的先民为什么要将文庙建在左边，把武庙建在右边呢？这是因为在中国古代传统观念里，左为东、为阳，东方主生，为尊，故为文庙，以示崇文；右为西、为阴，西方和杀，为卑，故为武庙，以示抑武。而文庙与武庙之相依相傍，又表示阴阳相合、文武相成。既崇文，又尚武，先文后武，充分体现了中华民族的文化精神。恭城文武两庙一东一西同处一地，这在全国都是绝无仅有的。

建筑特色

恭城武庙建筑分戏台、正殿、协天宫、后殿及东西两厢配殿。整座建筑重檐歇山，翼角飞翘，脊山花饰泥塑，龙凤呈祥，明暗八仙，人物花鸟，栩栩如生。黄绿琉璃瓦顶与文庙的金碧辉煌融为一体，形成了印山下帝王之气的意境。

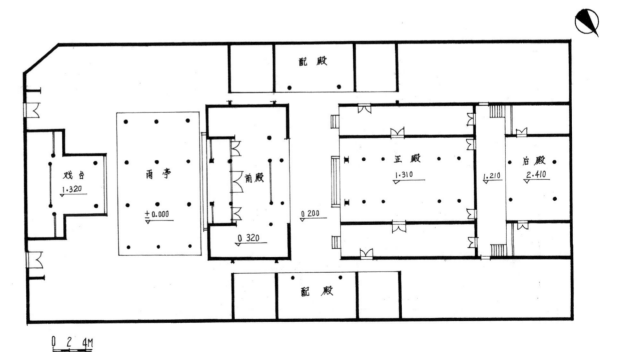

恭城武庙平面

武庙戏台是目前广西保存最完整的古戏台之一，虽经四百余年沧桑却风采依旧。戏台是全庙建筑的精华所在，确切地说它是一个演武台，台面高 1.32 米，另有沿口高出台面 25 厘米，上下戏台却没有台阶，这一人之高的台面，演戏者上下只能凭借武功。戏台除台基础石外，上部为全木结构。台基石刻有"渭水访贤""魁星点斗"和"三顾茅庐"浮雕，台上有雕花的门窗隔扇和神龛，四根金柱直通顶层，承受顶层荷载。重檐从中间升起，台正中上空有斗八藻井，形似倒挂大钟，圆心绘有阴阳太极，井壁木板油漆光可鉴人。

戏台板底曾安放 36 口水缸，当台上敲锣打鼓时，声音由水缸从不同角度向上反射，集中在藻井中产生共鸣，可扩大音响，使声传出十里之遥。戏台红墙黄瓦，泛翠流金；前台为重檐歇山顶，后台为硬山封火墙形制，屏板两侧有"观今""鉴古"二卷门，窗棂、雀替、风檐雕花精美细腻，四根金柱直通顶层，承受屋顶荷载，角柱到下檐，重檐从中间升起，博脊上装琉璃花窗，玲珑别透，正脊前塑"六郎斩子"，后塑"刘金定杀四门"，山花博风分别塑"大战二龙山"和"吕布与貂婵"，博脊上塑白鹤仙师、八大仙人，以及花鸟虫鱼。

过去每逢节庆都要演戏"酬神"，故建雨亭以避风雨，让观者乐而无忧。雨亭构造简单，用大条油杉原木作柱，且柱础较高，体现了岭南建筑适应潮湿气候的特点。

通过雨亭即为前殿，俗称头门，大青石檐柱，轩棚月梁上置卷云饰镂雕托峰，殿前有一对辟邪瑞兽（石狮）立于阶前左右，殿内为穿斗式大木结构，后檐柱上装有两组雕花斗拱，别具一格，墙上镶满各个时期捐资修庙的功德芳名碑，两侧各塑牵马将军一尊，左、右两龛供奉财神、土地。

前殿过天井便是正殿，又名"协天宫"，此殿于 1981 年遭到破坏，毁损严重，1995 年得以修复。正殿面阔五间，进深三间，硬山封火山墙，脊正面塑"桃园结义""三顾茅庐""福禄寿喜""三战吕布""关公挑袍"人物故事泥塑，背面塑"功名富贵""三阳开泰""双凤朝阳""六合长春""喜鹊闹梅"等动物花鸟图饰，脊顶上装有宝顶、游龙、鳌鱼，檐墙墀头塑有"麒麟送子""加官进爵""招财进宝""麻姑献寿""天女散花"等泥塑人物，形象生动，檐柱为花岗岩石条，正面镌刻楹联一对，雀替风檐雕刻精细，窗棂隔扇花饰繁多，殿内供奉关圣大帝，关平、周仓、王甫、赵累两旁配享，神像生动逼真，威严无比，令人肃然起敬。

正殿后拾级而上是后殿，面阔五间，硬山屋顶，过去供奉九子娘娘、女娲、妈祖诸位女神，1986 年经修葺恢复原貌。

庙两侧为厢房配殿，东配殿祭祀地方历史名人周渭，因其被宋真宗追封为"忠祐惠烈王"，故当地百姓尊其为周王公。西配殿原来供奉城隍和地藏王。两配殿在 20 世纪 70 年代被改建成厨房和停车房，1998 年西配殿经修复恢复原貌。

保护价值

恭城武庙建筑群雄浑大气，保存完好，有较高的历史价值和建筑研究价值，2006 年被列为全国重点文物保护单位。

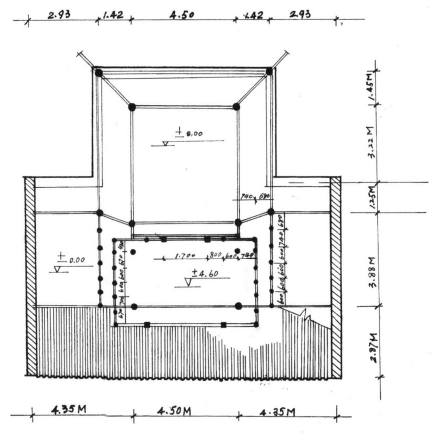

恭城武庙戏台平面

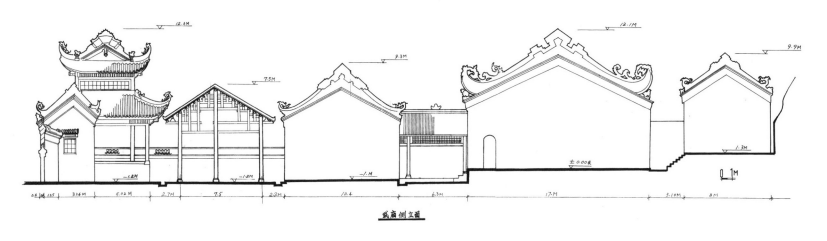

武庙侧立面

恭城武庙侧立面

恭城武庙近景

此图以大门外立面作为视点，通过微仰视的角度，既可看见整个外立面高度和宽度，亦可看见戏台上方高耸的歇山顶构造。门前的绿化带做了弱化处理，更彰显出武庙的雄浑大气。

恭城武庙外貌

由此图可见武庙两侧山门、戏台檐墙，以及戏台上方的歇山顶阁楼。画面重点突出武庙戏台外立面，其余建筑作为衬景。整个画面细节表达清楚，画风干净利索。

武庙

文庙 ⇒

游客中心

忠义文化园

卫生间

恭城周渭祠

地理位置

周渭祠，位于恭城瑶族自治县太和街，县人民医院正对面，远眺茶江，距桂林108千米。

历史沿革

周渭祠，恭城人称它为周王庙或嘉应庙，建于明成化十四年（1478年），清雍正元年（1723年）重修。1926年，该祠曾被辟为淑德女子学校，周王塑像被抬至武庙供奉；1949年后，被辟为县人民医院；庙前的古戏台亦因民国时期辟建东门菜市而拆毁无存；1956年曾被定为自治区级文物保护单位，但因无专门的管理机构负责维护，20世纪50年代末大殿之后的后殿及其他附属建筑，被当时的医院全部拆毁改建成病房和宿舍，仅剩门楼、正殿和两厢耳房保存下来，正殿成了诊室，山墙被凿洞开窗，雀替、窗棂等艺术构件多数流失。1981年，周渭祠被列为自治区级文物保护单位。1987年，县人民医院搬迁撤离，周渭祠被交还县文物管理所，之后，文物管理所对蜂窝楼进行了重修。

规划布局

周渭祠坐西朝东，占地面积达1600多平方米，建筑面积1040平方米，为三进深五开间布局，建筑依地形逐级抬升，气势雄伟。周渭祠建筑原有戏台、门楼、正殿、后殿及两厢耳房，现戏台和后殿已毁无存，幸存下来的有门楼、正殿和两厢耳房。

建筑特色

门楼是周渭祠的主体建筑之一，砖木混合结构，重檐歇山顶，九架前后廊，面阔五间，即明间、次间和左右梢间。门楼构筑具有广西古建特色：檐柱承托下檐，金柱通顶支承上面重檐，体型于中间部分骤然收小，五层斗拱逐层出挑，使屋顶飞檐高翘，由座斗、交互斗、鸳鸯交手斗三种形式组合成既严谨而又有规律的斗拱层，显得玲珑剔透、华丽壮观。斗拱仅起装饰作用，内部的米字枋承托着上层屋顶，斗拱单体形似鸡爪，整体犹如蜂窝，故也被称为"蜂窝楼"。正脊上装宝顶、鳌鱼，两下檐脊上除鳌鱼外还塑有两只蟾蜍。檐下四周裙墙上砌了一圈菱角齿，这在古建筑上也是少见的装饰。门楼建筑规模虽然不大，但其结构奇特，为明清古建筑所罕见，是研究岭南古建艺术的又一实物例证。

从门楼过天井为正殿，该殿为硬山屋顶，面阔12.2米，进深14.8米，上盖小青瓦，琉璃剪边，两榀五柱穿斗架及三面砖墙混合结构，风檐雀替均为镂雕，更有特点的是檐柱与金柱间之抬梁上装一木雕麒麟作为驼峰承托两条瓦檩，结构新颖，美观大方。殿内过去置神龛供奉周王，殿后檐墙开有园门直通后殿。此殿虽盖小青瓦，琉璃剪边，但因装修讲究，依然富丽壮观。

正殿两侧隔一小巷便是左、右耳房，过去作为何用没有记载。

整座庙宇原来是层层筑于台而上颇有气势的，后来后殿被毁，建起了不相协调的现代建筑，右侧庙外道路又被填高了数米，失去了原有建筑的本真。

如今正殿内塑有周渭像，两边的墙壁上用壁画的形式展示周渭生平故事，并配有诗赋。在它的后殿展示的是一幅总长 500 余米的绘制于清朝乾隆九年（1744 年），反映千年以前瑶族人民生产、生活和信仰的长卷，画面人物栩栩如生。作为堪称"中国一绝"的梅山图，图中画有形态各异的人物 1 000 余位，各具神采，有耕种桑织、渔猎商贸的情景，还有闲逸戏玩、舞笔弄墨的情趣描写。所有画面绘制精致，形象逼真，并配有说明文字，实属艺术瑰宝。

保护价值

恭城周渭祠保存完好，有较高的历史价值和建筑研究价值，2006 年 5 月被列为全国重点文物保护单位。

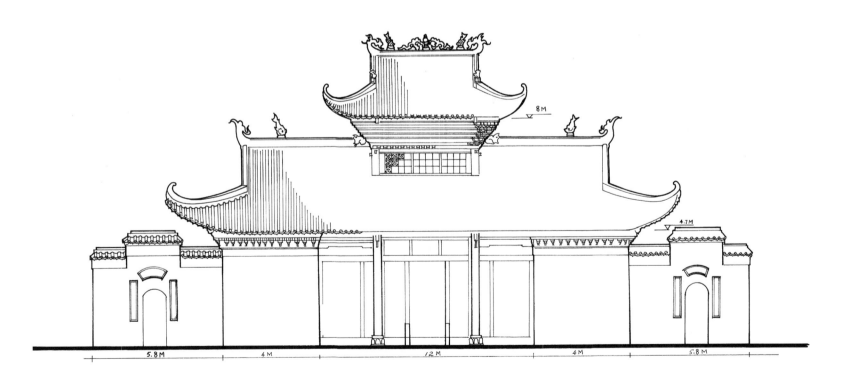

恭城周渭祠门楼立面

恭城周渭祠门楼

此图选取了第一进门楼的透视图，微仰的角度把阁楼檐下的蜂窝斗拱和屋脊翘角完美地展现了出来。层层叠叠的蜂窝斗和繁复的脊饰是本图的手绘难点，短促的线条和多变的曲线，不得不用十二分细心。

综观此图，大气雄浑的门楼造型，丰富的细部装饰，使画面有了更多的可读细节。

恭城湖南会馆

地理位置

湖南会馆，位于恭城瑶族自治县太和街周渭祠右侧，县人民医院正对面，远眺茶江，距桂林市 108 千米。

历史沿革

恭城湖南会馆建于清同治十一年（1872 年），为当时的三湘同乡会、衡胜会、宝胜会集资所建。

规划布局

恭城湖南会馆占地面积 1 847 平方米，建筑面积 1 420 平方米，由门楼、戏台、正殿及两边厢房组成。

建筑特色

会馆临街一面是门楼，分三层，门楼第二层是戏台的后厢，面阔三间，进深三间，穿斗式木结构。明间为重檐歇山、盔顶式封火山墙，门脊上装有葫芦宝顶和鳌鱼神兽，翼角梁端有木雕蝴蝶彩饰，阁楼临街一面的博脊上装有雕花栏杆，登楼可凭栏远眺。檐下两根檐柱为青石制作，柱础较高，石柱上镌刻楹联："客馆可停骖七泽三湘允矣同联梓里，仙都堪得地千秋百世遐哉共镇茶城"。前开三道大门，门板上绘有重彩门神，檐廊上装有卷棚，檐柱上有"刘海戏蟾""五雀闹梅"等图饰，前檐风檐板亦为半镂半雕的戏曲人物和花、鸟、虫、鱼图案，雕工细腻精美。

门楼和戏台的结构很有特点，整个平面呈"凸"字形。戏台和门楼互为前后，在梁架结构上采用"移柱造"法，以适应戏台和门楼双层使用的功能。陡峻的屋顶显得玲珑剔透又富于变化。丰富的彩饰古戏台显得古朴又富丽堂皇，具有明显的岭南古建特色。

戏台前为卵石镶砌的地坪，过去敬演梨园，大众可在此观戏。地坪左右原有两株枝繁叶茂的古榕，可为戏迷挡日遮阴，后被人砍掉。

过地坪拾级而上至正厅，该厅面阔三间，进深三间，穿斗式大木构架，硬山式封火墙，盖小青瓦琉璃剪边，脊上卷草、翼角做工精细，独具风姿。墙体内外灰批画线，如同清水砖墙一般。檐廊有卷棚，檐柱、金柱均由粗大油杉制作，但因过去辟为粮仓，后来又做工厂，四处挖壁凿洞，艺术构件多数被毁，仅大木构架基本完好。1997 年，县文物管理所重点维修了该厅，重砌屋顶正脊，修补垂脊、卷草脊，正脊上重塑八仙会聚、欢天喜地、河清海宴、牡丹富贵等吉祥图饰，重做宝顶。雀替、隔扇等原来的艺术构件多已不复存在，均按原尺寸重新制作恢复原状，体现了湘南的雕花特点。

正殿过后两侧置回廊，中有天井，因原构架、檩条糟朽已无法再用，落架按原来构架尺寸重新修复。

过回廊拾级而上为后厅。该厅面阔、进深皆三间，两侧山墙开耳门通左、右厢房，穿斗式梁架。据说此殿过去供奉禹王。县五金厂曾以这里为铸造车间，熔铁炉直通瓦顶，极不安全，后于 1998 年 4 月全部迁出。

正厅至后厅的两侧为厢房，分前、后进，中隔一小天井，便于采光。左侧为义所，湖南籍商贾或工艺匠人失意落魄和身染恶疾无法生活自理者，均安置于此，由会馆资助照顾。右侧为会馆人员食宿之地。两厢房由于年久失修，木构架糟朽特别严重，为防坍塌，1998年下瓦拆除，将原构件按序编号，待日后按原来形制修复。

保护价值

湖南会馆是恭城"四大会馆"（广东会馆、湖南会馆、福建会馆、江西会馆）至今唯一保存比较完整的一座，因结构独特，造型奇巧，雕饰丰富，花草人物繁杂，有较高的历史价值和建筑研究价值。2006年5月，恭城湖南会馆被列为全国重点文物保护单位。

恭城湖南会馆门楼

此图选择了湖南会馆临街一面的门楼，整个建筑占据了画面的百分之七十，为了表现建筑立面的精美翘角和繁复的建筑构件，只截取了建筑的上半部分。

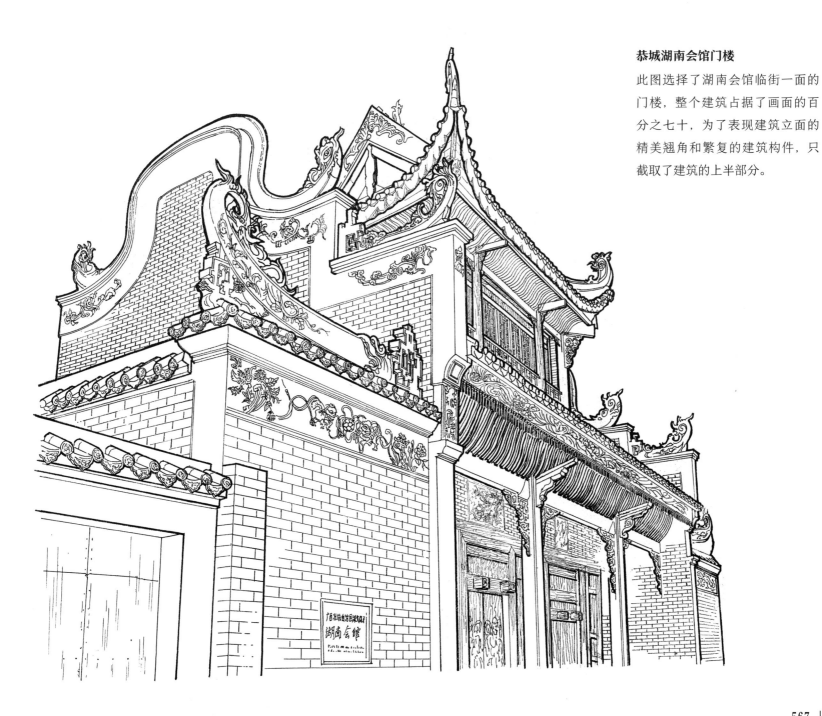

莲花朗山古民居

地理位置

朗山村，隶属于桂林市恭城瑶族自治县莲花镇，距桂林市约 120 千米，因背靠朗山而得名。属喀斯特地貌的朗山上有茂盛的原始植被，景色秀丽。

历史沿革

朗山村建于清光绪八年（公元 1882 年），至今已有 140 多年的历史。村中周姓一族为北宋理学家周敦颐的后人。

规划布局

朗山村古民居背倚朗山，依地形逐渐抬升，因此具有良好的采光通风和排水功能，体现了古人良好的规划理念。六座古民居在村中自西向东依次排列，坐北朝南，形成一个长 200 米、进深 100 米的扇状古建筑群，每座古民居占地约 300 平方米。六座古民居有院墙相隔，但又有侧门和巷道相通连成一体，这样排布，可以在发生火灾时不会殃及邻里，遇盗匪行窃抢劫时各家又可相互联防共同御敌。目前，六座古民居中有四座基本保存完好。

建筑特色

朗山村的古民居，各户独门独院，都是三进三开间带厢房或跑马楼的一至两层的建筑。一般来说，首进为三开间正大门，两层楼高的清水砖硬檐，拾级而上进入大门，两侧为厢房、跑马楼，中留天井。过天井到第二进是两层高的主楼，楼下为敞厅（俗称堂屋），两侧为厢房。穿过敞厅后面又有天井，中庭天井较窄，主要是为解决第二进与第三进屋面排水而设的。第三进为厨房。天井及前院均满铺青石板。

朗山村民居的水循环系统颇为精妙。各家厨房都沿着一条自东向西流淌的溪流而设。小溪出自东端的龙眼泉，各户从溪流分出一条小支流引入户外山墙一侧，饮水在溪流中提取，其他用水则取自分出的小支流，方便而卫生。

古民居为清一色的清水砖墙，砌筑工整细致，硬山封火山墙高低错落有致，马头墙翘角纹饰繁复。

文化氛围浓重也是朗山古民居的建筑特点之一。窗棂格扇多为雕花，就连挑檐梁上的托峰都刻有麒麟瑞兽、花鸟虫鱼之类的雕饰，多数堂屋置有做工精细的神龛，供奉先祖神祇和土地财神。个别堂屋楼顶还置有斗八藻井，上绘太极图饰，古朴大方。更为别开生面的是，雀替雕花刀法娴熟，层次分明，比恭城文、武两庙的雕饰更胜一筹。各组建筑的檐下都有内容丰富的彩绘壁画，除福、禄、寿、喜诸多吉祥图饰外，还有很多题词、题诗和书法。书法有正楷、行书、篆体、隶书、魏碑，更有意趣的还有反书，像这样的壁画多达 100 余幅。

村头还完整地保存着一座建于清光绪十二年（1886 年）的惜字炉。该炉为塔式建筑，塔分三层，六边形。据当地老人介绍，朗山村历代都出文人雅士，舞文弄墨者甚多，常将不满意的手稿焚于塔内，从不乱扔、乱丢，养成了良好的惜字风俗。此惜字炉是瑶族人民崇尚文化、重视教育的良好例证。

保护价值

朗山村古民居，是桂林地区建筑工艺很精致的古民居群之一。磨砖对缝的马头墙、精雕细刻的门窗花隔扇、精美的壁画，都是古代建筑艺术的典范，具有极高的建筑艺术研究价值。历经数百年，建筑基本保护完好。朗山村古民居于 1994 年被列为自治区级文物保护单位，于 2014 年被列入中国传统村落名录。

恭城縣蓮花乡朗山村民居群

朗山村古民居平面

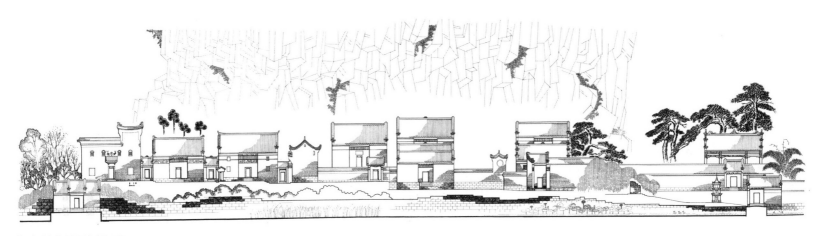

朗山村古民居侧立面

朗山村古巷

这幅图是站在一座朗山古民居门楼中的过街式碉楼下看古巷。画面尽头的三层过街式碉楼与身后的二层过街式碉楼将整条古巷封锁。古巷中的古民居做工精致，檐下彩绘山水人物，檐板上的雕花图案精致，磨砖对缝的清水砖墙工整、细腻，路面大青石板因年代久远出现了破损、龟裂，述说着精美的古民居所经历的沧桑岁月。

朗山村古民居门楼

这是一座做工精美且保存完好的古民居门楼。门楼两侧砖墙檐柱做成叠涩出挑，墀头批白灰施彩绘，封檐板精雕细刻。门上方的天花板下彩绘诗文花鸟，就连临街的院墙也做出彩绘锦纹外框，画芯则拟古人的山水花鸟，无处不彰显出朗山村先辈们的人文风尚。

虽说重点刻画门楼，但街巷中的青石板铺装、古巷尽头的过街式碉楼也刻画得十分用心。

朗山村古民居内院之一

这是朗山古民居中最精美的一组
建筑的内院。手绘图选择了站在
进大门内看院内左侧厢房的角度。
厢房精美的门窗和封檐板是本图
绘制的重点，建筑的透视难度也
比较大，为了精准表现透视和雕
花窗的工艺水平，费了不少心思
才得以完成此幅作品。

朗山村古民居内院之二

此图是与"朗山古民居内院之一"同一个院子的另一侧厢房。有了第一幅手绘图的创作经验，这一幅的画工更显精美。

朗山村古民居内院之三

这是另一组古民居中的内院，同样是站在第一进大门内看院内右侧的厢房，其厢房的雕花窗更复杂，对手绘的要求更高，因此画面的立体感更强烈。

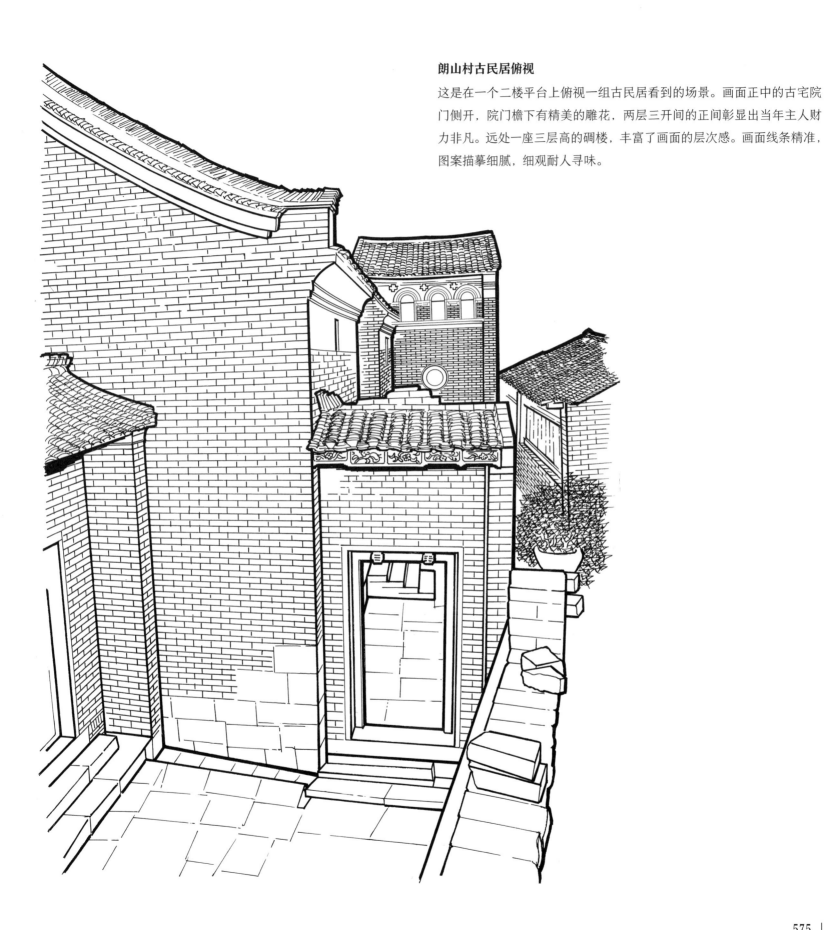

朗山村古民居俯视

这是在一个二楼平台上俯视一组古民居看到的场景。画面正中的古宅院门侧开，院门檐下有精美的雕花，两层三开间的正间彰显出当年主人财力非凡。远处一座三层高的碉楼，丰富了画面的层次感。画面线条精准，图案描摹细腻，细观耐人寻味。

地理位置

狮塘村，隶属于恭城瑶族自治县观音乡，南距恭城县城 48 千米，四周群山连绵，村外有一条清澈的小河。

历史沿革

狮塘村居民的祖先是湖南千家峒瑶族的分支，他们先迁徙到湘西，明代转徙定居到这里。近年，在村中发现了一幅宽 1 米、长 100 米的《梅山图》，上面记录了本支瑶族先祖迁徙、创业的历史，通过画面可以了解当时瑶族人民的衣着服饰、日用家具等社会风貌。

规划布局

狮塘村环水塘而建，古村的建设自水塘北向水塘西发展，最后建成水塘南面的民宅，由此形成了水滨村的规模与布局，而作为村民的公共活动空间的重要载体——狮塘村凉亭则建在水塘西北角的一片村前小广场上。

建筑特色

狮塘村虽为瑶族聚居村，但人们居住的房屋与周边汉族民居相同，均为硬山式清水砖的院落式建筑，尤其是村前的水滨凉亭，为四边形重檐歇山顶。外围的四根石柱支撑檐角，亭内四根木柱支撑亭顶部的歇山顶。

保护价值

狮塘村现存水塘周边的古民居尚保存良好，村前的凉亭近年得到修缮，作为村民自古以来的活动中心，应予以保护。2014 年，观音乡狮塘村被列入中国传统村落名录。

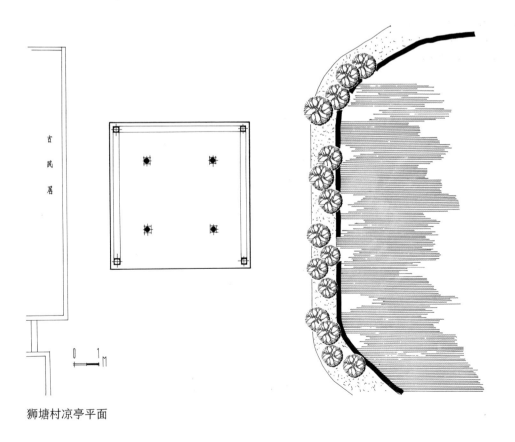

狮塘村凉亭平面

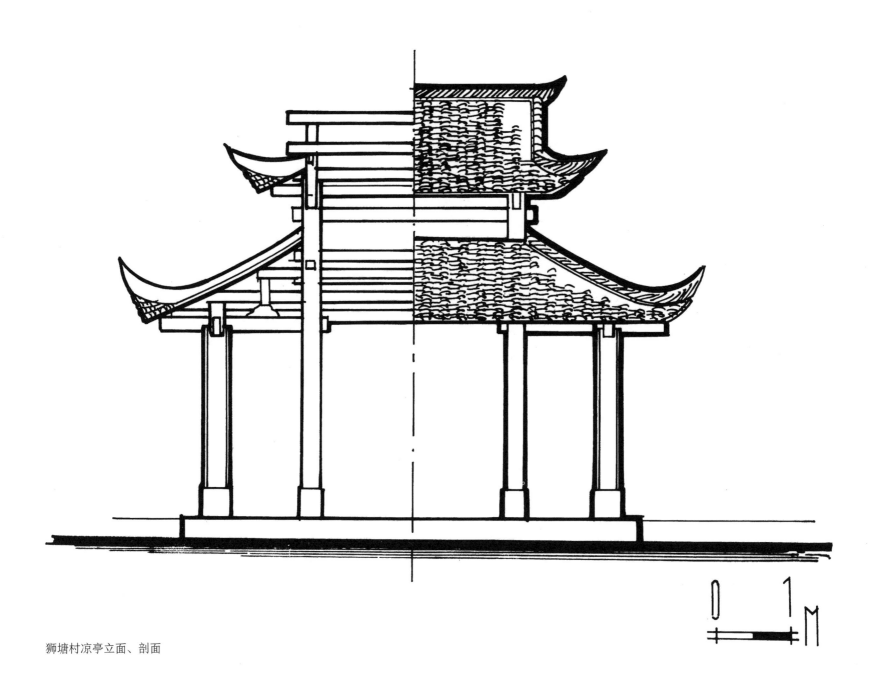

狮塘村凉亭立面、剖面

狮塘村古民居

本图选取了狮塘村临塘而建的古民居作为视点，画面中心位置是狮塘古亭。重檐歇山顶造型、石柱木梁结构，彰显出大气古拙的风格。亭后的古民居与古亭构成了一幅淳美的乡村画卷。

西岭杨溪村

国家级传统村落

地理位置

杨溪村，隶属于恭城瑶族自治县西岭镇，背倚群山，前临杨溪，村前古树成片，景致十分优美。

历史沿革

杨溪村是一个家族古村。据说，该村始祖唐君和始祖母齐氏是明朝时期从广东海康迁至恭城的。清朝时期，村中子弟读书出仕，村庄逐渐发达繁盛，遂大兴土木，兴建祠堂和房舍。目前，全村尚有保存基本完整的古建筑砖瓦房28座200余间，祠堂一座、各类官方所赐牌匾十余块。杨溪村王姓祖先勤奋创业，崇尚儒学，子弟们努力求学，并且有很多学有所成者，其中最典型的要数清道光乙未科举人王雁如，以及他的四弟王锡之、五弟王聘之，成就"一门三贡举"的美谈。

规划布局

杨溪村的古建筑属于典型的清代建筑风格，20余座保存较好的建筑结构基本一致，全村的院落一宅连通一宅，街巷、通道纵横有致，布局巧妙合理，大致呈"井"字形结构，有卵石青岩铺地，步行其间犹如迷宫迂回一般。院落宅门坐落讲究，庭院、屋基、堂屋、厢房、灶屋、牲圈分隔有序。屋墙高深过丈，少窗孔门洞，防盗功能凸显，望孔、瞄准孔随处可见，既有防盗的效果，也有御敌之功能。

建筑特色

贻谷堂：杨溪村王赐祥家祖屋"贻谷堂"的建筑模式，堪称村里古建筑群的代表。其基本结构为三厅二井：从大门进去为前厅、天井，两边有厢房，往里是中厅，再进去是"倒天背"的天井和后厅。外墙、屋顶为青砖青瓦，内部为木柱木板。贻谷堂的楹柱上有副对联："贻厥子孙有为有守，谷我士女宜室宜家。"巧妙地将"贻谷"二字嵌在联首。中厅上悬挂着一块匾额，上书"兄弟登科"四个楷书大字和"大清道光十五年乙未、二十年庚子中式四十二、三十五名举人王聘之、王锡之立"等小字。横匾的朱漆已剥落泛黄。这是当年王聘之、王锡之兄弟俩接连登科所获的牌匾。

王氏宗祠：村里的王氏宗祠建于清道光年间，目前主体建构保存尚好。大门内进为两层木楼，再进去为主殿，里面有砖砌的祭台供奉祖先神灵。殿高约10米，由12根台柱支撑。村民说，清明时节，全村数百人都聚集在祠堂里祭祖吃饭。宗祠大门两边还有诰封碑，清咸丰五年（1855年）十月，朝廷旌表时任四川龙安府彰明县知县的王锡之的祖父和父亲为文林郎，祖母和母亲为七品孺人。碑高约1.8米，宽1米，碑文的上端和周围有花鸟兽云等图案的浮雕。

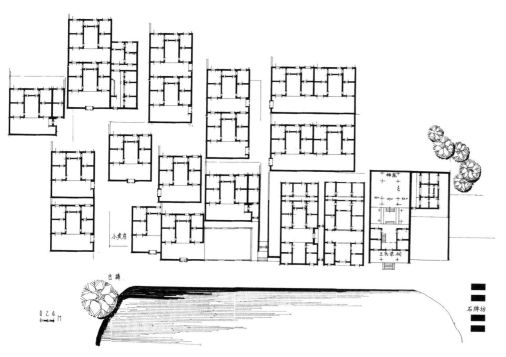

杨溪村总平面

"一门双节"贞节牌坊：王锡之的祖父兄弟二人早逝，祖母费氏从19岁守节至73岁，周氏从20岁守节至50多岁亡故，得到朝廷表彰竖立牌坊。牌坊的两面分别刻有"一门双节"和"天清勋达"八个楷书大字，及由"两广总督李鸿宾、广西巡抚苏成额、平乐知府俞恒泽、恭城知县倪济远"等一干官员于道光八年（1828年）十二月十四日题奏皇上旌表"节妇太孺人王费氏、王周氏"等小字。

保护价值

杨溪村的民居建筑有明显的地域文化特征，山墙、马头墙的翘角灰批浮雕造型精致，门窗雕花细腻精巧，群落保存完整，有较高的旅游开发价值。村民保护古文化的意识到位，愿意配合开发利用与保护。杨溪村于2014年被列入中国传统村落名录。

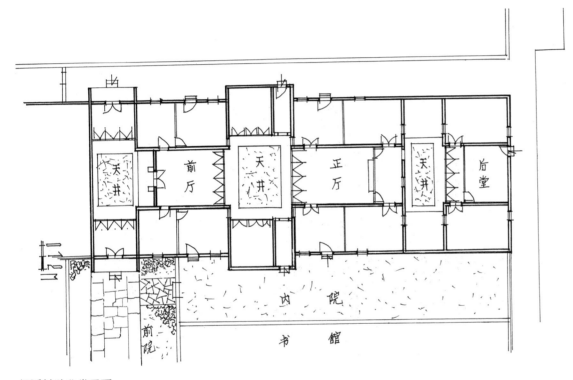

杨溪村贻谷堂平面

杨溪村贻谷堂立面

杨溪村外貌

此图为杨溪村前第一排古民居，近景中的青砖马头墙民居系王氏宗祠。
村前民居错落有致，村后古树浓荫蔽日。良好的生态环境、精美的古民
居群，彰显出当地工匠的高超水平。

杨溪村王氏宗祠内院

此图为杨溪王氏宗祠天井和第二
进正间局部，木柱石础、梁架结
构无一不表达精准。院中的铁树
巧妙地打破了画面的呆板氛围。
整个画面处理简洁利索。

栗木石头村

地理位置

石头村，位于恭城瑶族自治县栗木镇栗观公路边，距镇政府驻地约 6 千米。

历史沿革

石头村的田氏家族从明弘治至清光绪年间的 400 多年里，出了 20 多个举人、贡生、进士。至今，村中仍保存着光绪三十一年（1905 年）的凉亭和明清时期的古民居及拴马石柱，反映了当时田氏家族显赫的地位。

规划布局

全村街道只有 3 米多宽，路面用大大小小的卵石镶嵌而成。经过不知多少年的踩踏，卵石变得光溜溜的，泛着古铜色的光泽。石头之间有缝隙，街面凹凸不平，但正是这种结构使得排水通畅，便于村民们穿着布鞋在上面行走。

村庄有一条主街，主街与一条条小巷相通，就像一条鱼的脊椎骨上连着很多小刺。在好几处正对街道的墙上，都可以看到镶嵌其中的石板，这是辟邪石板。据介绍，过去村前有左、中、右三座闸门，村后有一座。闸门用巨大的石材修建，是进村的必经关卡。过去一旦有匪患，守好闸门就可以阻止匪徒进村。四座闸门由环形主街贯通，主街和小巷道相连，形成一个村内交通网。如今闸门已破损严重，亟待修复和保护。

建筑特色

石头村村口有一个红柱亭子，村民称之为神亭。据村中老人介绍，村里古代有两个神亭，一个建于明弘治年间，现已毁弃，仅存遗址；另一个就是这个 2011 年修复的神亭，它始建于清光绪三十一年（1905 年）。以前，神亭里供奉着关公塑像，旁边还有关兴、张苞的彩色塑像，可惜后来三尊像都被毁了。修复的神亭里也供着一尊彩色关公塑像，但从做工看显然是重塑的。仔细观察不难发现，虽然神亭的很多东西是新的，但古老的部件仍有不少，比如，几个柱基石无疑是清代的，精美的花卉、龙纹等石刻图案昭示了古代工匠高超的艺术水平。

村口六根石柱是三副拴马桩。拴马桩上刻有图案和文字，文字记载的是村里的读书人在清代考取进士和举人等功名的情况。拴马桩原本有九副，后来被挖去砌桥，大多被弄断了，现存残缺的三副是后来找回并重新竖立在村口的。

村里还有不少结构完整的古民居，它们建于明清两代，是很有特点的四合院式建筑。每座民居有两个堂屋、两个天井，堂屋两边有卧室、客房、厢房和厨房等。房屋以山墙护卫，屋顶的四角有向上翘起的长达 1 米的龙凤纹造型。院内的门窗饰有雕花窗格，院外的山墙上饰有花鸟草虫等绘画或泥塑，文气十足。此外，清代这里考取进士、举人功名的读书人有不少。村里现在还有两块进士匾幸存。

石头村最高的建筑是一座清代的古炮楼。村里原来共有两座炮楼，雄踞于村子中央。但可惜其中一座被拆毁，其砖石用于建学校了。炮楼是土木结构，约有五层楼高，各层四面都有里宽外窄的射击孔。炮楼以花岗岩为基脚，砖墙厚实而坚固，一度是村民们的安全保障。

村子的中央，有一口圆形石砌古井，以前，全村人的生活用水都靠这口井，即便是今天，这口有着几百年历史的古井仍然清澈见底，井水清甜甘冽。除了古井，村外还有一座石砌九板桥，古桥造型别致，颇具美感。

保护价值

石头村的古建筑群落保存较完整，应加强保护与规划利用。2014 年，栗木镇石头村被列入中国传统村落名录。

石头村古巷

这是以石头村古巷中一座有精美灰批马头墙的古民居为主景的一幅手绘图。高耸的马头墙和幽深的石板道构成了一幅淳美的乡村古巷景观。此图重点刻画了古民居的外貌，凸显了古民居的艺术魅力。

石头村古民居

这是石头村一幢保存完好的古民居，画面呈对角仰视视角，马头墙高耸云霄。手绘图采用写实手法，对建筑上半部分的马头墙翘角细节做了认真刻画，同时对下半部的砖纹做局部虚化处理，右下方地面留白，以凸显古民居的整体效果。

石头村俯视

此图虽然有大面积的瓦面和青砖，色度偏暗，但留出了六分之一的天空，加上近景及局部灰批的白色块面，使画面产生了良好的对比度。左下角垮塌的屋面、墙头上寄生的蕨类植物、远处的古树和天空中盘旋的鸟，构成了一幅极为凄美的古村画卷。

石头村神亭

神亭位于石头村前，重檐歇山顶造型，石柱木梁结构，亭中供奉当地人敬仰的神像。此图呈仰视视角，能更好地凸显神亭的威仪。画面强调细节，使神亭更具可读性。

恭城乐湾村

国家级传统村落、全国重点文物保护单位

地理位置

乐湾村，是恭城瑶族自治县恭城镇下辖的一个大行政村，位于恭城县城的西南方向，距恭城县城约 4 千米。乐湾村地处茶江下游河谷平原，东临茶江，西倚恭城八景之一的"二童讲书"两座山峦，北接恭城八景之一的"西江渔唱"。

历史沿革

清嘉庆四年（1799 年），乐湾村的陈氏先祖辗转千里从福建漳州沿安县来到这里定居，至今已两百多年。

规划布局

乐湾村背倚土山，前临茶江，土山与茶江之间为大片的冲积平原，由钟家、蕉冲口、乐湾（中央村）和大屋四个自然村组成。全村目前有 700 多户、近 3 000 多人居住于此。

建筑特色

陈家大屋为典型的客家围屋样式，占地 2 244 平方米的围屋共有三进深两天井四十八间房。而陈氏宗祠，其屋脊的造型均做成拐子龙头脊，刷铁红色涂料，门前有清代光绪年间的旗杆石数对。与陈氏宗祠对应的是一座高达五层的碉楼，碉楼的窗楣做成半圆拱窗罩。村中的民宅多为两进两开间带厢房的合院式建筑，建筑外墙为磨砖对缝的清水砖墙，室内门窗雕刻精美。

保护价值

乐湾村古建筑具有典型的客家文化特征，这类建筑在桂林地区不多见，已于 2014 年被列入中国传统村落名录，于 2019 年 10 月被列为第八批全国重点文物保护单位。

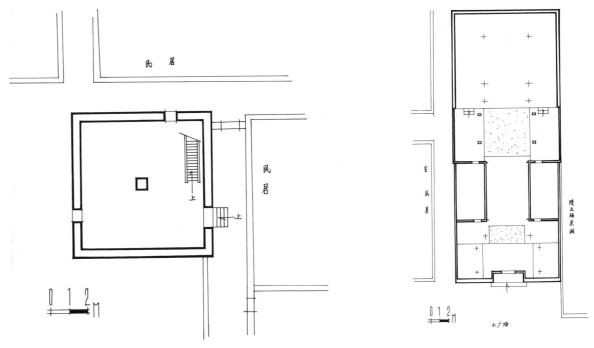

恭城乐湾村碉楼底层平面　　　　　　　恭城乐湾村陈氏宗祠平面

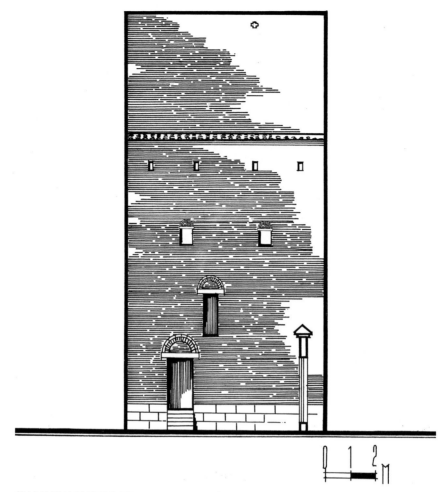

恭城乐湾村碉楼西立面

恭城乐湾村陈氏宗祠立面

乐湾村碉楼仰视

这是位于乐湾（中央村）东南角的碉楼，通高约为 16 米，与位于乐湾（中央村）西北角的陈氏宗祠呈对角相望，守护着中央村村民的安全。此图采用了对角仰视的视角，使碉楼在视觉上有直冲云霄的气势。强烈的透视感、精美的灰批券拱窗，为硬朗的碉楼增添了几分精致。这就是典型的民国风格建筑特征之一。

乐湾村陈氏宗祠外貌

这是一幅乐湾陈氏宗祠大门外貌手绘图，通过透视可见门楼上方的卷棚造型和屋面上的博古脊造型。由此图可见，陈氏宗祠带有典型的岭南客家建筑风格。画面重点刻画祠堂的建筑外貌，天空大面积留白，更能凸显祠堂的细节特征。

栗木九板桥

地理位置

九板桥，位于恭城瑶族自治县栗木镇石头村。

历史沿革

据考证，九板桥始建于明代，确切年代不详，为栗木镇至观音乡古道上的桥梁之一。因为桥面由九块石板搭建而成，故被称为"九板桥"。

规划布局

九板桥横跨于田畴间的小河之上，一条蜿蜒的田间古道与古桥相连，桥东北方向 1 千米处是小湾村，远处群峰环列，为喀斯特地貌。

建筑特色

九板桥为三跨两墩石板桥。该桥全长 5 米，宽 1.22 米，高 1.95 米。两个桥墩十分奇特，分别用两根稍经凿刻的方料石竖立，穿斗一根料石横梁挑住桥面的石板，这一造桥手法，彰显了当年工匠们的高超智慧和创新意识。柱形桥墩高 1.8 米，其下端有带槽石础固定，上端由带孔石板铆固。两端桥台由片石随意垒筑而成，桥面由九块石板分三组搭建而成。每块石板长 1.4 米，宽 0.44 米，厚 0.15 米。与桥两端相连的石板古道蜿蜒曲折，古道路面宽度约 1.6 米。

保护价值

九板桥造型小巧奇特，历经数百年风雨更显得古朴雅致，这是桂林境内唯一一座此类型的平板石梁桥，有较高的历史研究价值和旅游景观价值，应加强对该桥的保护与修缮。

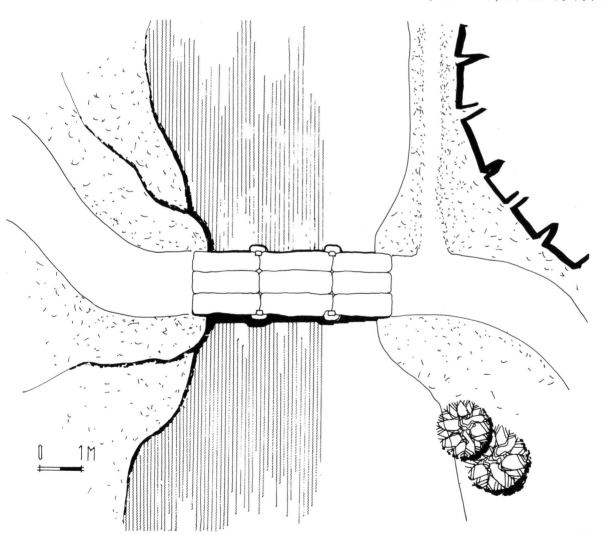

0 1M

九板桥平面

九板桥立面

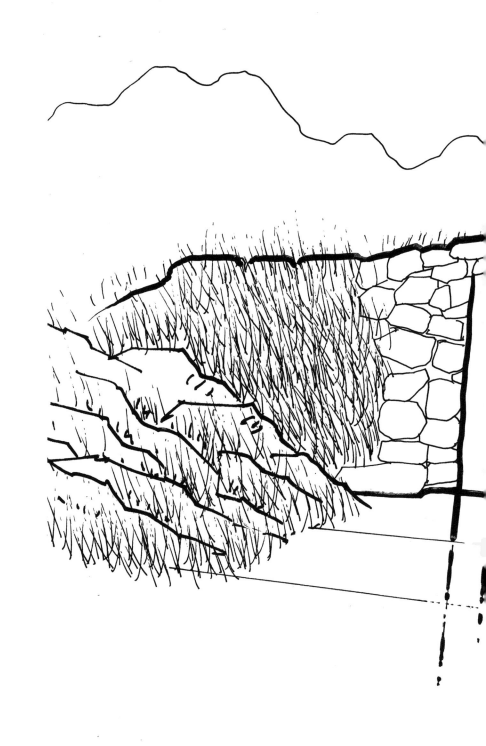

九板桥外貌

此图采用仰视角度，能全景展现该桥的整体造型。右侧桥垛为天然石矶，左侧桥垛为毛石块砌筑，石矶上的
灌木与河对岸土坡上的小茅草将九板桥的天然野趣表现得淋漓尽致。

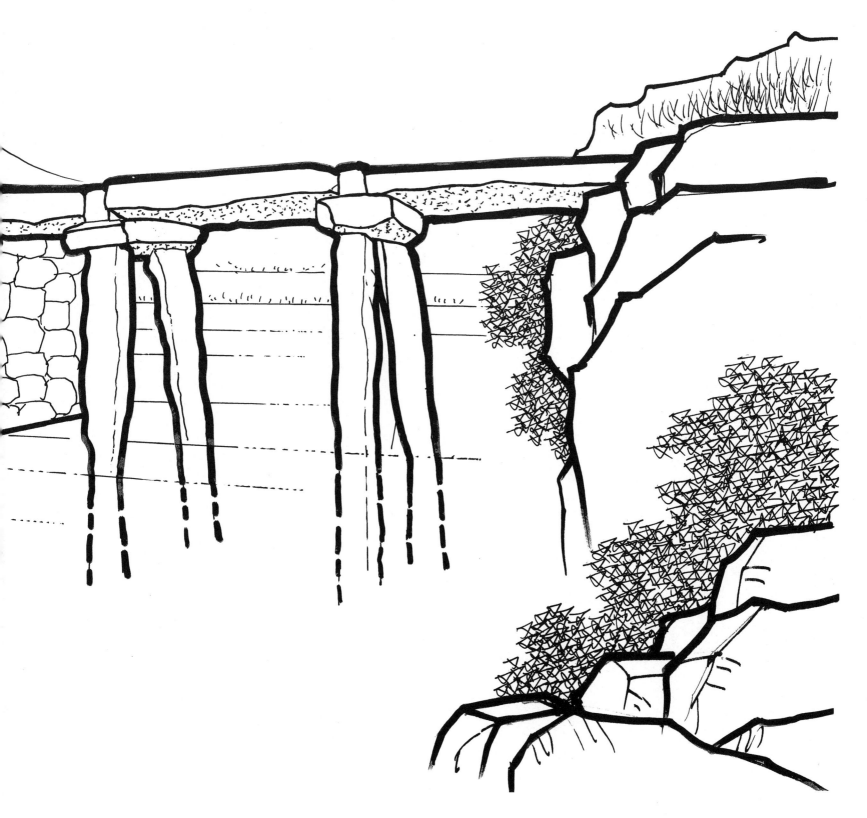

荔浦古建筑

第十二章

**Ancient Architecture
in Lipu**

荔浦塔

自治区级文物保护单位

地理位置

荔浦塔，位于荔浦市城东南滨江石矶上。

历史沿革

据有关史志记载，荔浦塔原称文塔，南宋时这里曾建有魁星楼。明代正德十四年（1519 年）贡生张宪为祀文昌在此建魁星阁，后因雷雨侵袭魁星阁倾塌，清康熙四十八年（1709 年）知县许之豫重建。乾隆四十八年（1783年）知县张习，教谕何一鸣倡修文昌塔，共五层，上层为魁星阁，塑有魁星神像。光绪五年（1879 年）知县周堃增建两层，是为七层文塔。同时，在长生岭上另建一七层塔，与文塔隔江相峙，合成文笔一对。长生岭宝塔于 1943 年建中学时被拆除，荔浦塔因年久失修又遭雷击，塔身崩裂。1957 年，县人民政府拨专款修复。

规划布局

荔浦塔的规划布局比较奇巧，在城东南突兀而立的石矶上建塔，巧借石矶抬升了塔的高度，令塔产生雄浑屹立之势。

建筑特色

荔浦塔底部占地 88.9 平方米，底座直径 10.64 米。塔为八角七层砖木结构，塔高 35.4 米，冠葫芦宝顶。塔檐下彩绘壁画，檐上镶嵌有色琉璃瓦，每层塔角均有彩塑狮子、麒麟，正门柱衬托双龙抢珠图案，八面均有风门，门上端书有塔文，塔身以青砖叠砌，表层以清水勾缝，方料石塔基立于天然石矶之上，塔身高大雄浑，工艺精湛。

保护价值

荔浦塔修筑工艺精湛，保存状况良好，有较高的历史研究价值和景观价值，应加强对该塔周边建筑风貌的控制，确保周边的景观效果。1981 年 8 月，广西壮族自治区人民政府将其列为自治区级文物保护单位，并对荔浦塔进行了全面的整修。

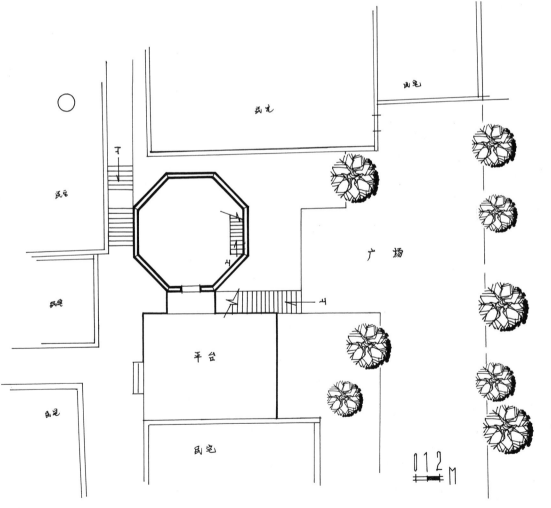

荔浦塔平面

荔浦塔立面

荔浦塔远景

这是站在塔之东面三楼看文塔的角度，从这一角度能俯瞰塔旁的石阶和蜿蜒的街巷，同时微仰视角中的古塔又如一柱擎天。塔身上的檐口翘角和细如发丝般的青砖纹饰，虽难却刻画得精准细腻。

荔浦塔近景

此图从塔之西向东看，虽为近景却接近平视，通过这一视点，可看清塔各层间的细节。近景中的民居以大面积深色描绘，主要突出文塔细节，这种表现手法是一种大胆尝试。

东昌乌龙桥

地理位置

乌龙桥，位于荔浦市东昌镇政府旁。

历史沿革

清乾隆以前，由于东昌镇至县城方向有延宾江相隔，行人车马往返多有不便。清乾隆年间曾于江上修建了一座石桥，但因规模不大，常被洪水淹没，清嘉庆二十一年（1816年），兴建乌龙桥，传说该桥建成之时遇洪水汹涌如蛟龙一般，故得名"乌龙桥"。该桥属官建民助，后来曾经有过重修。

规划布局

乌龙桥横跨于宽约25米的栗木河之上，桥东北倚白虎山，桥西南为村庄。桥下河床怪石嶙峋，沿岸翠竹婆娑，四周群峰挺立，景色十分雅致。

建筑特色

乌龙桥为三孔石拱桥，通长49.74米，通高5.9米，宽5.04米。桥身用大型方料石错缝砌筑而成，单孔净跨10.1米，拱高5.4米。桥面长30.5米，上铺规整青石板。桥面两侧设仰天石作为护栏，桥两端分别有10级和19级石阶。该桥设计科学，造型大气雄浑。原有清嘉庆二十一年"新建乌龙桥碑记"立于桥头，今无存。

保护价值

乌龙桥造型雄浑大气，结构牢固，是荔浦通往平乐古驿道中的主要桥梁之一，在历史上发挥了重要的作用，对研究桥梁史具有一定的价值，应加强保护与修缮。

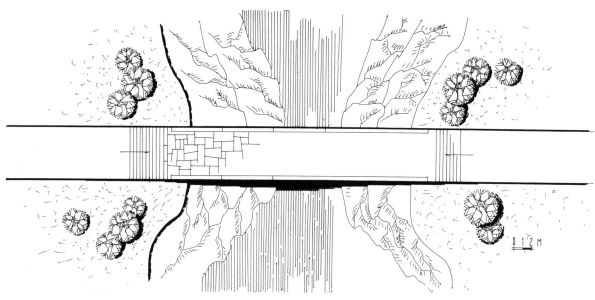

乌龙桥平面

乌龙桥立面

0   1m

乌龙桥远眺

乌龙桥巧借河床中的岩石为桥基，为了表现河床岩石与桥梁构筑的关系，此图选择了在桥下游约 20 米处看乌龙桥的角度。画面左侧前景为连绵的岩石河床，河水从右侧第一拱的桥下岩隙中流出，大面积的河面作留白处理，重点突出乌龙桥及桥两端的驳岸。

马岭 小青山屯

国家级传统村落

地理位置

小青山屯，位于荔浦市马岭镇，与银子岩风景旅游区毗邻，距桂林市85千米，分别距荔浦市、阳朔县城20千米。

历史沿革

小青山屯，又名银龙古寨，相传北宋皇祐五年（1053年）狄青率部南平叛乱，其先锋杨家将之后杨文广屯兵马岭镇镇锣关，小青山屯周边为其营盘，这应当是村落的起源。寨中至今仍较好地保存着多座明清时期古建筑，包括古门楼、古寺庙、古巷道、烽火台和抗法英雄陈嘉古墓。

规划布局

小青山屯依山傍水，四周群山环抱，地处巨大的天然盆地中。郁郁葱葱的小青山和朝寨山，恰似玉柱擎天，犹如天然屏障，古寨坐落其间，碧水清溪环绕，古树参天，果树成林，四季飘香，是一块难得的"凤凰"宝地。

寨子的布局以荷花塘为中心，民居绕池而建，错落有序。村口有总门把守，称履祥门。整个村中共有巷道十二条，每条巷道均设有十二个寨门，包括思文门、崇武门、仁慈门、德心门、老心门、安定门、怡情门、中兴门等，由此构成了一个攻防兼备的体系。

建筑特色

用方料石垒成的履祥门虽无一般城门高大，但作为自然村的总大门尚不多见，其防患意识已远远超出其他古民居群。寨中现存明清建筑8座，占地约4000平方米。这些宅院建筑均为传统合院式，房宇高大、鳞次栉比。宅院用条石垒基，青砖墙到顶，上覆小青瓦，内部多为三开间木结构，窗棂雕花；内院天井为青石板镶嵌，光滑整洁，古朴典雅。寨中心荷花塘旁的土砖矮房是明代建筑，也是研究桂林古建筑珍贵的实物。

寨中荷花池旁的水碾作坊建于清初，原为水力碾米机，既节省了人力，也提高了效率。20世纪90年代，因成为危房而被拆除重建。新建作坊采用野树硬木做成，悠然的碾米声依然飘荡在古老村落的上空。此外，村寨内还有庙、祠等古建筑，以及有着数百年历史的碑记、牌匾。安定门口的村规民约石方碑，是清朝嘉庆十五年（1810年）的古迹，它见证了小青山屯良好的民风。

保护价值

"小青山下有人家"，青山、绿水、房舍、荷塘巧妙地融合，小青山屯人与自然和谐相处。这里的村民热情好客，寨中的古民居基本保存完好，有一定的保护价值和旅游开发价值。2012年，马岭镇永明村小青山屯被列入首批中国传统村落名录。

小青山屯古民居平面

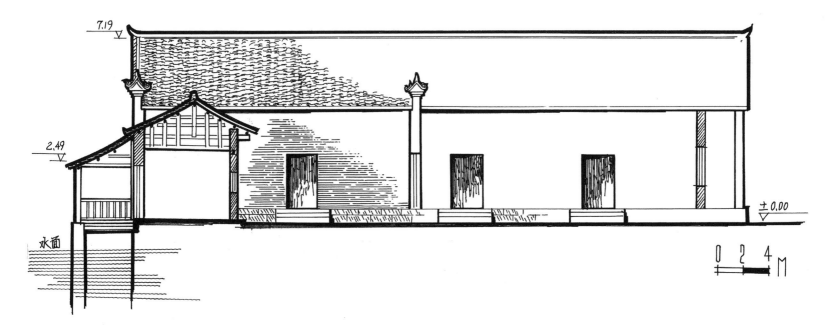

小青山屯古民居横剖面

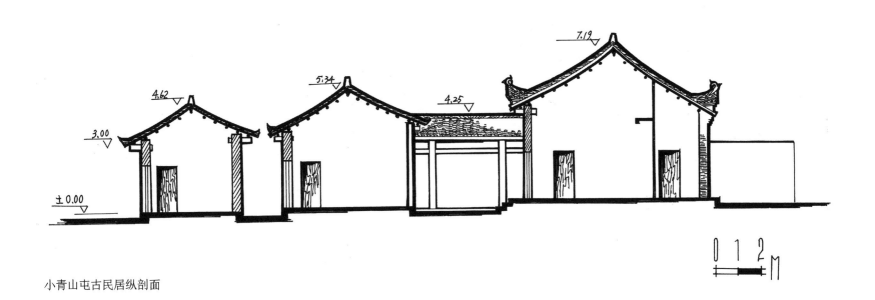

小青山屯古民居纵剖面

小青山屯古民居外貌

这幅手绘图选择了背倚小青山、旁临荷花塘的场景，两进古民居临水筑榭，构图十分唯美。大面积的水面留白，淡化了的小青山与刻画细致的古民居形成对比，这类表现手法更能凸显古民居的淳朴之美。

参考资料

1.《临桂县志》，清光绪三十一年重刊本。

2.《（嘉庆）全州志》，（清）温之诚修、（清）曹文深等纂，清嘉庆四年（1799）刻本。

3.《桂林史话》，张益桂、张家璠著，上海人民出版社，1979年。

4.《桂林名胜古迹》，张益桂著，上海人民出版社，1984年。

5.《桂林文物》，桂林文物管理委员会编著，张益桂执笔，广西人民出版社，1985年。

6.《桂故、桂胜 校点》，（明）张鸣凤著，齐治平、钟夏校点，广西人民出版社，1988年。

7.《历代桂林山水风情诗词400首》，樊平编注，漓江出版社，2004年。

8.《苍烟落照靖江陵：桂林靖江王陵文化解读》，易新明、文丰义、盘福东著，广西师范大学出版社，2010年。

9.《桂林文物古迹览胜》，林京海主编、周有光副主编，广西师范大学出版社，2012年。

10.《桂林文博研究文集》，桂林市文物局编，广西师范大学出版社，2014年。

11.《桂林交通文物图志》，桂林市交通局、桂林市文化局编，黄家城、冼培芳主编，广西师范大学出版社，
    2014年。

12.《桂林名镇名村》，桂林市文物保护与考古研究中心编撰，周有光主编，广西师范大学出版社，2022年。

作者简介

周开保，桂林人，出生于 1954 年 10 月，曾就读于北京大学历史系考古专业，文博专业副高级职称。现任桂林古建筑学会会长、桂林市逍遥楼重建项目专家组组长、桂林市靖江王府片区历史文化旅游休闲街区改造提升工作专家组组长。

长期致力于旅游项目策划、园林景观规划及古建筑保护、规划、修缮、设计及施工等工作。

从 20 世纪 80 年代起，一直在相关部门独立承担景观规划、历史建筑的复原设计，如市重点项目榕杉湖、桂湖等景观规划设计，以及明代靖江王府复原设计、临桂四塘横山村陈宏谋宰相府复原设计等。

从十多年前开始，他在《桂林日报》《桂林晚报》上发表数十篇介绍桂林古建筑调研的文章。其中，《迷人的古镇大圩》《山窝里的建筑博物馆——迪塘》《桂林古建筑何日穿上防弹衣》等深受社会关注，助推了桂林人爱护古建筑的热情。

他和唐贤文合著的《桂林古建筑》一书于 2015 年由中央文献出版社出版。同年，他在广西师范大学出版社出版的《桂林古建筑研究》荣获了东南亚地区图书印刷质量铜奖。

2017 年，由广西科学技术出版社出版的《桂林古桥》荣获该年度西南地区科技图书二等奖、中国出版协会颁发的中国最美旅游图书设计优秀奖。

后 记

《手绘桂林古建筑》这部凝聚我半生精力的作品，在广西师范大学出版社的支持下终于要面世了！欣喜之余感慨万千，那些在我最牵挂的在桂林土地上屹立了数百年的古建筑，它们从历史的深处走来，带着岁月留下的风霜，亟待我们去为它们撑上一把伞，为它们遮风避雨。

桂林古建筑与全国的古建筑一样，在朝代的更迭中毁废兴衰。战火、文物盗卖、缺乏古建筑保护意识，种种原因让桂林古建筑存量急剧减少。我曾于1996年在《桂林日报》发表了一篇题为《桂林古建筑，何日穿上防弹衣》的文章。文章刊发后，引起了桂林市民对桂林古建筑的高度关注，很多人走进乡村，用相机去记录桂林古建筑鲜为人知的风采，从此对古建筑的保护有了初步意识。

2001年，南非籍建筑设计师伊恩·汉姆林顿（Ian Hamlinton），在阳朔旅游期间发现了遇龙河畔的旧县村古民居群特别精美，他决定租几栋古民居，将其修缮后作为民宿，此举更带动了当地人乃至整个桂林地区对古建筑保护性开发的热情。

近些年，国家关于古建筑保护的相关法律法规政策一直在完善。从2012年至今，国家先后公布了六批中国传统村落名录，并且每年都会拨出一定经费，对这些传统村落进行保护和修缮。持续十余年的经费投入，使桂林近两百个古村落得到了相应的保护性修缮。2013年，中央城镇化工作会议提出，"要让居民望得见山，看得见水，记得住乡愁……在促进城乡一体化发展中，要注意保留村庄原始风貌，慎砍树、不填湖、少拆房，尽可能在原有村庄形态上改善居民生活条件"，进一步促进了传统村落的保护工作。

现在的桂林对于古建筑的保护，既有国家渠道的资金支持，也有民间资本的注入。古建筑的活化性保护在桂林终于出现转机，由此也提升了桂林除山水之外的第二张名片——桂林古建筑的知名度！

即便有这一系列的利好政策，但对于桂林古建筑的保护而言仍存在两个困境：其一，相比于桂林境内古建筑的庞大存量来说，保护修缮的资金依然杯水车薪；其二，修缮的施工队伍里缺乏专业技术人员，因此，很多古建修缮未能达到修旧如旧的效果。由于施工技术不规范，验收标准不统一，很多古建筑修缮后出现了令人啼笑皆非的结果。我见过有的项目在施工中将具有三百年历史的祠堂内的所有木柱刨了一遍，搞得柱子遍体鳞伤；有的将古民居内的木梁柱、板壁涂了两遍铁红色的调和漆,不仅古民居被修得面目全非,而且油漆味呛得居民一年都不能入住。

从我三十多年研究古建筑保护的亲身经历总结,古建筑保护资金固然缺乏,但如果保护性修缮技术不到位,修缮对古建筑的伤害是不可估量的。因此,相关部门应该出台相应的古建筑修缮规范,统一古建筑的竣工验收标准,建立相应的健全保护性修缮制度,才能确保古建筑成为百年不朽的文化遗产!

周开保

2024 年 4 月

参与本书调研与制作人员

周利民 莫路峰 黄善皆